ボード・ … ・シリーズ

すぐにPythonを体験できるサンプル・プログラムは
サポート・サイトからダウンロード!

ラズベリー・パイでI/O制御 &
Pico, micro:bit, STM32でクラウド通信

Pythonで作る IoTシステム プログラム・サンプル集

国野 亘 著

CQ出版社

はじめに

モノ(物)をインターネットに接続するIoT機器には，例えば，温度を測るIoT温度センサ機器や，音声認識を行う機器，家庭内のサーバ機器やクラウド上の仮想サーバといった多くの種類の機器があり，IoTの実現には過去の数多くの技術の積み重ねが必要です．そういた技術は，ソフトウェア，ハードウェアともに，部品として集約・蓄積されてきており，ブロックのように組み合わせて利用することができます．

本書では，実際に動作するIoT機器を製作し，IoTシステムへと応用するためのプログラムを作成します．プログラミング言語にはPythonを使用し，IoT用プログラミングの手法を学びます．従来，Pythonは，主に，IoTの上流となるクラウド・サーバやサーバ機器上で動作していましたが，本書では，IoTの末端のセンサ機器においてもMicroPythonを使い，IoTシステム全体にPythonを利用してみます．

Pythonは，標準ライブラリや用途に合わせたフレームワーク(ライブラリ集)が充実しています．特長を一言で表すと，幅広い応用が可能な言語であることでしょう．プログラミング初心者であっても，プログラミング上級者並みの応用展開が，比較的，容易にでき，またRPA(業務自動化)や機械学習の分野でも活用しやすいことが特長です．実際，ソフトウェア応用技術の分野では，Pythonが主流となっています．

また，IoTの分野でも，幅広い分野での活用が考えられ，従来のIT機器よりも長期間にわたる連続動作や，設計時に想定されなかったような使い方となる場合があります．実際に使用する機能は少なかったとしても，汎用性を確保するために，プログラムの規模が大きくなり，今後，ソフトウェアの品質が課題になってくるでしょう．Pythonを用いれば，一定の品質が保てられた豊富な標準ライブラリにより，プログラマの負担を減らし，高品質なソフトウェアを効率よく製作することができるようになります．

現時点では，小規模プロセッサの低価格機器向けのプログラミングとしては，C言語が主流です．しかし，将来，IoT機器のコストの多くをソフトウェアが占めることになり，また小規模なプロセッサであっても，その処理能力は増大してゆくことになると思います．

以上のように，Pythonは，幅広い応用が可能な特長に期待されており，また高いソフトウェア品質を確保するためにも欠かせない存在となるでしょう．

主に，これからIoT用プログラミングをはじめようとされている方や，これまでC言語などでIT機器用のプログラムを開発されていた方が，IoTシステムの製作手法をPythonで学習するための参考書として，本書を執筆いたしました．

プログラミングの入門書でありつつ，IoTシステムを構築するための知識を得ることができるでしょう．

国野　亘

ラズベリー・パイでI/O制御＆Pico，micro:bit，STM32でクラウド通信

Pythonで作るIoTシステム プログラム・サンプル集

CONTENTS

第3章 ラズベリー・パイでPython入門 ～基礎編～ 25

第4章 ラズベリー・パイ用Pythonプログラム ～GPIO制御編～ 46

第5章 ラズベリー・パイ宅内サーバ用データ受信プログラム 62

第6章 ラズベリー・パイでBluetooth LEを受信するPythonプログラム 82

第7章 MicroPythonプログラム(micro:bitで試す) 94

第8章 STM32マイコン用MicroPython プログラム 102

第9章 ラズベリー・パイ Picoで BLEワイヤレス・センサを作る 114

第1章 Python I/O制御プログラミングの前に

IoTのシステムはマイコンのI/O(入出力端子)にセンサやスイッチ，モータなどをつないだ複数の機器で構成されます．本章では，Pythonを用いてI/Oを遠隔制御するシステムの機器構成について説明します．

1 IoT向けインターネット時代に

インターネットは，1995年に商用の運用が始まりました．当初，パソコンやワークステーションなどが接続され，2000年に入ると，常時インターネット接続や，モバイル・インターネット接続といったサービスが登場し，携帯電話やPDA，テレビなどの情報機器がインターネットに接続されるようになりました．限られたPC(パソコン)でインターネットが利用されていた時代から，スマートフォンなど1人1台の情報機器で利用されるようになり，非PCでの利用の割合が相対的に上回るようになりました．

IoT元年と言われる2017年からは，情報機器に限らず，さまざまな機器がインターネットに接続されるようになり，今後，さらに多くのモノがインターネットに接続されるようになりつつあります(**図1-1**)．将来的には，人によるインターネット利用よりも，モノによるインターネット利用のほうが上回ると予想されています．

2 IoTの機能が満載ラズベリー・パイ

IoTのシステムに使うハードウェアには，少なくとも通信機能とマイコンなどによる演算機能が必要です．汎用性や開発効率を考慮すると，IP(インターネット・プロトコル)に対応したネットワーク機能を内蔵し，Linuxが動作するハードウェアが便利です．そこで，本書では，教育向けコンピュータとして登場したラズ

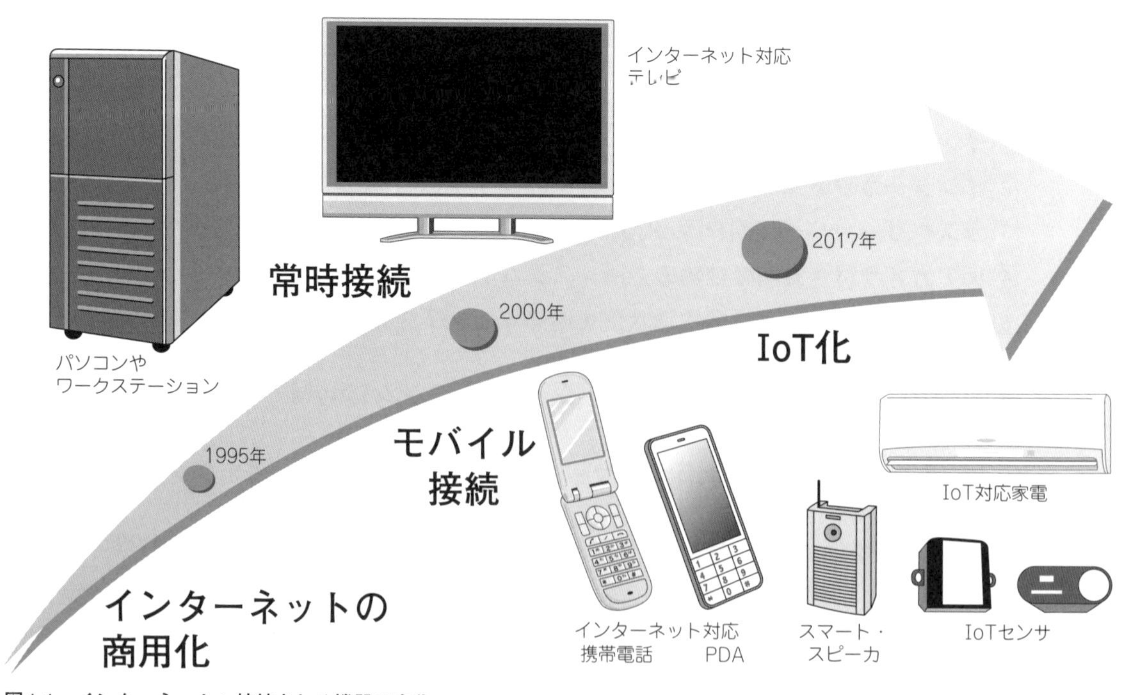

図1-1　インターネットへ接続される機器の変化
当初はPC(パソコン)やワークステーションが接続されていたが，技術進歩とともにさまざまな機器が接続されるようになってきた

ベリー・パイを使用します．

ラズベリー・パイは英国ラズベリー・パイ財団が開発した安価なマイコンボード・コンピュータです．**写真1-1**のようなクレジットカードとほぼ同じサイズの小さな基板にも関わらず，PC用キーボードとマウス，そしてテレビまたはPC用モニタを接続することで，IoTシステム開発用パソコンとして使用することができます．周辺機器を取り外せば，小さなIoT機器として使用することもできます．

教育向けコンピュータといっても，インターネット閲覧やビデオ再生，ワープロ，表計算，ゲームなどを処理する能力をもっています．ラズベリー・パイ上でPython言語のプログラムを実行したときのようすと，ワープロなどのソフトウェアを実行したときのようすを**図1-2**に示します．

写真1-1　ラズベリー・パイ 4 Model B
IoT向けの通信機能や演算機能を装備したコンピュータ・ラズベリー・パイを使ってIoT向けシステムを製作し体験する

3 Linuxベースの OS を使用する

Microsoft WindowsやmacOSといったOS上でアプリケーション・ソフトウェアが動作するのと同じように，ラズベリー・パイでは，Raspberry Pi OSと呼ばれるLinuxベースのOS上でソフトウェアが動作します．

インターネットが商用化された当時のサーバ機器（ミニコンやワークステーション）には，UNIXと呼ばれるOSが利用されていました．サーバ機器メーカは，UNIX系のOSを自社で開発し，サーバ機器とセットで販売していました．また現在，米アップル社はUNIX系のOS（macOSやiOS）を自社で開発しており，それらを搭載したパソコン（Mac），スマートフォン（iPhone）を販売しています．

一方，Linuxは，より多くの人がUNIX技術を利用できるように開発されたUNIX似のOSです．UNIXのジェネリック品と考えても良いでしょう．OSメーカは，ハードウェアを含まないOS単体で販売または配布し，機器メーカは，OSと機器専用のアプリケー

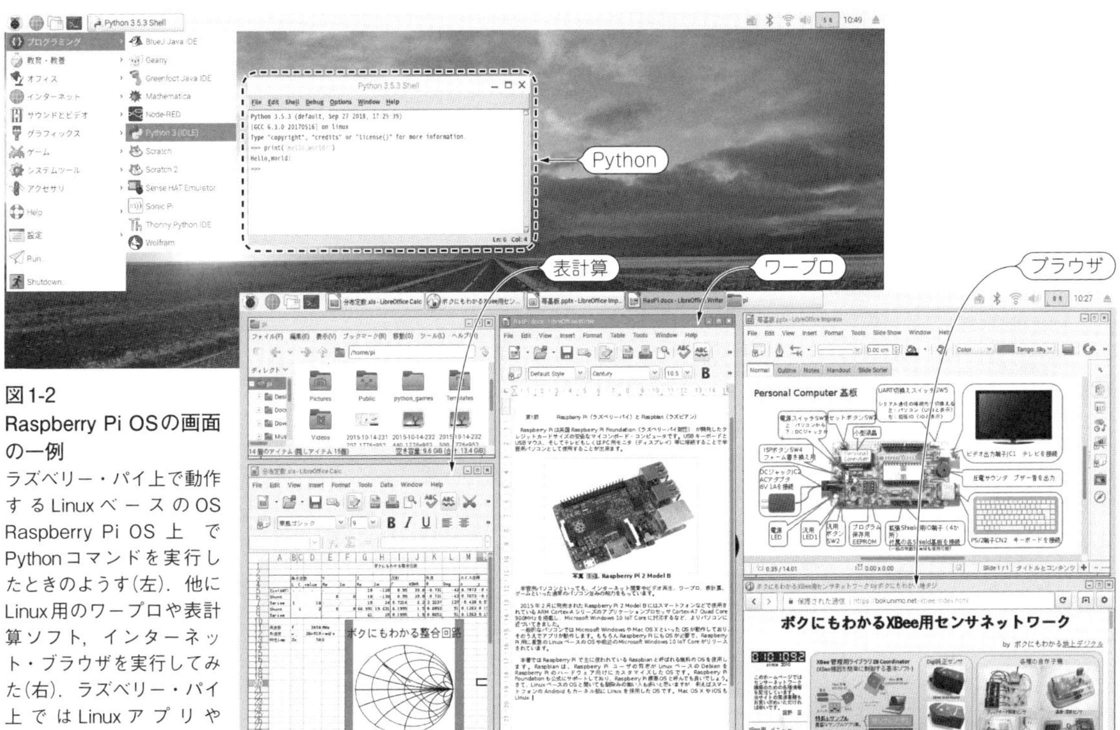

図1-2
Raspberry Pi OSの画面の一例
ラズベリー・パイ上で動作するLinuxベースのOS Raspberry Pi OS上でPythonコマンドを実行したときのようす（左）．他にLinux用のワープロや表計算ソフト，インターネット・ブラウザを実行してみた（右）．ラズベリー・パイ上ではLinuxアプリやPython言語を動かすことができる

ション・ソフトウェアを機器に組み込み，直接OSにはアクセスできない形態で販売しています．このためLinuxを身近に感じていない人も多いでしょう．

Linuxベースの OSは，ネットワーク対応テレビやAV機器，ルータなどのネットワーク機器，スマートフォン用OSのAndroidなどで使用されいます．情報機器用のOSとしてはもっとも普及し，身近に存在しています．また，ITインフラを支えるサーバ上や，人工知能などの研究開発用などに使用されることも多く，IT時代・IoT時代に欠かせないOSです．

図1-3にUNIXやLinux系のOSの一例を示します．ラズベリー・パイ用のOSには，Linuxベースの OSの1つ，Debianが用いられています．また，これらUNIXやLinux系のOSが搭載されている機器は，PC用のOSに比べ幅広い分野で，数多く使われています．一般的なパソコンのおもな用途がオフィス用ソフトを利用することなので，OSの主流がMicrosoft Windowsであるように思いがちですが，その他の用途ではLinuxが普及しており，プログラミング学習を目的とするのであれば，開発ターゲットが多く存在するLinuxのほうが適していると言えます．

4 IoT機器の分類と役割

図1-4は，IoT機器をIoTセンサ，IoT制御，IoTサーバに分類し，それぞれの関係を示した図です．IoTサーバ(親機)は，各種のIoTセンサ機器(子機)から収集した情報に基づいて，IoT制御機器(子機)の制御や，クラウドへの情報の橋渡しを行います．また，これらに加え，スマートフォンやスマート・スピーカのように，複合的な役割を持つ機器も存在します．ユーザにもっ

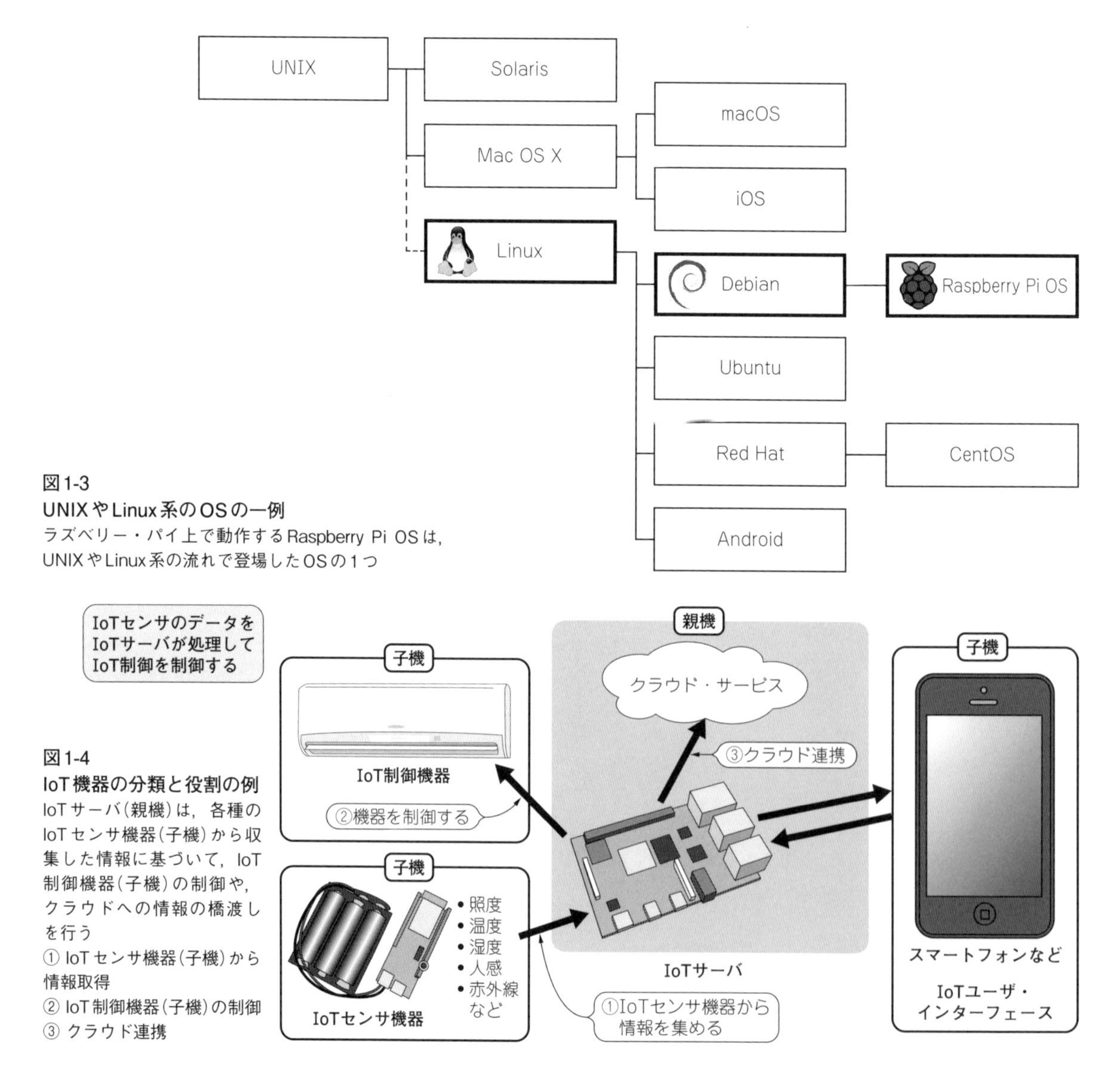

図1-3
UNIXやLinux系のOSの一例
ラズベリー・パイ上で動作するRaspberry Pi OSは，UNIXやLinux系の流れで登場したOSの1つ

図1-4
IoT機器の分類と役割の例
IoTサーバ(親機)は，各種のIoTセンサ機器(子機)から収集した情報に基づいて，IoT制御機器(子機)の制御や，クラウドへの情報の橋渡しを行う
① IoTセンサ機器(子機)から情報取得
② IoT制御機器(子機)の制御
③ クラウド連携

とも近いところに位置するので，本書ではIoTユーザ・インターフェース機器として他の機器と区別します．

以上のIoTユーザ・インターフェース機器を含めたIoT機器の役割をまとめると，以下のようになります．

• IoTセンサ(子機)

IoTセンサは，おもにIoTシステムに入力を行う子機です．センサ等を搭載し，環境や状態などのデータを集めるために使用します．IoTボタン，IoT環境センサ(温度，湿度，人感，ドアなど)，IoT赤外線リモコン・レシーバ，IoT音声センサ，IoTカメラなどの機器がIoTセンサに分類できます．本書ではESP32マイコン上で動作するIoT Sensor Core Moduleで各IoTセンサを製作します．

• IoT制御(子機)

IoT制御に分類される機器は，IoTシステムの出力に相当します．IoT表示装置，IoT音声出力機，IoT赤外線リモコン送信機，IoT ACリレー制御機器，IoT対応スマート家電などをIoT制御機器に分類します．本書では，実験用I/Oボードを接続したラズベリー・パイでこれらを製作します．

• IoTユーザ・インターフェース機器(子機)

スマートフォンやタブレット端末，AV機器には，コンピュータ・グラフィックス技術を活用したユーザ・インターフェースとプロセッサ，ネットワーク機能が搭載されており，実行するアプリによって，IoTセンサ，IoT制御(機器)，IoTサーバのすべての役割を担うことができます．常にユーザの身近な場所に位置している点で，各IoT機器，IoTサーバの状態表示や操作指示を統合的に扱う，IoTユーザ・インターフェースに分類します．

スマート・スピーカも，IoTユーザ・インターフェース機器の1つです．グラフィックス機能を有しない点が異なりますが，ユーザが自宅に居る間は，常にユーザの近くに位置している点でスマートフォンと似た役割を担います．本書では，ラズベリー・パイ上で動作する音声認識ソフトウェア等を使用し，音声認識を活用したプログラムを製作します．

• IoTサーバ(親機)

以上の子機の親機となるIoTサーバは，IoTセンサ機器からデータを収集し，データ蓄積や解析を行い，IoT制御機器へ指示を出したり，他のIoT機器やサーバへ情報を橋渡ししたりするIoT頭脳の役割を担います．インターネット上のクラウド・サーバ上で動作する場合もあれば，管理上，外部との不必要なデータ通信を低減させるセキュリティの観点から，事業所内のプライベートLANに配置し，インターネット上のクラウド・サーバとの橋渡しを行うIoTゲートウェイやIoTルータという形態のIoTサーバもあります．本書では，ラズベリー・パイで動作するPythonのプログラムを紹介します．

5 IoTシステムの活用例

IoTシステムの例として，室温が高いときにエアコンの冷房運転を行う「熱中症防止システム」を考えてみます．室温は，温度センサを搭載したIoTセンサが測定し，温度値を送信します．IoTサーバは，送信された温度値を受信し，室温が閾値(しきいち)を超えたらエアコンの電源を制御してONにします．

表1-1　各IoT機器の種類と役割

種類	IoTセンサ	IoT制御	IoTユーザ・インターフェース	IoTサーバ
役割	情報を集める	モノを制御する	人とIoTとの連携	IoTアプリケーション実行
具体例	• ボタン • 環境センサ • 赤外線リモコンセンサ • 音声入力 • カメラ画像入力	• 表示装置 • 音声出力機 • 赤外線リモコン送信機 • ACリレー制御機器 • スマート家電	• スマートフォン • タブレット端末 • スマート・スピーカ • テレビ • PC(パソコン)	• IoT機器の管理 • 各機器の連携制御 • データ蓄積 • データ解析 • 他サーバとの連携

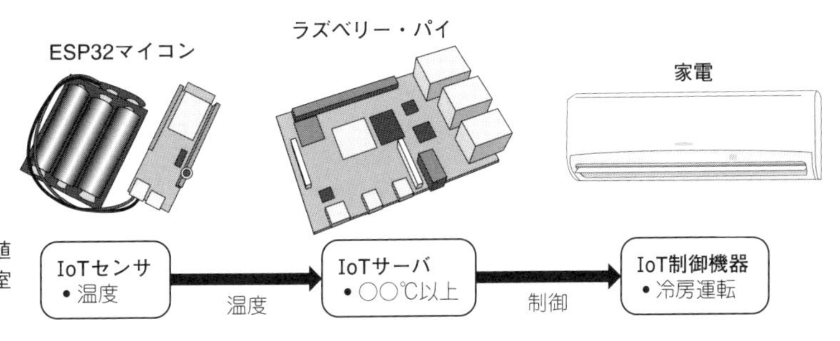

図1-5
IoTシステムの例
IoTサーバは，IoTセンサから収集した温度値が高いときに，IoT制御(機器)の制御を行う(室温を下げるための冷房運転を行う)

しかし，この機能だけだと居住者が不在のときや，意図的にエアコンを切ったときであっても，警告や制御を行ってしまいます．そこで，IoTセンサ機器に，赤外線リモコン信号センサ，音声入力用マイクを追加し，人が不在のときは制御しないようにしたり，人によりリモコンや音声による機器操作が行われたことを検出した後は，一定時間IoTサーバによる制御をしないという機能を追加する方法が考えられます．

人感センサやドア開閉センサを併用して，ドアや窓が開いているときは各制御の閾値(しきいち)を上げて感度を下げることも可能でしょう．さらに，居住者が赤外線リモコンでエアコンを停止させたときの各種のセンサ値を学習させることで，居住者の操作傾向を把握することで，より最適な自動制御システムに近づけることができるかもしれません．

IoT機器として，インターネット上のサービスと連携することで，室温などの情報をクラウド上でグラフ化し，スマートフォンで表示したり，警報をメールやLINEで通知できるようになります．さらに，天気情報や災害が想定される際の警報情報を利用したり，遠隔制御を受けたり，遠隔地の機器を制御したりすることで，より安全で快適な暮らしをサポートするIoTシステムへと進化させることもできるでしょう．

6 IoTシステムにPythonを使う

本書では，PythonをIoT用アプリケーション・プログラミング言語として使用しますが，現状は，IoT関連システムにはC言語が，スマートフォンやタブレット端末，AV機器などではJavaやJavaScriptの言語がよく用いられています．また，サーバ上では，Python，Java，Node.js(JavaScript)，PHP，Perlなど，さまざまな言語が用いられています．

表1-2にIoTシステムで使われているプログラミング言語の比較を示します．C言語は1972年にリリースされた古いプログラミング言語です．ハードウェアへの負担が少ないという特長があるので，ハードウェアを直接制御する組み込み製品や，OS，プログラミング言語の開発などに使われています．しかし，プログラム開発者への負担が大きいため，プログラマの能力によってソフトウェアの品質が左右されます．また，セキュリティの対策も，プログラマ自身が行うことが多く，考慮漏れによる脆弱性が生じやすい課題があります．

PythonやJava，JavaScriptjは，充実したライブラリやフレームワーク(ライブラリ集)，ハードウェアに依存しないソフト実行環境により，プログラマへの負担が減り，品質の高いプログラムが作成しやすくなります．Webブラウザ上で普及したJavaScriptでは，フレームワークを活用することで，Webデザイナが簡単にプログラム(動的Webコンテンツ)を作成できるようになりました．現在，サーバ上で動作するJavaScript実行環境Node.jsも注目されています．

しかし，良いことばかりではありません．汎用化されたライブラリやソフトウェアの実行環境を経由することで，ハードウェアの負担が増大してコストが上昇します．つまりソフトウェア開発効率とのトレードオフの関係が生じます．現状，IoT機器の多くは，小規模なプロセッサを使った低価格な機器が期待されており，現時点では多くはC言語で開発されています．

Pythonは，他の言語よりも短時間で学習できて，プログラミングできるようになると言われています．ハードウェアのコストは，小型化や製造の自動化で下がっていきますが，プログラミングの自動化は当面は困難であり，将来はIoTシステムのコストの多くをソフトウェアが占めることになると考えられます．IoTシステムの影響範囲が大きくなることから，ソフトウェアの品質を高めていく必要があると考えたられています．

以上のような背景から，本書では，開発者に負担の少ないPythonおよびMicroPythonを中心に，IoTシステム構築のためのプログラミングを学びます．ラズベリー・パイで構成するIoTサーバだけでなく，現状ではC言語が多く用いられているIoTシステムの末端(IoTセンサ)においてもMicroPythonでプログラミングを行います．

表1-2 IoT用プログラミング言語の比較例(筆者の主観)

言語	C	Java	JavaScript	Python
ハードウェアへの負担	○ 軽い	△ やや重い	△ やや重い	× 重い
開発者への負担	× 重い	△ やや重い	○ 軽い	◎ 最も軽い
リリース開始時期	1972年	1995年	1995年	1991年
現時点での得意分野	家電・事務機器	Webサーバ	Webクライアント	学習用・業務自動化
Webブラウザへの実装例	× ない	△ 少ない	◎ 最も多い	× ない
Webサーバへの実装例	△ 少ない	○ 多い	○ 増加中	○ 急速に増加中
IoT機器側への実装例	◎ 最も多い	○ 多い	△ 少ない	△ 少ない
IoTサーバへの実装例	△ 減少中	○ 多い	○ 増加中	○ 増加中

7 本書で製作するIoT機器

本書で製作するIoTシステムは，おもに以下の機器で構成します．

- IoTセンサ⇒IoT Sensor Core Module
- IoT制御(機器)⇒ラズベリー・パイとIoT実験用IOボード
- IoTユーザ・インターフェース⇒ラズベリー・パイ
- IoTサーバ⇒ラズベリー・パイ

● IoTセンサ⇒IoT Sensor Core Module

IoT Sensor Coreは，IoTシステムのセンサを簡単に制御できるように筆者が作成して公開しているESP32マイコンで動作するソフトウェアです．プログラムはPythonではありませんが，Pythonプログラムが動作する機器の通信相手として使います．中国Espressif Systems社のWi-FiモジュールESP32-WROOM-32(**写真1-2**)に，センサ専用のファームウェア「IoT Sensor Core for ESP32」を書き込んで使用します．

IoT Sensor Core for ESP32を実行すると，無線LANアクセスポイント機能が動作します．スマートフォンからWi-Fi接続を行い，ブラウザで**図1-6**のような設定画面を操作することで，マイコンにつないだセンサを簡単に制御できます．

ただし，ESP32マイコンへ書き込めるのは，Micro PythonまたはIoT Sensor Coreのどちらか一方のファームウェアです．両方を同時に実行することはできません．

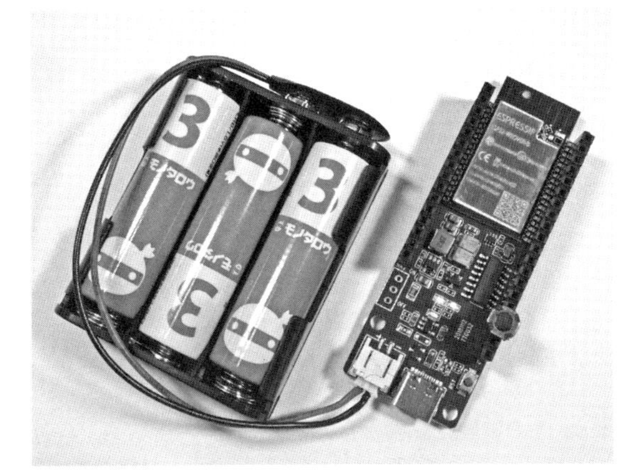

写真1-2　センサを簡単に制御できるソフトウェアIoT Sensor Core Module
TTGO製の安価なESP32マイコン開発ボードT-Koalaにセンサを接続した

● IoT制御(機器)⇒ラズベリー・パイ/IoT実験用I/Oボード

IoT実験用I/Oボードは，ブレッドボードの上にブザー，フルカラーLED，タクト・スイッチを実装して製作します(**写真1-3**)．ラズベリー・パイに接続することで，IoTボタン，IoTフルカラーLED，IoTチャイムの動作実験が行えます．

また，ブレッドボード上に赤外線LEDを実装し，赤外線リモコン信号を家電へ送信する家電コントロールを行うIoTシステムの製作方法についても説明します．

● IoTユーザ・インターフェース⇒ラズベリー・パイ

音声で機器の操作が可能な音声ユーザ・インターフェースを製作します．音声認識にはクラウド・サービ

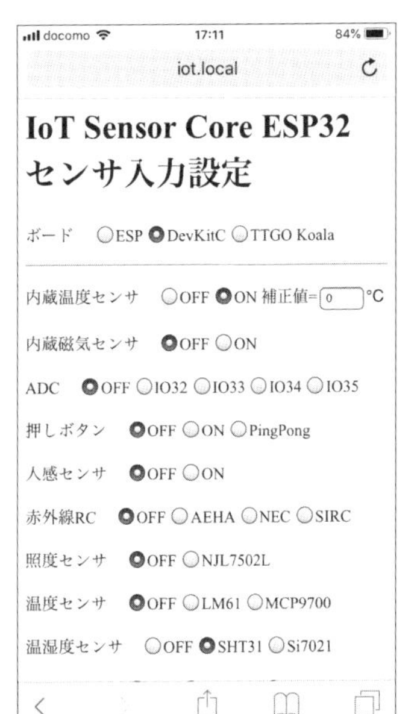

図1-6　IoTセンサを簡単に製作することができるIoT Sensor Coreの画面例
IoT Sensor Coreにスマートフォンからアクセスしたときの画面．開発ボードに取り付けたセンサを選択するだけで，センサを制御できる

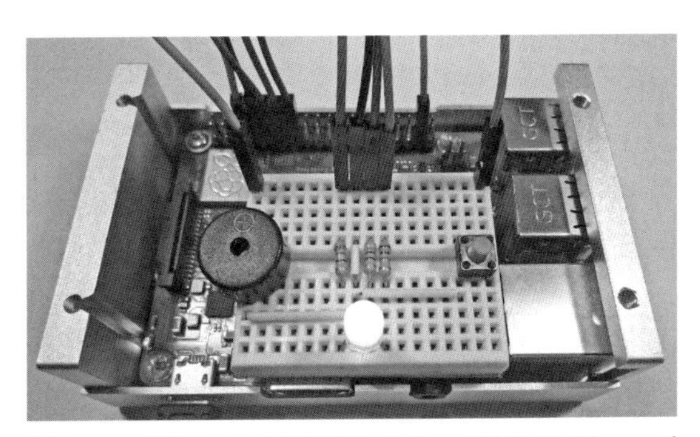

写真1-3　製作したIoT実験用I/Oボードをラズベリー・パイに取り付けた
ブレッドボードにブザー，フルカラーLED，タクト・スイッチを実装し，ラズベリー・パイに接続すれば，PythonでI/O制御ができるようになる

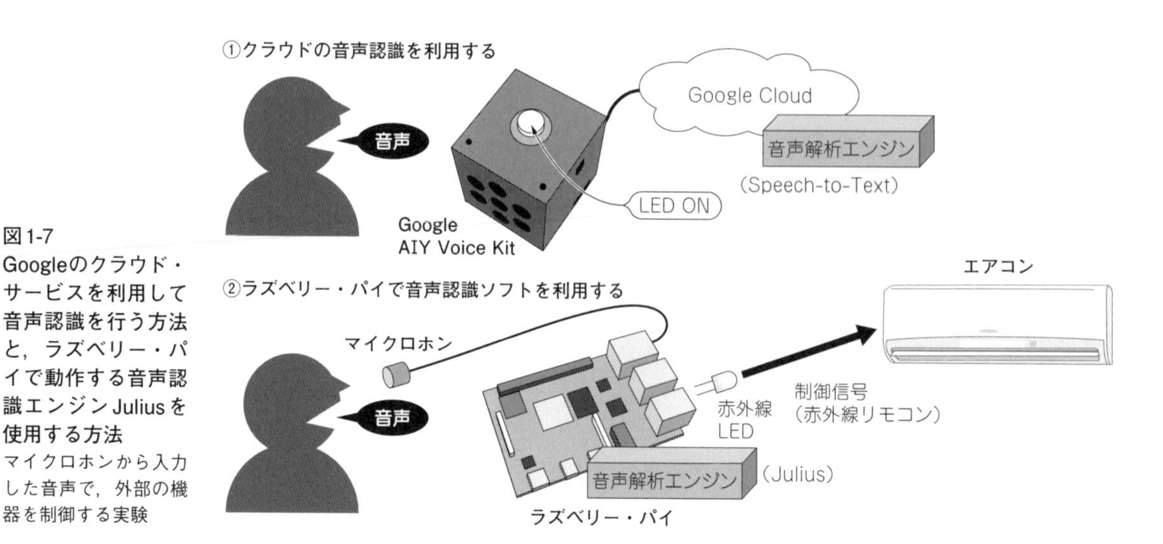

図1-7 Googleのクラウド・サービスを利用して音声認識を行う方法と，ラズベリー・パイで動作する音声認識エンジンJuliusを使用する方法
マイクロホンから入力した音声で，外部の機器を制御する実験

スを利用する方法と，ラズベリー・パイにインストールしたプログラムで認識する方法があります．本書ではクラウド・サービス「Google Cloud Speech-to-Text」を使用する方法と，オープンソースのフリーウェア「大語彙連続音声認識エンジン Julius」を使用する方法を説明します．

Google AIY Voice Kitを利用すれば，簡単にセットアップすることができますが，Google Cloud Platformに登録が必要なので，どちらかと言えばクラウド・サービスの開発を始めたい人向けの開発キットです．もう一方のJuliusは，安価に始めることができますが，マイクロホンの設定に加え，ソフトウェアのコンパイル等のセットアップが必要です．

● IoTサーバ⇒ラズベリー・パイ

IoTシステムでは，IoTサーバがネットワーク内のIoT機器を統合して制御するIoTシステム全体の頭脳となり，IoTセンサから得られた情報を基に，IoT制御機器を制御する重要な役割を担います．ネットワークに対応したLinux OSを動かすことができるので，ラズベリー・パイはIoTサーバとしての用途に向いています．

クラウドにIoTサーバを置いた場合は，ラズベリー・パイを中継機器として使うこともできます．

写真1-4 ラズベリー・パイ 4 Model B
Linux OSを動かすことができるラズベリー・パイをIoTサーバとして使用する．クラウドのIoTサーバに接続する中継器としての役割も担うこともできる

8 本書で製作するIoTアプリケーション・システム

本書では，さまざまな用途のIoTシステムに使えるPythonプログラム作成方法を学びます．例えば，人感センサと温度センサを用い，居住者が在室中は，室温を一定に保ち，室温が設定した範囲外になったときにアラートを鳴らすとともにエアコンで室温を設定温度の範囲内になるように温度を調整するシステムです．アラートは音以外にもスマートフォンへ通知することも可能です．

他に，Bluetooth通信機能を搭載したIoTセンサ機器の活用方法や，MicroPythonによるIoT機器の製作方法，音声認識による家電制御方法など，IoTシステムを活用し発展させるための基礎的な知識も紹介します．

● 本書の実験に必要な部品

本書の実験および学習に最低限必要な部品を**表1-3**に示します．これらの部品と別売のラズベリー・パイを組み合わせることで，主要なプログラムを動作させるIoT機器の製作が可能です．目安として，合計

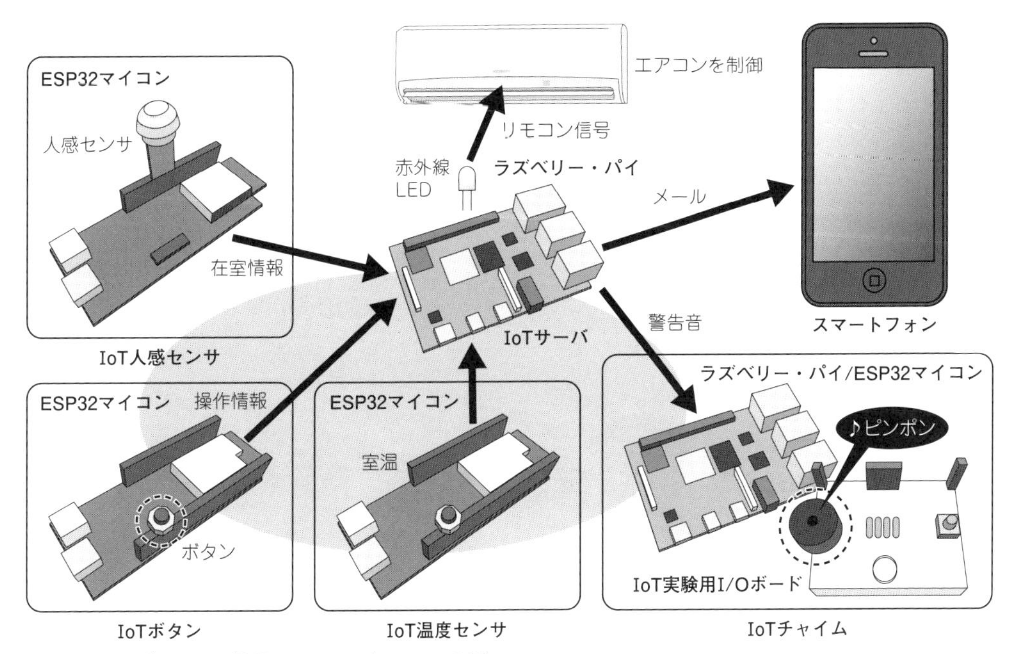

図1-8　さまざまなIoT機器によるIoTシステムの例
IoT人感センサとIoT温度センサを用い，居住者が在室中に室内の温度が28℃以上または15℃以下になったときに，チャイムやスマートフォンへ警告を促すとともに，エアコンの運転を開始する

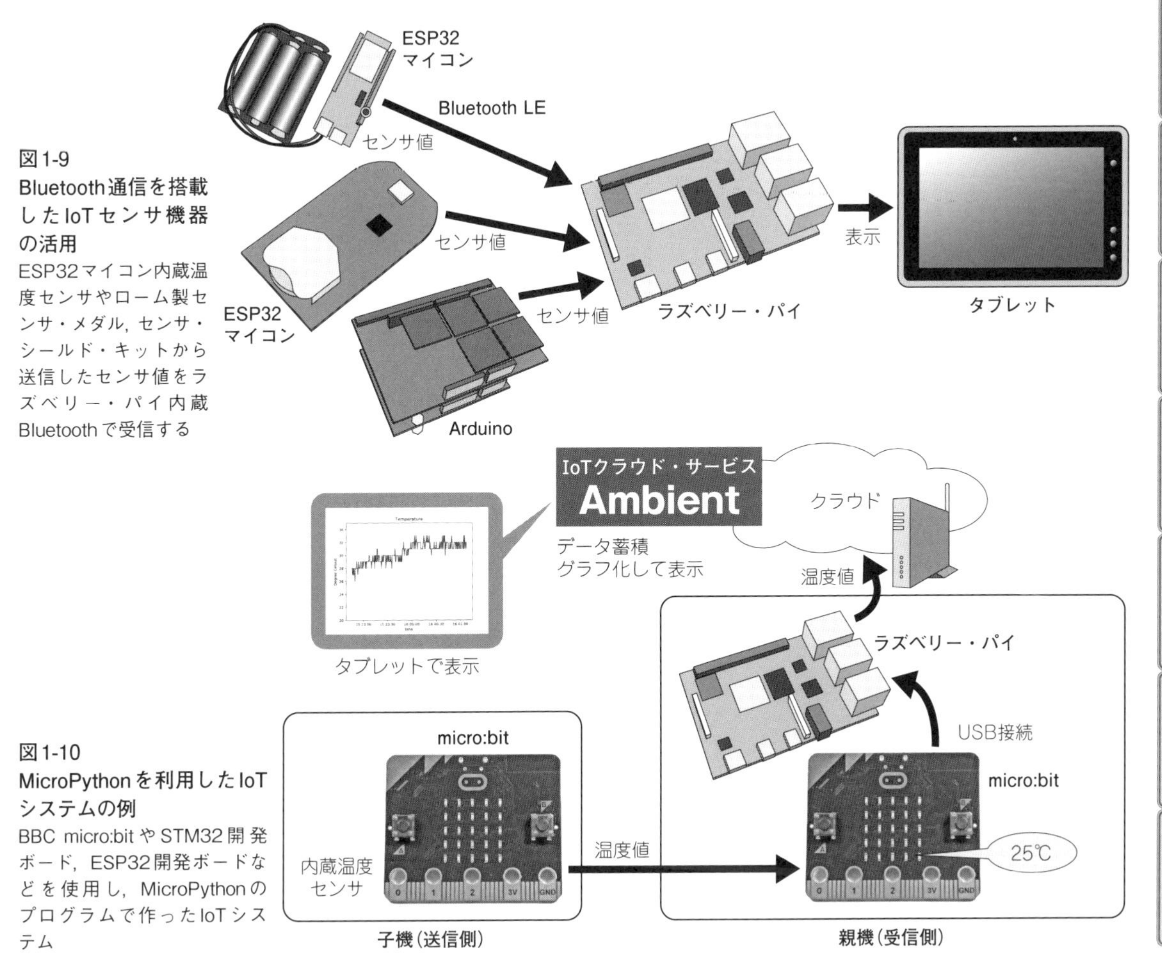

図1-9
Bluetooth通信を搭載したIoTセンサ機器の活用
ESP32マイコン内蔵温度センサやローム製センサ・メダル，センサ・シールド・キットから送信したセンサ値をラズベリー・パイ内蔵Bluetoothで受信する

図1-10
MicroPythonを利用したIoTシステムの例
BBC micro:bitやSTM32開発ボード，ESP32開発ボードなどを使用し，MicroPythonのプログラムで作ったIoTシステム

2,000円程度(送料・消費税別)で購入することができます.

ラズベリー・パイとラズベリー・パイを動作させるのに必要な周辺機器は第2章で説明します.

他にラズベリー・パイ用カメラ，ESP32マイコン以外のマイコンボード(micro:bit，STM32マイコン)，人感センサ，液晶モジュール，複数台のラズベリー・パイ等を使用します.

図1-11
音声認識システムによる家電制御
ラズベリー・パイにUSBマイクロホンとスピーカを接続し，音声認識エンジンJuliusをインストールする．外部機器を赤外線リモコンの仕組みを利用して制御する

表1-3　ラズベリー・パイ以外に必要な部品(ラズベリー・パイとその周辺機器については第2章で説明)

製　作	品　名	参考価格	数　量	備　考
Lチカ／赤外線送信	LED 黄色 OSYL3133A	6円	1	代替品OSY5JA3E34B
	LED 赤外線 GL538	10円	1	代替品OSI5LA5A33A-B
	抵抗 1kΩ	1円	1	汎用品
	抵抗 330Ω	1円	1	汎用品
	抵抗 100Ω	1円	1	汎用品
IoT実験用IOボード	フルカラーLED OSTA5131A-R/PG/B	50円	1	
	抵抗560Ω	1円	1	汎用品
	抵抗1kΩ	1円	1	汎用品
	抵抗470Ω	1円	1	汎用品
	LED光拡散キャップOS-CAP-5MK-1	4円	1	直径5mm
	圧電スピーカ PKM13EPYH4000-A0	30円	1	
	タクト・スイッチ TVDT18-050CB-T	2円	1	DTS-6
IoT Core Sensor	ESP32マイコン開発ボード TTGO T-Koala	$8	1	TTGO製の安価品
	ピン・ソケット(細ピン)FHU-1x40SGN5-B	80円	1	TTGO T-Koala センサ接続用
	タクト・スイッチ TVDT18-050CB-T	12円	1	TTGO T-Koala BOOTボタン用
	USBケーブル	100円	1	ラズベリー・パイとの接続用※
	温湿度センサ Si7021	$2	1	
	赤外線リモコン受信モジュール OSRB38C9AA	110円	1	
Julius音声入力	USBマイクロホン Super Mini USB 2.0 Microphone	$1	1	USBコネクタ一体型
ブレッドボード	ミニ・ブレッドボード BB-601	130円	1	170穴(5穴×17穴×2列)
	ミニ・ブレッドボード ZY-55	54円	1	5穴×11穴
	ジャンパ・ワイヤ オス-メス DG01032-0024-YE	22円	2	黄色 10～15cm × 2本
	ジャンパ・ワイヤ オス-メス DG01032-0024-BK	22円	2	黒色 10～15cm × 2本
	ジャンパ・ワイヤ オス-メス DG01032-0024-WH	22円	2	白色 10～15cm × 2本
	ジャンパ・ワイヤ オス-メス DG01032-0024-RD	22円	1	赤色 10～15cm
	ジャンパ・ワイヤ オス-メス DG01032-0024-BL	22円	1	青色 10～15cm
	ジャンパ・ワイヤ オス-オス	10円	3	汎用品 10～15cm × 3本
	単線ワイヤ または 抵抗0Ω	1円	1	オス-オス(7mm端子) 8mm長
	単線ワイヤ または 抵抗0Ω	1円	2	オス-オス(7mm端子) 17mm長

※USBケーブルはESP32マイコン開発ボードによって異なる(Micro B または Type C)

第2章 ラズベリー・パイの使い方

本章では，Linuxが動作するラズベリー・パイをIoTシステムのサーバやIoT機器として利用します．本章では，本書の解説で使用するラズベリー・パイの仕様や周辺機器について説明します．すでにラズベリー・パイを使いこなしている方も一読して仕様や周辺機器を確認してください．

1 ラズベリー・パイをはじめるのに必要なもの ①ラズベリー・パイ本体

表2-1に，おもなラズベリー・パイの仕様を示します．本体は，ラズベリー・パイ 3以降のModel Bシリーズが良いでしょう．廉価版のラズベリー・パイZeroやZero Wは，消費電力が低いことや，サイズが小さいことが特長です．しかし，本体以外に準備しなくてはならないものが多く，プロセッサの処理能力も開発用としては貧弱です．最初の開発はラズベリー・パイ3以降のBシリーズで行い，2台目以降の追加時にラズベリー・パイ Zero W等を検討すれば良いでしょう．

なお，筆者はおもにラズベリー・パイ 3+で開発および動作確認を行いました．サンプル・プログラムは，ラズベリー・パイ 3，3+，4で動作します．Piカメラについては，ラズベリー・パイ Zero Wでも動作確認済みです．

写真2-1　IoTのシステムに必要な機能が満載のラズベリー・パイ 4 Model B(左)とラズベリー・パイ 3 Model B+(右)
IoTサーバやIoT機器を簡単に製作することができ，汎用的なIoTシステムの実験が行える

表2-1　ラズベリー・パイシリーズのおもな仕様比較

推奨	モデル名	発売時期	発売価格	無線LAN	Ethernet	プロセッサ	DMIPS	RAM	USB	HDMI	消費電流※(平均～最大)
○	ラズベリー・パイ 4 Model B	2019年6月	\$35～\$75	○	○ Gigabit	64bit ARM Cortex-A72	7,080	1GB～8GB	4 ports	Micro 2 ports	570mA～3A OFF時：22mA [USB Type C]
○	ラズベリー・パイ 3 Model B+	2018年3月	\$35	○	○ Gigabit	64bit ARM Cortex-A53	3,200	1GB	4 ports	標準	420mA～2.5A OFF時：100mA
○	ラズベリー・パイ 3 Model B	2016年2月	\$35	○	○ 10/100	64bit ARM Cortex-A53	2,763	1GB	4 ports	標準	300mA～2.5A OFF時：80mA
△	ラズベリー・パイ 2 Model B	2015年2月	\$35	×	○ 10/10	32bit ARM Cortex-A7	1,710	1GB	4 ports	標準	250mA～1.8A OFF時：70mA
△	ラズベリー・パイ Zero W	2017年2月	\$10	○	×	32bit ARM 1176	1,250	512MB	Micro 1 port	Mini	130mA～0.3A OFF時：40mA
－	ラズベリー・パイ Zero	2015年11月	\$5	×	×	32bit ARM 1176	1,250	512MB	Micro 1 port	Mini	80mA～0.2A OFF時：20mA

※平均消費電流とOFF時消費電流は筆者による実測値(接続機器なし・GUIなし)

表2-2　ラズベリー・パイをはじめるのに必要な機器

	品　名	販売店の一例	参考価格	備考
□	ラズベリー・パイ 4 Model B 2GB	RSコンポーネンツ，秋月電子通商	5,200円	より安価な廉価品もある
□	ラズベリー・パイ 4 B用ケース	RSコンポーネンツ，秋月電子通商	1,000円	本体が基板むき出しなので必要
□	NOOBS マイクロSD カード 16GB	RSコンポーネンツ	2,384円	一般のマイクロSDでも可
□	PC用モニタ(ディスプレイ)	保有のテレビなどが使用可能	−	HDMI入力端子つき
□	USBキーボード	市販品	1,000円	一般のPC用USBキーボード
□	USBマウス	市販品	1,000円	一般のPC用USBマウス
□	AC アダプタUSB Type C 5.1V 3A 出力	秋月電子通商	700円	AD-A051P380(一例)
□	USB Type C ケーブル※	市販品	200円	USB認証品または同等品
□	タイプAオス→タイプDオス(micro) HDMIケーブル	市販品	200円	モニタ接続用(**表2-1**参照)
□	LANケーブル	市販品	200円	ネットワーク接続用

※使用するACアダプタに合わせる

[2] ラズベリー・パイをはじめるのに必要なもの ②周辺機器

ラズベリー・パイを通常のPCや開発用PCとして使うには，周辺機器が必要です．**表2-2**にラズベリー・パイをはじめるのに必要な機器を示します．

PC用モニタの代わりにHDMI入力端子付きのテレビを使用することも可能です．HDMI端子のないテレビ(ビデオ入力)に接続することも可能ですが，情報量が少なく画質も悪いので，お勧めしません．また，SPI接続のLCDは設定が難しく，OS等のアップデートに対応できない場合があり，初心者や開発用にはお勧めしません．通常のPCからラズベリー・パイにリモート接続して利用することもできるので，インストール時だけテレビやモニタに接続し，その後はPCから使用する方法もあります．

ACアダプタは，ラズベリー・パイのモデルによって要件が異なります．ラズベリー・パイ 4では，5.1V 3AのUSB Type C仕様です．純正品を使うのが良いでしょう．ラズベリー・パイ 3では，5V 2.5A以上，可能であれば3Aの電源供給能力があり，出力端子がMicro USB のBタイプ・ケーブル付きACアダプタを使用します．USBケーブルで接続するACアダプタの場合，ケーブルによる電圧低下にも注意し，1m以内のUSB認証品または認証品と同等性能のケーブルを使用します．

ラズベリー・パイにはSSDやハードディスクが搭載されておらず，マイクロSDカードをシステム・ドライブとして使用します．表中のマイクロSDカードは，ラズベリー・パイ用インストーラNOOBSが書き込まれた16GB(仕様：SanDisk製・Class 10・執筆時点)のものです．PCを保有している場合は，ラズベリー・パイ財団の公式サイトからRaspberry Pi Imagerをダウンロードし，通常のマイクロSDカードに自分でシステムを書き込むこともできます．

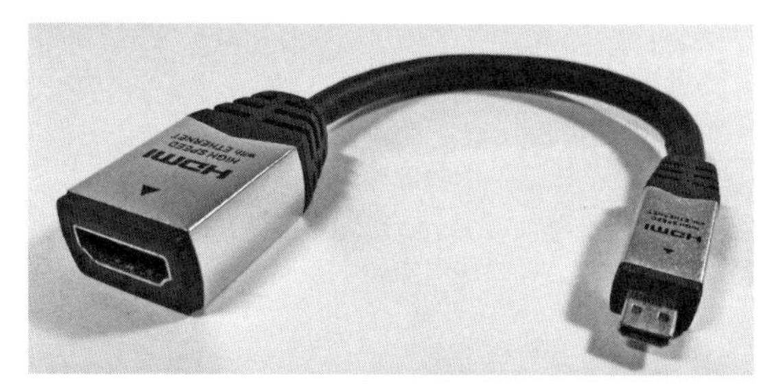

写真2-2　マイクロHDMI → 標準HDMI変換アダプタ
Raspberry Pi 4 Model Bの場合，HDMI端子がマイクロHDMI仕様になっているので，変換アダプタで標準HDMI端子に変換する

表2-2の他にも，ラズベリー・パイをインターネットに接続して使用するためのインターネット回線やインターネットに接続するための機器が必要です．

[3] ラズベリー・パイをはじめるのに必要なもの ③マイクロ SD カード

ラズベリー・パイはマイクロSDカードをシステム・ドライブとして使用します．ディジタル・カメラやスマートフォンに比べ，アクセス頻度や書き換え回数が多いのが特徴です．このマイクロSDカードが故障した場合は復旧までに多くの労力と犠牲が伴うので，信頼性の高い製品を選びましょう．

一般的なマイクロSDカード(TLCやQLCフラッシュ採用品)は，スマートフォンやディジタル・カメラ，ゲーム機での利用を想定しています．そのためアクセス頻度の高いラズベリー・パイで使用すると，数か月から半年くらいで，エラーやファイルの破損が発生する場合があります．

高耐久，ドライブレコーダ用，High Enduranceなどをうたった，MLCフラッシュ採用品であれば信頼性を高めることができます．SanDiskや，Panasonic，Transcend，Samsung，Silicon Powerなどから販売

表2-3　ラズベリー・パイ推奨のマイクロSDHCカード

項目	要求仕様	備考
規格	micro SDHC	SDXCは動作しない場合がある
容量	8GB以上	16GB以上を推奨
Class	Class 4以上	Class 10を推奨
UHS-I	−	対応品である必要はない

写真2-3
マイクロSDHCカードの一例
ラズベリー・パイのシステム・ドライブには，MLCフラッシュなどが採用された高耐久のマイクロSDHCカードを使用する

されており，価格は一般品の2～3倍くらいです．さらに信頼性の高いSLCフラッシュ採用品もありますが，価格が一般品の10倍くらいするので，USBメモリへのバックアップや定期的な交換で対応したほうが合理的でしょう．

海外で販売されているものや，並行輸入品の中には，書き換え可能回数が低いものや，相性の問題が発生しやすいもの，外見と中身の異なる模倣品などが混入している場合があります．購入価格を抑えたい場合は，安価な高耐久品として実績の高いTranscendのHigh Enduranceシリーズを正規ルートで購入すると良いでしょう．

ラズベリー・パイが対応しているマイクロSDカードは，**表2-3**のとおり，マイクロSDHC仕様の8GB以上です．なるべく16GBもしくは32GBのものを使用してください．未使用の残容量領域を十分に確保しておくことで，書き換え回数が減り，寿命が長くなります．また，音声認識エンジンをインストールする場合は16GB以上が必要です．

フォーマット形式は，マイクロSDHC仕様(一般的に4G～32GB)で標準となっているSD FAT32に対応しています．マイクロSDXCカード(一般的に64GB～2TB)にも対応していますが，動作しない場合もあるようなので，新たに購入するのであれば，SDHCカードを選択しましょう．

速度を示すClassは，Class 4以上(またはU1，V6以上)を使用します．UHS-I対応品である必要はありませんが，カード内部の処理性能が改良されている効果が得られる場合があります．また，Class 10であればClass 4よりも1～2割程度の速度アップが期待できます．

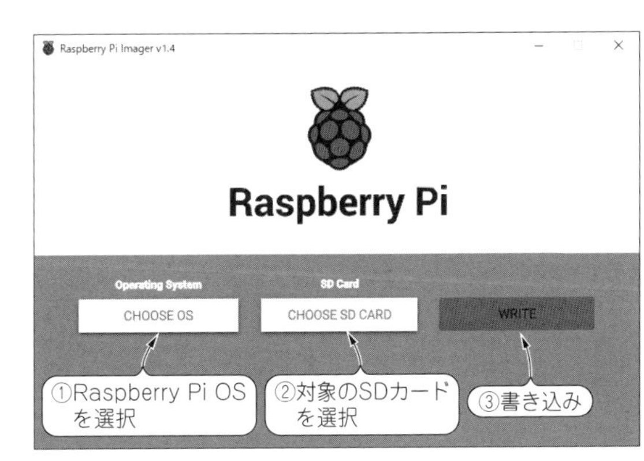

図2-1　マイクロSDカードにラズベリー・パイ起動用OS，Raspberry Pi OSを書き込む
OS書き込みソフトRaspberry Pi Imagerを起動し，①Raspberry Pi OSを選択，②対象のマイクロSDカードを選択，③書き込みボタンをクリックする

4 Raspberry Pi OSのインストール方法

● ラズベリー・パイを起動させる

▶ OSをマイクロSDカードに書き込む

パソコン(Windows，macOS，Ubuntuなど)を使って，Raspberry Pi OS(旧名Raspbian)をマイクロSDカードに書き込みます．ダウンロードと書き込みの作業には，Raspberry Pi Imagerというソフトを使います．

Raspberry Pi Imager(パソコン用ソフト)
https://www.raspberrypi.org/software/

上のURLからOS書き込みソフトRaspberry Pi Imagerのインストーラをパソコンにダウンロードして実行してください．インストール後にソフトを起動し，**図2-1**のように，①Raspberry Pi OSを選択，②書き込み対象のマイクロSDを選択，③書き込みボタンをクリックして，マイクロSDカードにラズベリー・パイ用のOSを書き込みます．

▶ ラズベリー・パイの電源ON

Raspberry OS入りのマイクロSDカードをラズベリー・パイのマイクロSDスロットに装着し，ラズベリー・パイのHDMI出力をモニタに，USBポートにキーボードとマウスを接続してから，最後にACアダプタを接続します(**図2-3**)．ACアダプタをつなぐとラズベリー・パイの電源がONになりRaspberry OSが起動します．

Raspberry Pi 4 Model Bには2つのマイクロHDMI端子がありますが，電源用Type Cコネクタに近いほう(図の左側)にPC用モニタを接続してください．

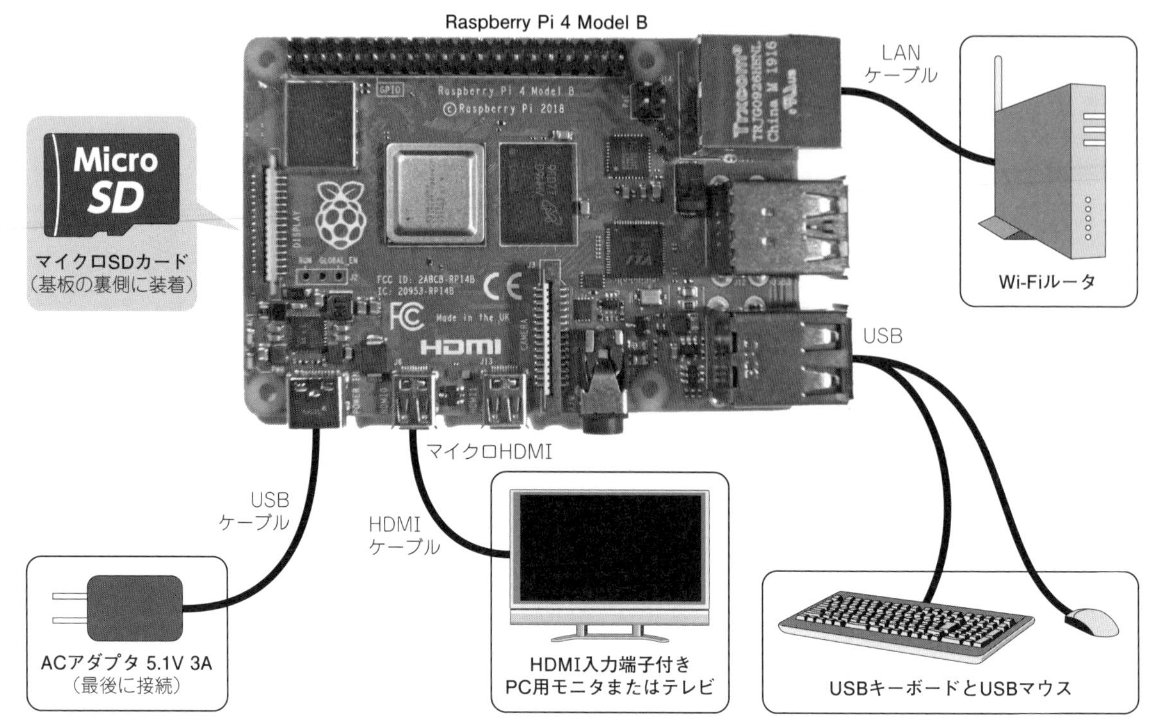

図2-3　ラズベリー・パイに周辺機器を接続する
作成したマイクロSDカードを挿入し，各周辺機器をラズベリー・パイに接続する．モニタの電源を入れ，最後にラズベリー・パイのMicro USBコネクタに電源用USBケーブルを接続すると電源が入る

5 Raspberry Pi OSの初期設定 ①設定メニュー

初めてOSを起動したときは初期設定ツールが起動します．案内に従ってパスワードなどを設定し，再起動してください．

設定を変更する場合は，**図2-8**のように画面左上のメニュー・ボタンから[設定]（または[Preferences]）を選択し，サブメニューで[Raspberry Piの設定]（または[Raspberry Pi Configuration]）を選択します．パスワードを変更するには，ラズベリー・パイの設定画面上のタブ[システム]（または[System]）をクリックし，[パスワードを変更]（または[Change Password]）ボタンをクリックしてください．

6 Raspberry Pi OSの初期設定 ②ネットワーク接続

Raspberry Pi OSの画面右上にあるネットワーク状態アイコンが，**図2-9**の②または③が水色で表示されていれば，既にネットワークに接続された状態です．①が赤色の×で表示されている場合は，ネットワークに接続されていません．

有線LANを使用する場合は，ラズベリー・パイのEthernet端子にLANケーブルを接続してください．

無線LANに接続するには，ネットワーク状態アイコンをクリックします．ラズベリー・パイ周囲にある無線LANアクセス・ポイントの一覧が表示されるので，使用する無線LANアクセス・ポイントを選択し，アクセス・ポイント接続用のパスワードを入力してください．

ラズベリー・パイのIPアドレスなどの情報を確認するには，マウス・カーソルをネットワーク接続状態のアイコンに合わせると表示されます．LXTerminal上でifconfigコマンドを実行して確認する方法もあります．

7 GitHubからIoT実験用プログラムをダウンロードする

コマンドを入力するにはLXTerminalを使用します．**図2-10**のアイコンをクリックして，LXTerminalを開いてください．

LXTerminalが開いたら，下記のコマンドを入力し，サンプル・プログラムをダウンロードしてください．[iot]というフォルダが作成され，その中に本書用の

図2-7
OSの画面
OSが起動したときのようす．左上のラズベリーのアイコンがメニュー・ボタン

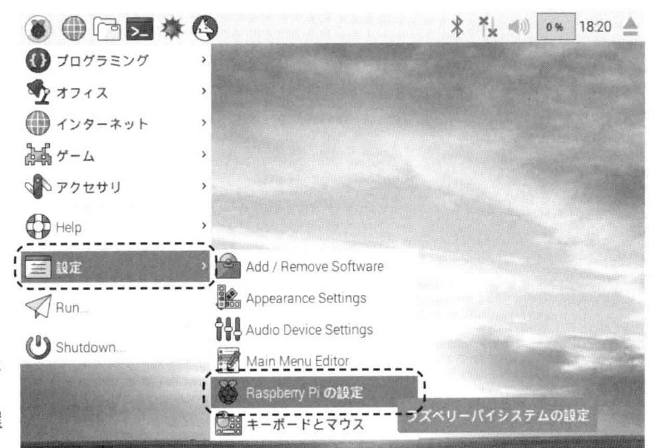

図2-8
設定画面を開く
表示画面左上の[Menu]内の[設定]（または[Preferences]）から[Raspberry Piの設定]（または[Raspberry Pi Configuration]）を選択する

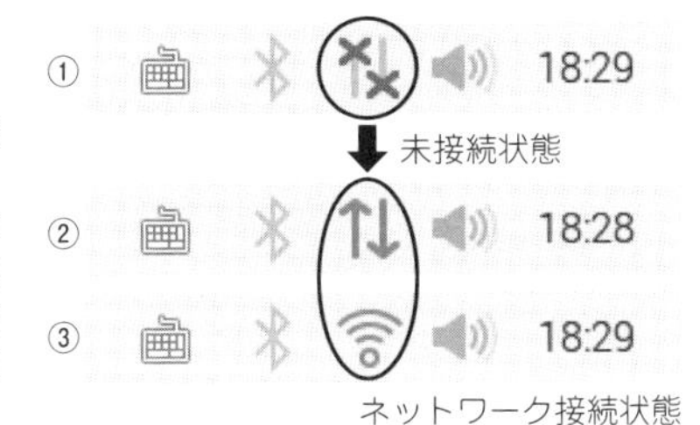

図2-9
LANケーブル接続，または無線LAN設定を行う
有線LANを使用する場合は，LANケーブルの接続を行う．無線LANの場合は，ネットワーク接続状態アイコンをクリックし，接続設定を行う

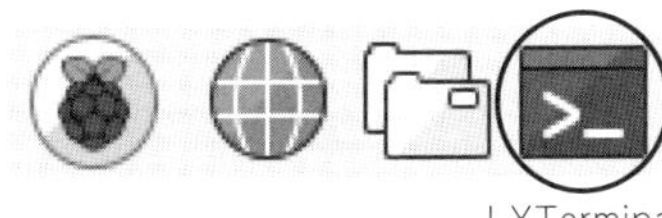

図2-10　LXTerminal を開く
ラズベリー・パイ上でコマンドを実行するためのターミナル・ソフトLXTerminalを起動する

各種のファイルが格納されます．

```
$ git clone https://github.com/bokunimowakaru/iot⏎
```

ダウンロード後，コマンド[cd iot]と入力し，iotフォルダに移動し，lsコマンドでダウンロードした内容を確認してください．図2-11にダウンロードと確認のようすを示します．ただし，ファイル数や容量，内容などは，異なる場合があります．エラーが発生せず，似たような名前のフォルダが作成されたことを確認してください．

Column 1 Linuxコマンドlsとcdの使い方

Raspbery Pi OS上でLXTerminalを起動すると，プログラムの開発に必要なBashを使ったテキスト文字によるOS操作が行えます．以下にlsコマンドとcdコマンドについて説明します．

①フォルダ内のファイルを確認するlsコマンド

フォルダ(ディレクトリ)内のファイル等を確認するにはls(List Segment)コマンドを使用します．LXTerminalを起動し，キーボードからlsを入力し，[Enter]キーを押下すると，**図2-A**のようにフォルダ内のファイルやサブフォルダ(フォルダ内のフォルダ)が表示されます．

```
$ ls⏎
```

また，lsのあとにスペースを空けて-lを追加して[ls -l⏎]と入力するとファイル作成日時などが含まれた一覧が表示され，[ls -a⏎]と入力すると「.」(ピリオド)から始まるファイルやフォルダを含めたファイルが表示されます．普段は使用しない設定ファイルや，内部処理用データ用フォルダの名前の先頭に[.]を付与することで，他の通常のファイルと区別します．

②フォルダを移動するcdコマンド

cdコマンドは，Change Directoryの略で，フォルダ変更を意味します．[cd Documents]と入力すると，Documentsフォルダに移動します．

```
$ cd ␣ Documents⏎
```

プロンプト(入力待ちを示す「pi@raspberrypi ~$」)のチルダ[~]が，移動先のフォルダ名[~/Documents]に変化したことを確認してください．チルダ[~]は，ホーム・フォルダ/home/piを意味し，[cd⏎]でホーム・フォルダ[~]に戻ることができます．

また，1つ前のフォルダに戻るには[cd -(ハイフン)⏎]を，1つ上のフォルダに移動するには[cd ⏎]を入力します．

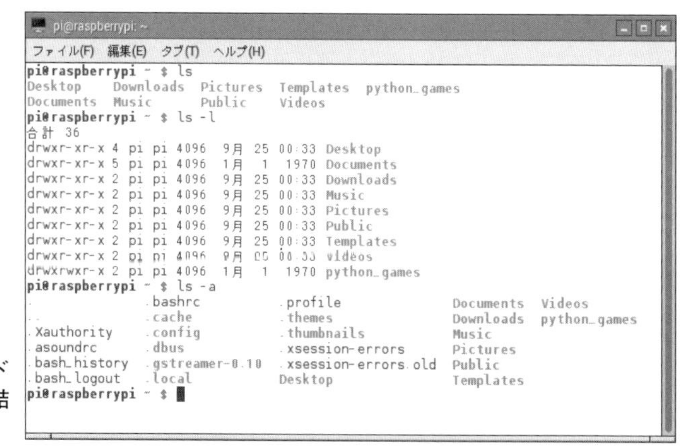

図2-A Linuxコマンド「ls」の実行結果の一例

表2-A Linuxコマンド「ls」の主な機能

コマンド	機能
ls	フォルダ内のファイルやサブフォルダを表示する
ls -l	フォルダ内のファイルやサブフォルダを一覧表示する
ls -a	フォルダ内を隠しファイルを含めて表示する
ls -la	隠しファイルを含めて一覧表示する(「ls -l -a」でも可)

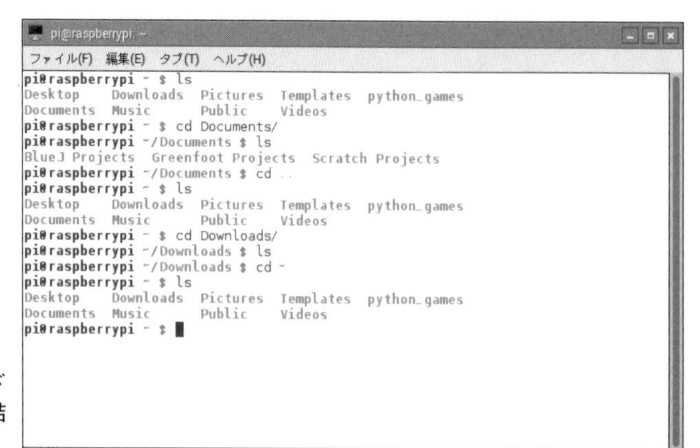

図2-B Linuxコマンド「cd」の実行結果の一例

表2-B Linuxコマンド「cd」の主な機能

コマンド	機能
cdフォルダ名	指定したサブフォルダへ移動する
cd	ホームフォルダ(/home/pi)へ移動する
pwd	フォルダの位置(絶対パス)を表示する

```
(LXTerminal画面)
pi@raspberrypi:~ $ git clone https://github.
                    com/bokunimowakaru/iot
Cloning into 'iot'...
remote: Enumerating objects: 106, done.
remote: Counting objects: 100% (106/106), done.
remote: Compressing objects: 100% (68/68), done.
remote: Total 1320 (delta 59),
        reused 68 (delta 31), pack-reused 1214
Receiving objects: 100% (1320/1320), 1.59 MiB |
                    524.00 KiB/s, done.
Resolving deltas: 100% (895/895), done.
pi@raspberrypi:~ $ cd iot
pi@raspberrypi:~/iot $ ls
iot-sensor-core-esp32 learning libs
            micropython server voice
pi@raspberrypi:~/iot $
```

図2-11　LXTerminalで，プログラムをダウンロードし，確認した
ダウンロード後，cdコマンドでフォルダを移動し，lsコマンドでダウンロードした内容を確認した

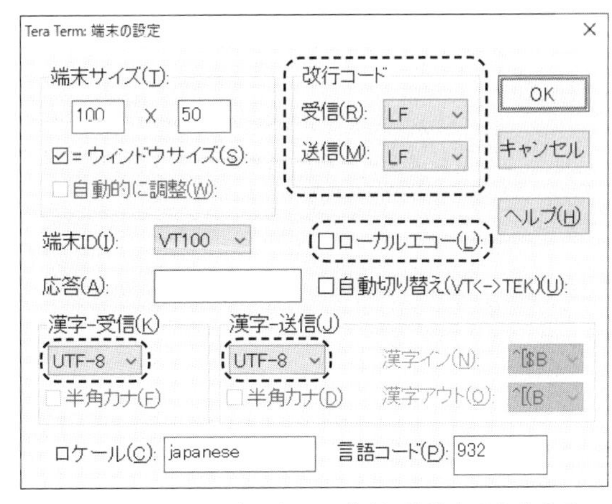

図2-12　PCからラズベリー・パイに接続するためのTera Termの設定
改行コードを[LF]，ローカルエコーを[OFF(チェックを外す)]，漢字-受信と漢字-送信を[UTF-8]に設定する

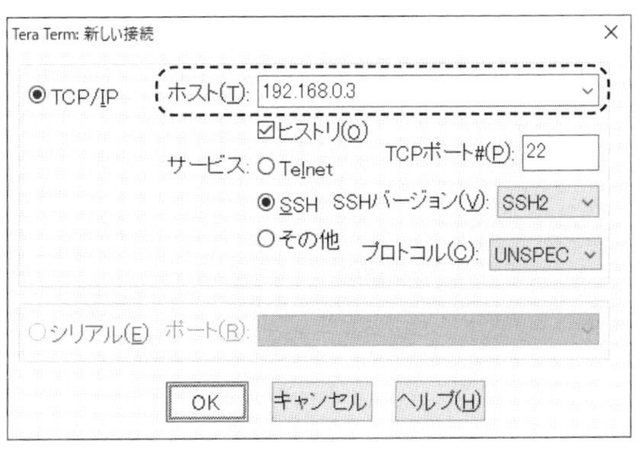

図2-13　PCからラズベリー・パイに接続する
[ファイル]メニューの[新しい接続]を開き，ラズベリー・パイのIPアドレスと，TCPポート番号22，SSH2を選択して[OK]をクリックする

8 PC(パソコン)からSSHでラズベリー・パイに接続しよう

本節では同一のLANに接続したWindows搭載PCからラズベリー・パイにログインする方法を説明します．

PCからラズベリー・パイにログインすることで，ラズベリー・パイ側のディスプレイやキーボードが不要となります．

Windows側のソフトウェアには，Tera Termを使用します．ラズベリー・パイ側は，**図2-8**の[Raspberry Piの設定]を開き，タブ[インターフェース]内のSSH設定を[enable]にしておきます．

図2-12は，Tera Termの[設定]メニューの[端末]を選択したときに表示される端末の設定画面です．改行コードを[LF]，ローカルエコーをOFF(チェックを外す)，漢字-受信と漢字-送信を[UTF-8]に設定してください．改行コードの設定は受信/送信ともに[LF]に設定します．

設定が完了したら[ファイル]メニューの[新しい接続]を開き，ラズベリー・パイのIPアドレスと，TCPポート番号22，SSH2を選択して[OK]をクリックします．ラズベリー・パイのIPアドレスは，**図2-9**の[ネットワーク状態アイコン]にマウス・カーソルを合わせると表示されます．

初めて接続しようとしたときに，セキュリティの警告が表示される場合があります．接続先のIPアドレス等が正しいかどうかを確認してから，[続行]をクリックします．正しく接続ができれば**図2-14**のように表示され，LXTerminalと同じようにコマンド入力ができるようになります．

なお，パスワードが脆弱だと外部から侵入され，ラズベリー・パイだけでなく，家庭内のすべてのネットワーク機器が脅威にさらされることがあります．よりセキュリティを高めるには，SSHのポート番号を22以外に設定する方法や，公開鍵認証方式を利用する方法などがあります．

9 ラズベリー・パイの電源の入れ方/切り方

ラズベリー・パイには電源ボタンがありません．電源を入れるには，ACアダプタのUSBケーブルをラズベリー・パイに挿し込みます．電源を切るときは画面左上のメニュー・アイコンから[Shutdown]を選び，[OK]ボタンをクリックします．緑色のLEDの点滅が完了し，消灯するまで待ってから電源用USBケーブ

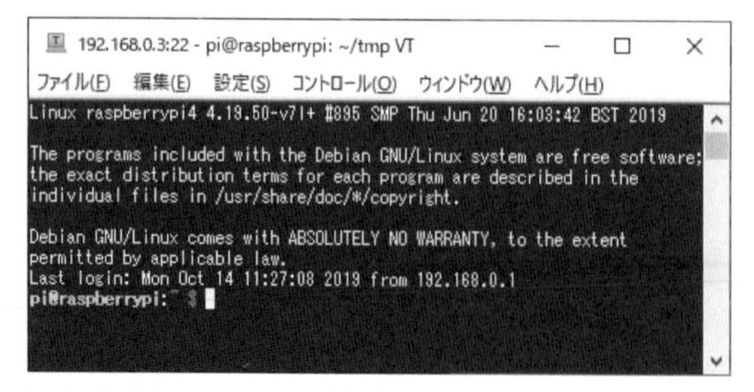

図2-14　Tera Termからラズベリー・パイにログインしたときのようす

ルを抜きます．

LXTerminalから[sudo halt]コマンド，または[sudo shutdown -h now]コマンドを実行してシャットダウンする方法もあります．この場合も緑のLEDが消灯してから電源用USBケーブルを抜きます．

⑩ラズベリー・パイの常時動作時の注意点

本書では，プログラミング学習用として設計されたラズベリー・パイをIoTシステムのサーバとして使用します．ラズベリー・パイをサーバとして使用することは，もともと想定されていないので，自己責任で安全性や信頼性に留意する必要があります．具体的には，ラズベリー・パイやACアダプタによる火災を起こさないための対策や，インターネットからの脅威に対する備え，マイクロSDカードの寿命に対する考慮が必要です．

①火災を起こさないための対策
②インターネット・セキュリティ対策
③データ破損に対する対策

ラズベリー・パイ本体を専用のケースに収容することで，金属などの接触によるショート(回路の短絡)を防ぐことができ，使用時の安全性を高めることができます．

プラスチック製のケースの場合は，Wi-Fiの性能が

写真2-4　金属製ケースへ収容したラズベリー・パイ
金属製のケースを使用することで，ケースへの引火を防ぐことができる．また，ケース内側にポリイミド・テープを貼ることで，ボードがケースに接触したときのショート(回路の短絡)を防止できる

発揮できる一方，引火するとよく燃える場合があります．難燃性素材が使われたケースもありますが，高価です．

写真2-3のような金属製のケースであれば，ケースへの引火を防ぐことができます．基板や基板上の部品が発熱・発火しても周囲へ引火しにくくなり，火災にならないための対策としては，比較的，安価です．しかし，ボード上の回路が金属ケースの内側に接触して回路が短絡すると，ボードやACアダプタが発火する恐れがあります．

プラスチック製，金属製のどちらの場合も，ケース内部にポリイミド・テープを貼ることで，耐燃性や絶縁性を高めることができます．また，ケースやACアダプタの周囲に燃えやすいものがあると，より甚大な火災の原因になるので，設置場所にも注意してください．

セキュリティ対策の第一歩は，推測しにくいパスワードを設定することです．また，ユーザ名piの変更や，ファイヤ・ウォール機能を利用するのも有効です．

データ破損に対しては，耐久性の高いマイクロSDカードを使い，USBメモリなどへの定期的なバックアップを行うことで対策を行います．

第3章 ラズベリー・パイでPython入門 ～基礎編～

Pythonのプログラムをラズベリー・パイ上で作成する方法について説明します．Python言語は他の言語に比べて少ないルールでプログラムが書けます．また，1つのプログラムを他用途のプログラムに簡単に応用することもできます．少ないルールを使いこなしてプログラムを作成するコツを解説します．

1 学習用プログラムをダウンロードする

本書でおもに使用するハードウェアは，（前章でセットアップした）ラズベリー・パイです．IoTシステムなる機器を想定すると，Linux上で学習／開発したほうが，活用範囲が広がるからです．ラズベリー・パイがない場合は，Microsoft Windowsが動作するPCにCygwinをインストールして学習／開発することもできます．

はじめに，ラズベリー・パイのLXTerminal上で下記のコマンドを入力し，本書で解説する学習用プログラムをダウンロードしてください(**図3-1**)．なお，前章でダウンロード済みであれば再実行する必要はありません．

```
cd⏎
git clone https://github.com/bokunimowakaru/iot⏎
```

一般的に，プログラムを開発するにはIDE(統合開発環境)を使用します．まずは試しに，ラズベリー・パイ上にあらかじめインストールされているThonny Python IDEを，Raspbianの[メニュー]→[プログラミング]→[Thonny Python IDE]の順に選択して起動してみてください．起動後，[Load]アイコンをクリックし，ダウンロードしたサンプル・プログラムiot/learning/example01_print.pyを選択して開きます．プ

```
pi@raspberrypi:~ $ cd
pi@raspberrypi:~ $ git clone
     https://github.com/bokunimowakaru/iot
Cloning into 'iot'...
remote: Enumerating objects: xxxx, done.
remote: Counting objects:
                              100% (xxxx/xxxx), done.
remote: Compressing objects:
                              100% (xxxx/xxxx), done.
           ～～ 詳細表示内容を省略 ～～
pi@raspberrypi:~ $
```

図3-1　LXTerminalからgit cloneコマンドを使い，サンプル・プログラムをGitHubからダウンロードする

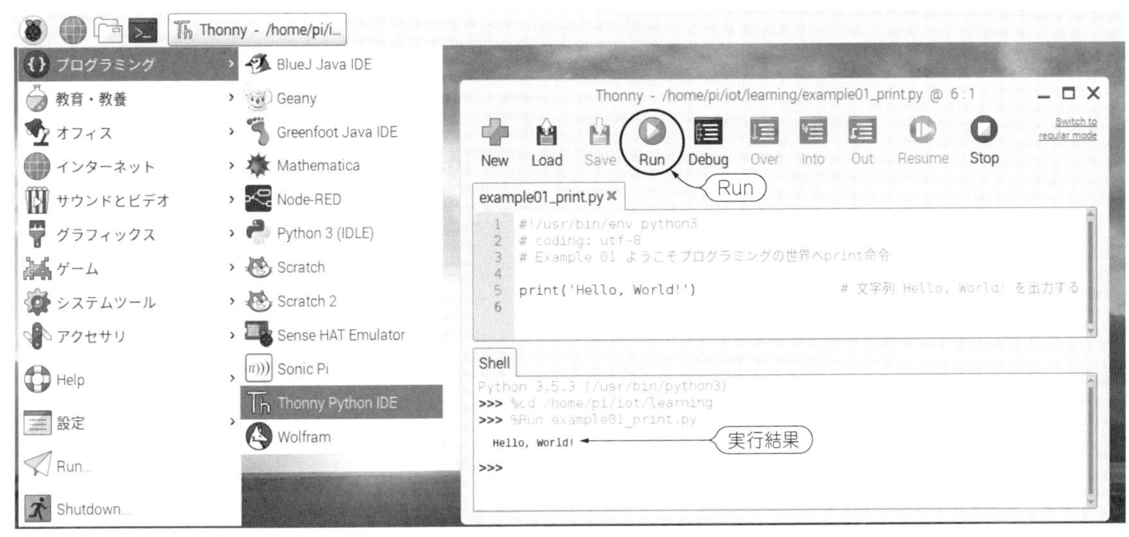

図3-2　ラズベリー・パイでThonny Python IDEを起動し，プログラムを実行したときのようす
プログラムを作成する際にIDE(統合開発環境)を使用すると便利

ログラムを実行するには，[Run]アイコンをクリックします．

図3-2にサンプル・プログラムをロードし，プログラムを実行したときのようすを示します．

2 LXTerminalを使用する

Thonny Python IDEはプログラムを開発する(作る)ときに使用するものです．IoTサーバやIoT機器としてプログラムを実行するときには，通常，IDEは使用しません．ここでは，IDEを使用せずにPythonのプログラムを実行する方法について説明します．

図3-3にLXTerminalを使ってPythonのプログラムを実行したときのようすを示します．LXTerminalを起動しpython3の後に実行ファイル名(example01_print.py)を付与して実行してください．

```
cd ~/iot/learning/⏎
python3 example01_print.py⏎
```

また，python3命令を省略するときは，ファイルの場所を指定して実行します．[./]は現在のフォルダを，[~/]はホーム・ディレクトリ[/home/pi/]を示します．

```
./example01_print.py⏎
```

または，

```
~/iot/learning/example01_print.py⏎
```

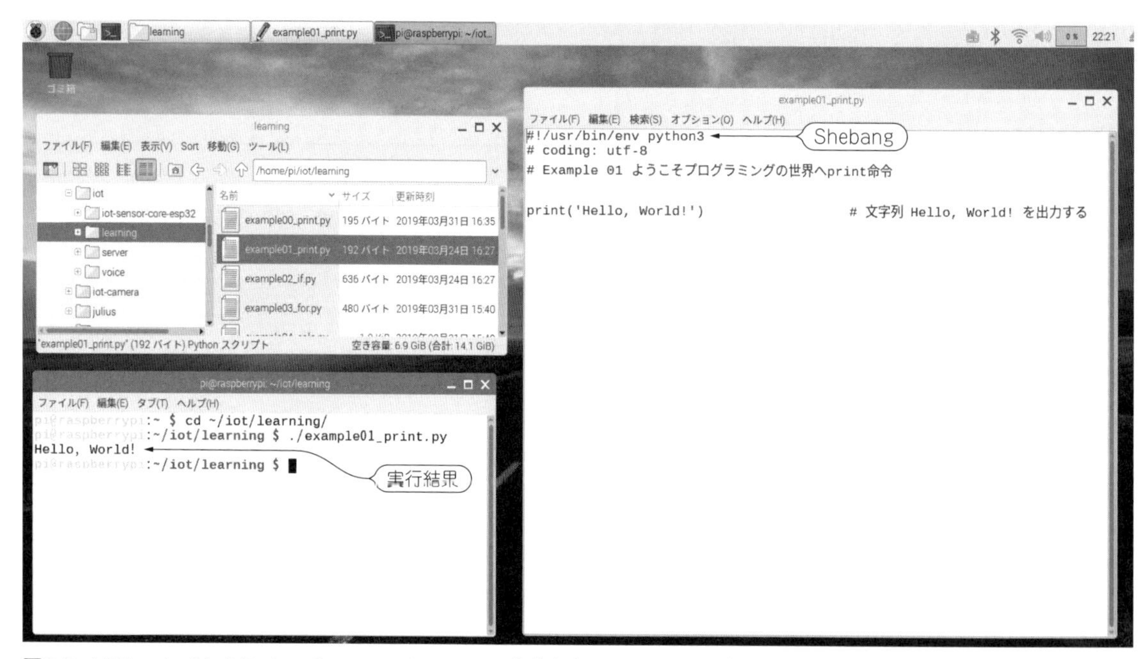

図3-3 LXTerminalからPythonのexample01_print.pyを実行(Pythonコマンド)
プログラム(ウィンドウ右)をLXTerminal(左下)で実行したときのようす(実際のLXTerminalの背景は黒色)

```
pi@raspberrypi:~ $ cd ~/iot/learning/
pi@raspberrypi:~/iot/learning $
                python3 example01_print.py
Hello, World!
pi@raspberrypi:~/iot/learning $
                      ./example01_print.py
Hello, World!
pi@raspberrypi:~/iot/learning $
         ~/iot/learning/example01_print.py
Hello, World!
pi@raspberrypi:~/iot/learning $
```

図3-4 LXTerminalを使ったプログラムの実行方法
LXTerminalからpython3コマンドを使用して実行する方法，ファイル名の指定だけで実行する方法を試してみた

```
pi@raspberrypi:~/iot/learning $ python3
Python 3.5.3 (default, Sep 27 2018, 17:25:39)
[GCC 6.3.0 20170516] on linux
Type "help", "copyright", "credits" or
          "license" for more information.
>>> print('Hello, World!')
Hello, World!
>>> exit()
pi@raspberrypi:~/iot/learning $
```

図3-5 インタラクティブ・モードで実行する
LXTerminalでpython3と入力するとインタラクティブ・モードとなり，手入力のコマンドを実行できる

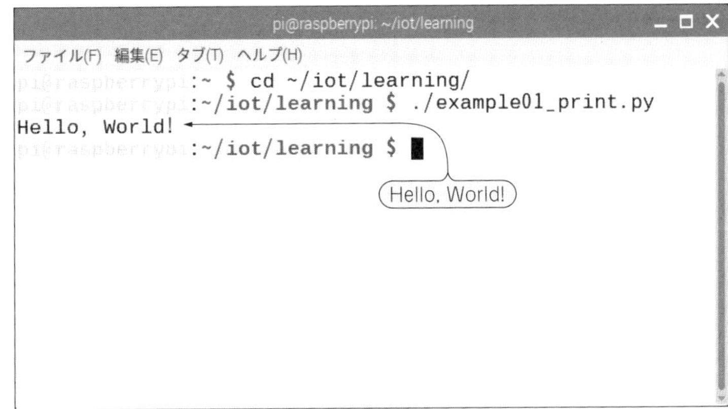

図3-6
キャラクタUI最初の定番プログラム[Hello, World!]
サンプル・プログラムexample01_print.pyを実行すると，文字列[Hello, World!]を出力(表示)する

リスト3-1　コマンドUI定番プログラム[Hello, World!]
example01_print.py

```
#!/usr/bin/env python3 ←①
# coding: utf-8 ←②(省略可)
# Example 01 ようこそプログラミングの世界へprint命令
                                              ③
print('Hello, World!') ←④
                        # 文字列Hello, World! を出力する
```

ファイル名だけで実行する(pythonコマンドを使う)場合は，事前に以下の2つの設定をしておく必要があります．

1つ目の設定は，プログラム・ファイルの実行属性です．あらかじめ，

chmod a+x プログラム・ファイル名

を実行し，実行属性を付与しておきます．

2つ目の設定は，スクリプト言語を指定するためのShebangです．Pythonの場合，プログラムの先頭行に[#!/usr/bin/env python3]のように記述します．

自分でプログラムを作成したときは，実行属性とShebangの付与を忘れないようにしましょう．

● インタラクティブ・モード

Pythonにはコマンドを即実行することが可能なインタラクティブ・モードがあります．プログラムの動作確認を行うときに便利です．**図3-5**のように，[python3]を入力後，[print('Hello, World!')]と入力すれば，[Hello, World!]が表示されます．[exit()]または[Ctrl]＋[D]のキー操作でインタラクティブ・モードを終了します．

python3命令の末尾の[3]はPythonのバージョン3.X系を示し，python2命令でバージョン2.7が動作します．バージョン2.X系と3.X系の互換性が低いうえ，約20年にもわたって使われてきたバージョン2.X系のソフトウェア資産も多いため，しばらくは両方のバージョンを使い分ける必要があるでしょう．

```
pi@raspberrypi:~/iot/learning $
                    python3 example01_print.py
Hello, World!
pi@raspberrypi:~/iot/learning $ python3
Python 3.5.3 (default, Sep 27 2018, 17:25:39)
[GCC 6.3.0 20170516] on linux
Type "help", "copyright", "credits" or
                "license" for more information.
>>> #!/usr/bin/env python3
... # coding: utf-8
... # Example 01 ようこそプログラミングの世界へprint命令
...
>>> print('Hello, World!')
Hello, World!
>>> print 'Hello, World!'
  File "<stdin>", line 1
    print 'Hello, World!'
                        ^
SyntaxError: Missing parentheses in
                    call to 'print'   ←エラー
>>> exit()
pi@raspberrypi:~/iot/learning $
```

図3-7　サンプル・プログラムexample01_print.pyの実行結果例
LXTerminalから実行すると[Hello, World!]が表示された．インタラクティブ・モードで実行することもできる．print命令に括弧がないとエラーが発生する

3 定番プログラム Hello, World!

文字列[Hello, World!]を出力(表示)するプログラムは，プログラムの動作確認(ログ出力)を行うときの定番プログラムです．動作確認はソフトウェア開発の中で重要な作業の1つであり，機器に表示器がなかったとしても，プログラムの動作状態がわかるような出力をするプログラムを使用します．

サンプル・プログラムexample01_print.pyの内容を**リスト3-1**に，実行結果の一例を**図3-7**に示します．

本プログラムは4行で構成されています．プログラムの各行について解説します．

① 先頭行にはShebangと呼ばれるプログラムやスクリプトの実行環境を記述します．ここではPythonであることを示し，Python3の末尾の[3]はPythonのバージョン3.X系を示します．

② プログラム・ファイルの文字コードの指定です．ここでは，UTF-8を使用するのでutf-8を記述しました．UTF-8はPythonの標準の文字コードで，この記述を省略することが推奨されているので，将来的には見なくなると思います．Microsoft Windowsで入力したプログラムは，文字コードや改行コードが異なることがあります．UTF-8のBOMなし，改行コードLFで保存してください．

③ [#]は，上記の処理①と②を除き，何の処理も行わないコメント行であることを示します．行の途中に記した場合は，[#]以降，改行までがコメントになります．通常，コメントは英語で記述しますが，作成者や関係者にわかりやすい言語で記述することで，ソフトウェアの品質を高められます．

④ print命令を使用し，[Hello, World!]を出力(表示)します．出力する内容は括弧[(]と[)]で括り，文字列は，シングルコート[']またはダブルコート["]で括ります．

print命令の括弧[(]と[)]は，関数型の命令であることを示しています．括弧内に書かれた内容は，引き数(ひきすう)と呼ばれ，値や文字列などのパラメータをprint命令へ渡します．本サンプルでは，文字列[Hello, World!]をprint命令に入力します．

なお，Python 2.7ではprintに括弧がありませんでしたが，Python 3では括弧がないとエラーが発生します．

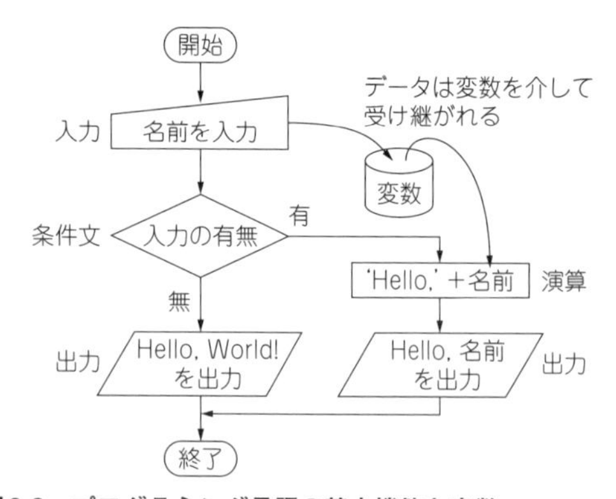

図3-8　プログラミング言語の基本機能と変数
プログラミング言語には，入力，出力，条件文，演算の4つの基本機能があり，データは変数などを介して受け継がれる

4 Pythonの機能

これからプログラミング言語を学習しようとする人や，従来の手続き型のプログラムに慣れている人には，ちょっと難しく聞こえるかもしれませんが，Pythonはオブジェクト指向型のプログラミング言語です．プログラム全体を個々のモノ(オブジェクト)の集合体として構成します．しかし，プログラムが小さく関数や変数が少ない段階では，あまり意識する必要はありません．また，Pythonには標準で多くのライブラリが準備されており，それらを活用することで所要のソフトウェアを短いプログラムで実現できます．ライブラリを使用するだけで，知らず知らずにオブジェクト指向の恩恵を受けていることがあります．Pythonには，**オブジェクト指向と呼ばれる裏方がいる**と考えておけば良いでしょう．

● 手続き型プログラミングの特徴

本書は，従来の**手続き型**と呼ばれる方法で，手っ取り早くプログラムを作成します．手続き型のプログラミング手法では，以下の入力，出力，条件文，演算，これら4つの基本機能の流れを次のように1つのプログラムまたは関数に集約します．

基本機能	例1(図3-8)	例2
入力	名前を入力する	変数へ数値や文字列を代入する
出力	名前を表示する	print命令で変数の内容を表示する
条件文	入力の有無で分岐する	数値の内容に応じて処理を分岐する
演算	名前に文字列を結合する	計算処理を行う

これら基本機能の流れは，例えば**図3-8**のフローチャートと呼ばれる図で示すことができます．このように，基本機能の一連の手続き(処理)をソフトウェア部品(関数)として定義することで，手続きを繰り返し実行したり，再利用できるようになります．

5 プログラム言語の変数

数値や文字列などのデータは，**図3-9**のような変数と呼ばれる容器を介在し，各機能間を行き交います．例えば，はじめにキーボードから入力された文字列[Wataru](値)を変数xに代入し，次にprint(x)のように変数を参照することで，変数xに代入された[Wataru](値)を表示することができます．

変数にはアルファベットの変数名を付けます．通常，変数名の先頭には小文字を用いますが，定数など通常の変数と区別するために意図的に大文字を使用することもあります(表3-3およびコラム参照).

変数を生成するときは，i = 123のように，初期値の代入で表し，値の変更もi = 321のように，代入で示します．Pythonでは変数生成の初期値の代入と，変数の値を変更するための代入との区別はありません．これらを区別する言語に慣れている人は，Pythonの変数生成部を値の変更部だと勘違いしやすいので注意してください．

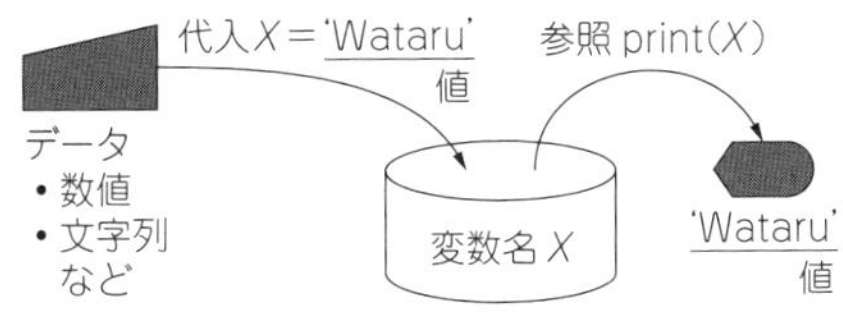

図3-9　変数に値を代入し，代入した値を参照する
キーボードから入力した文字列[Wataru]を変数xの値として代入し，print命令で変数値を参照して表示出力するときのようす

変数には，表3-1のように整数型，文字列型など複数の型があります．以下に変数の型について説明します．

● 数値変数：整数型・浮動小数点数型・ブール型

数値を代入することができる変数には，整数型，浮動小数点数型，ブール型の3種類があります．小数点を付与せずに数値を代入すると整数型に小数点を付与すると浮動小数点数型になります．型名はtype(変数名)で取得することができます．また，除算や，浮動小数点数型の変数との演算を行うと，浮動小数点数型になります．

浮動小数点数型の変数の小数点以下を切り捨てて整数型に変換するには，int(変数名)と記述します．Pythonでは数値範囲によって変数の型を使い分ける必要はありません．また，整数型の変数iに対して，i

表3-1　整数型変数，浮動小数点型変数，文字列型変数

変数の型	型名	代入方法(例)	備　考
整数型	int	i = 123	整数のみを扱う変数
浮動小数点数型	float	x = 123.0	小数点を付与すると小数が扱える
文字列型	str	s = 'Wataru'	「'」で括ると文字列が扱える
ブール型	bool	b = True	TrueとFalseのどちらかしか扱えない

表3-2　変数型の変換方法

変数の型	整数型i⇒	浮動小数点数型x⇒	文字列型s⇒	ブール型b⇒
⇒整数型	－	int(x)	int(s)※	int(b)
⇒浮動小数点数型	float(i)	－	float(s)※	float(b)
⇒文字列型	str(i)	str(x)	－	str(b)
⇒ブール型	bool(i)	bool(x)	bool(s)	－
type(変数名)	<class 'int'>	<class 'float'>	<class 'str'>	<class 'bool'>

※変換できない場合はエラーとなる

表3-3　変数名に使用可能な文字と，使用できない文字

変数名	使用可否	用　途	条件など
value	○	変数の内容を示す名称	アルファベット大文字，小文字，アンダーライン，数字で構成する
addedValue	○	大文字を含めたいとき	複数の単語をつなげるときなどに使用する
value_float	○	アンダ・ラインを含めたいとき	複数の単語をつなげるときなどに使用する
value2nd	○	変数名に数字を含めたいとき	先頭に数字を含めることはできない
Value	○	通常の変数と区別したいとき	通常は小文字から始まるほうが望ましい
i	○	インデックス番号，整数値など	複数の変数が必要なときはjやkを併用する
c	○	文字(1文字)など	文字列のときはsを用いることが多い
s	○	文字列(複数文字)など	1文字だけのときはcを用いることが多い
value#	×	記号「#」は使えない(使用可能な記号はアンダーラインのみ)	
2ndValue	×	先頭に数字を含めることはできない	
del	×	予約語は使用できない(import，as，from，class，def，global，del)	
if	×	予約語は使用できない(if，elif，else，while，for，return，break，continueなど)	
not	×	予約語は使用できない(and，or，not，is，inなど)	
True	×	予約語は使用できない(True，False，Noneなど)	
len	△	標準命令・関数は，なるべく使用しない(len，type，printなど)	

表3-4　配列変数のリスト型とタプル型，辞書型の違いを確認するための実行例

使用例		リスト型	タプル型	辞書型
数値を代入する	代入例	x＝[11, 22, 33]	x＝(11, 22, 33)	x ＝ {'ab':11, 'bc':22, 'cd':33}
代入した数値を参照する	参照例	x[0]	x[0]	x['ab']
	確認例	print(x[0]) 11 print(x) [11, 22, 33]	print(x[0]) 11 print(x) (11, 22, 33)	print(x['ab']) 11 print(x) {'ab':11, 'bc':22, 'cd':33}
値を変更する	代入例	x[1]＝2222	変更できない	x['bc']＝2222
	確認例	print(x[1])	print(x[1])	print(x['bc'])
		2222	22	2222
変数の型を確認する	確認例	print(type(x))	print(type(x))	print(type(x))
		<class 'list'> [11, 22, 33]	<class 'tuple'>	<class 'dict'>
新たに代入する	代入例	x＝[111, 222, 333]	x＝(111, 222, 333)	x ＝ {'ab':111, 'bc':222, 'cd':333}
	確認例	print(x)	print(x)	print(x)
		[111, 222, 333]	(111, 222, 333)	{'ab':111, 'bc':222, 'cd':333}

＝123.0を代入すると，自動的に浮動小数点数型の変数に変わります．各種の変換方法を**表3-2**に示します．

ブール型はFalseとTrueの2値しか扱えないデータ型です．整数や浮動小数点数の0をブール型に変換すると，Falseに1およびその他の値はTrueになります．

● 文字変数：文字列型

文字や文字列を代入文字列型変数を使って，[']または["]で括って代入します．数値をs＝'123'のように括った場合も文字列型となります．整数型に変換するにはint(s)のような変換が必要です．反対に数値i＝123を文字列として扱うときはstr(i)のように変換します．文字列を連結するときは和算(+)で示します．

● 配列変数：リスト型・タプル型・辞書型

x_1やx_2といった添数字付きの変数は，角括弧を用いてx[1]やx[2]のように表わします．配列変数と呼び，関連した内容を代入することによって処理やプログラムの記述が容易になります．添数字は，**インデックス番号**，**要素番号**と呼び，0から始まる整数で示します．例えば，x＝[1,2,3]を代入すると，変数x[0]に1，変数x[1]に2，変数x[2]に3が代入されます．変数の入れもの(インデックス番号)は0から始まるので，x[1]には1ではなく2が代入されます．

また，**表3-4**のように配列変数のインデックス番号を数字や文字列で示すことができる辞書型の変数もあります．x['data']のようにインデックス番号の代わりに文字列を使用するので，辞書の索引のような使い勝手で参照することができます．

6 条件文「もしも if ～ さもなければ else ～」

コンピュータは，多くの条件文により，条件に応じた多才な処理を行うことができます．ここでは，条件文の基本的な使い方を説明します．

リスト3-2のサンプル・プログラムexample02_if.pyは，プログラム実行時に入力したパラメータ(引き数)

Column 1　変数名に使用可能な文字

変数名には，意味のある単語や略語を使用するのが基本です．変数名であることを協調したい場合は，xやyのような1文字の変数名や，数文字程度の略語を使用する場合もあります．

一例として，一時的な変数にaや，b，c，x，y，zなどを，インデックス番号や整数値にiやj，kを，長さや個数にl，m，nを，文字にc，文字列(複数の文字)にsといった変数名が使われます．

変数名の先頭以外であれば，数字を使うこともできます．変数に2や3を付与することもありますが，あまり好ましくありません．意味のある単語や略語を付与するか，リスト型の配列変数を使用します．

複数の単語を接続して変数名を作成するときは[addedValue]のように，変数名の先頭以外は，単語の先頭を大文字にします．[_](アンダ・ライン)を使用し，[added_value]とすることもあります．

Column 2　配列変数のリスト型とタプル型の違い

Pythonの配列変数には，リスト型とタプル型があり，それぞれ使い方に違いがあります．ライブラリを扱うときに，これらの違いを知っておく必要がありますが，現時点では違いがあることだけを認識しておき，実際に使う段階で，このコラムを思い出せば良いでしょう．

「5 プログラム言語の変数(p.28)」で説明したとおり，配列変数を用いることで，1つの変数名で複数の変数(要素)を含むことができます．リスト型の配列変数は，配列内の個々の変数(要素)の内容(値)を変更することができ，また配列の大きさ(要素数)を増やすこともできます．一方，タプル型の配列変数は，一度，代入した値を変更することや，配列数を変更することができません．

タプル型は，例えば，LAN上のホスト名と，IPアドレスの組み合わせのように，片側だけを書き換えるようなことがない場合に使用します．この場合，1番目の要素にホスト名，2番目の要素にIPアドレスを代入します．タプル型であっても，ホスト名とIPアドレスを同時に代入すれば，内容を変更することができます．変数の内容(値)の参照方法は，リスト型と同じです．**表3-4**にそれぞれの違いを確認するための実行例を示します．

なお，ライブラリでは，複数の配列型を組み合わせて使うこともあります．例えば，ホスト名とIPアドレスのタプル型の変数を，複数のリスト型の要素として使用することで，複数台の情報を保持することができます(**図3-10**)．

```
>>> hosts = [('raspi','192.168.0.2'),('pc','192.168.0.3')]
>>> print( hosts[1][0] ) # 2番目のリストの1番目の要素
'pc'
>>> print( hosts[1][1] ) # 2番目のリストの2番目の要素
'192.168.0.3'
>>> hosts.append(('mac','192.168.0.4')) # 要素の追加も可能
```

図3-10　リスト型の要素にタプル型の情報を代入したときの一例
ホスト名とIPアドレスの組み合わせのタプル型変数をリスト型の配列変数に代入した

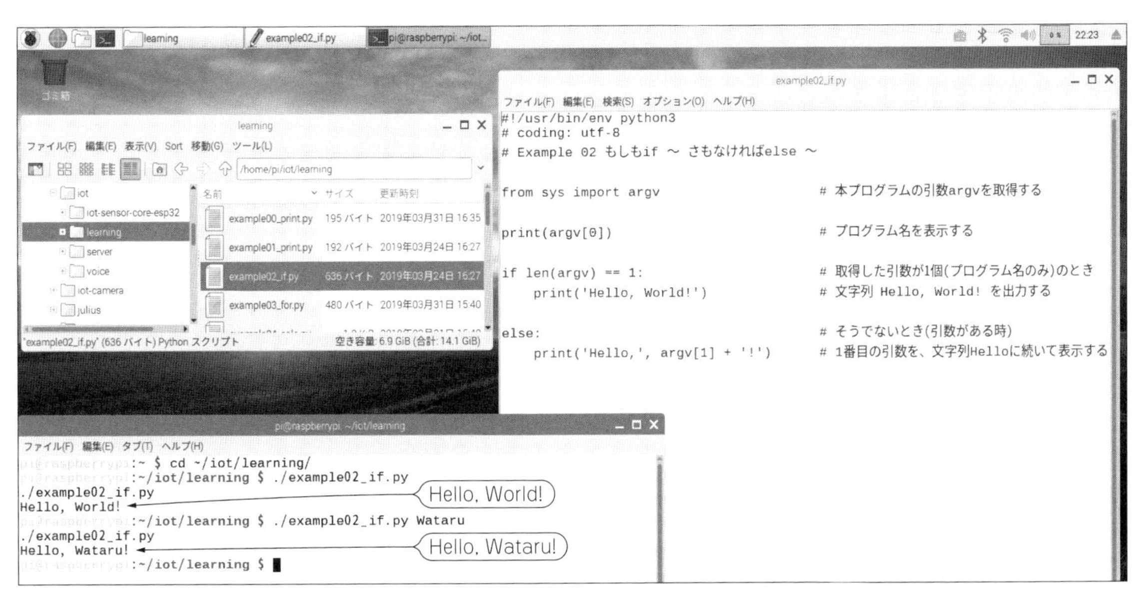

図3-11　条件文もしもif ～ さもなければelse ～
条件文の基本的な使い方について説明する．これは知的な処理の原点となる．プログラム実行時に入力するパラメータ(引き数)によって異なる処理を実行してみた

の内容に応じて，[Hello,(名前)!]のような表示を行います．

プログラム実行時に入力したコマンド名はリスト型の配列変数argv[0]に，コマンド名に続いて入力したパラメータはargv[1]に代入され，各変数の内容は**表3-5**のようになります．複数のパラメータの入力があ

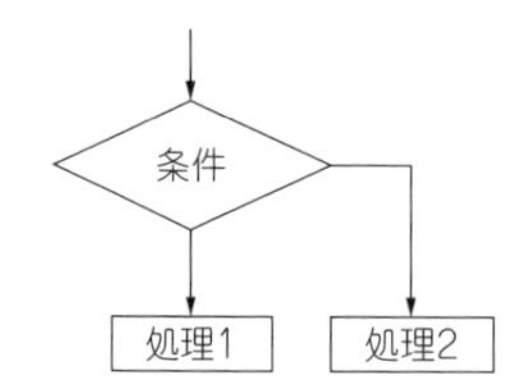

図3-12　プログラム言語での条件文
条件文を使用することで，処理1または処理2のどちらかを実行することができる

表3-5　配列変数argvの内容（./example02_if.py Wataruを入力した場合）

変数名（数学的な表現例）	変数名（プログラム表記）	内　容
$argv_0$	argv[0]	実行時に入力したプログラム名（この例では「./example02_if.py」）
$argv_1$	argv[1]	実行時に入力したパラメータ（この例では「Wataru」）

リスト3-2　条件文もしもif～さもなければelse～ example02_if.py

```
#!/usr/bin/env python3

# Example 02 もしもif ～ さもなければelse ～

from sys import argv ←①                      # 本プログラムの引き数argvを取得する

print(argv[0]) ←②                            # プログラム名を表示する

if len(argv) == 1: ←③                        # 取得した引き数が1個（プログラム名のみ）のとき
    print('Hello, World!') ←④                # 文字列 Hello, World! を出力する

else: ←⑤                                     # そうでないとき（引き数がある時）
    print('Hello,', argv[1] + '!') ←⑥        # 1番目の引き数を，文字列Helloに続いて表示する
```

った場合，argv[2]以降にも代入されます．本プログラムではパラメータが含まれているか，含まれていないかの違いで異なる処理を実行します．

条件文if(**リスト3-2**の③)は，ifに続いて書かれた条件に応じた処理を行うための条件分岐命令です．[==]は比較演算子と呼ばれ，右辺と左辺が一致したときに次行以降のタブまたは空白でインデントが付与された処理部(ブロック)を実行します．条件の末尾には[:]を付与します．

配列変数の大きさはlen命令を使用し，[len(変数名)]で取得することができます．本プログラム実行時にパラメータ値が入力されなかった場合は，len(argv)が1となり，本if文の条件である[len(argv)==1]に一致します．パラメータ値が含まれていたときは，len(argv)が2以上となり，不一致となります．不一致のときは，処理④を実行せずに，処理⑤のelse文以降のインデントされた処理⑥を実行します．

example02_if.pyの各行のおもな動作内容を以下に，実行例を**図3-13**に示します．

① 本プログラムの実行時に入力した数値や文字列などの入力パラメータをプログラムで使用するための準備を行います．import命令は本プログラムにライブラリを組み込む命令です．ここでは，sysライブラリに含まれる配列変数argvを組み込みます．配列変数argvにはプログラム実行時の入力パラメータが代入されます．

② print命令を用いて本プログラム名を表示します．argv[0]には実行したときのプログラム名が代入されています．

③ if文は条件に一致したときに，その次の④の処理を実行します．lenは長さを取得する関数です．配列argvの要素数を取得します．比較演算子[==]は，左辺と右辺の比較を行い，要素数が1だったとき，すなわちプログラム名しか代入されていなかったときに④を実行します．

④ 処理③のif条件に一致したときに実行する命令行（ブロック）の先頭には，タブまたは空白が必要です．ここでは，[Hello, World!]を出力(表示)するprint命令の前に4つの空白を付与しました．

⑤ else文はif文の条件に一致しなかったときに，その次の⑥の処理(ブロック)を実行します．elseの後ろにはコロン[:]が必要です．

```
pi@raspberrypi:~/iot/learning $
                                    ./example02_if.py
./example02_if.py
Hello, World!
pi@raspberrypi:~/iot/learning $
                            ./example02_if.py Wataru
./example02_if.py
Hello, Wataru!
pi@raspberrypi:~/iot/learning $
```

図3-13　サンプル・プログラムexample02_if.pyの実行結果例
LXTerminalから実行すると「Hello, World!」が出力される．実行時に「Wataru」を渡すと「Hello, Wataru!」を出力する

⑥ [Hello,]と変数argv[1]の内容，記号[!]の3つを連結して出力(表示)します．変数argv[1]には，プログラム実行時に入力したパラメータが格納されているので，例えば，[Wataru]を入力すれば，**図3-13**のように[Hello, Wataru!]を出力します．if文と同様にprint命令の先頭にタブまたは空白を付与し，else文による処理であることを明示する必要があります．

処理⑥のprint命令の引き数は文字列[Hello,]と，[argv[1] + '!']の2つです．これらは[,](カンマ)で区切られ，表示時に1文字分の空白文字が区切り文字として付与されます．第2引き数は[argv[1]]と文字['!']を演算子[+]を使って結合した結果が渡されます．演算子で結合した場合，空白は付与されません．

7 コンピュータお得意の繰り返し for文

繰り返し処理はコンピュータがもっとも得意な処理です．一般的に，繰り返し処理が多いほどコンピュータを使用する効果が高まります．ここではfor文を使用した繰り返し処理を説明します．

繰り返し処理を行うfor文は，[for 変数 in 配列変数:]という書式で記述し，if文と同様に行末にコロン[:]を付与します．また，繰り返し処理の対象の処理部(ブロック)の先頭には，タブまたは空白が必要です．

リスト3-3を**図3-14**の実行結果例のように，3人分の名前を入力してから実行すると，**表3-6**のように，プログラム名がargv[0]に，3人分の名前がargv[1]～argv[3]に代入されます．

処理①のfor文では，はじめに変数nameにargv[0]のプログラム名を代入し，処理②で[Hello,]と変数name，文字[!]を結合して表示します．次の2回目の処理で，変数nameにargv[1]の1人目の名前を代入し，処理②で表示します．さらに，argv[2]とargv[3]に2人目，3人目の名前の表示を行い，for文を終了します．

以下に，example03_for.pyの繰り返し処理部の内容を示します．

① 繰り返し処理を行うfor文です．配列変数argvに関して，argv[0]から順に変数nameに代入し，代入の都度，処理②を実行します．

② for文の対象となる区間は，行頭のタブまたは空白で示します．ここではprint命令が繰り返されます．変数nameには，配列変数argv内の文字列が順に代入され，すべてのargvの表示処理を終えたらfor文を終了します．

8 コンピュータは計算機．四則演算を行ってみよう

「PCやスマートフォンは計算機です」と言うと少し違和感があると思います．ところが，これらの中核技術であるコンピュータは元々計算を行うために登場した計算機です．ここでは，**リスト3-4**を用いて，計算機の基本機能である四則演算を行ってみます(**図3-15**)．

リスト中の処理①では，変数Aと変数Bに，それぞれ数値1と2を代入します．また処理④では，print命令を使って，変数Aと[+]，変数B，[=]，そしてA

リスト3-3　コンピュータお得意の繰り返しfor文 example03_for.py

```
#!/usr/bin/env python3

# Example 03 コンピュータお得意の繰り返しfor文

from sys import argv                    # 本プログラムの引数argvを取得する

for name in argv: ←①                   # 引数を変数nameへ代入
    print('Hello,', name + '!') ←②     # 変数nameの内容を，文字列Helloに続いて表示
```

```
pi@raspberrypi:~/iot/learning $
     ./example03_for.py Wataru Tetsuya Hikaru
Hello, ./example03_for.py!
Hello, Wataru!
Hello, Tetsuya!
Hello, Hikaru!
pi@raspberrypi:~/iot/learning $
```

図3-14　サンプル・プログラムexample03_for.pyの実行結果例
実行時にWataru，Tetsuya，Hikaruを渡すと，それぞれの名前にHello!を付与して出力する

表3-6　配列変数argvの内容(example03_for.py)

変数名(数学的な表現例)	変数名(プログラム表記)	内　容
$argv_0$	argv[0]	プログラム名(./example03_for.py)
$argv_1$	argv[1]	1番目のパラメータ(Wataru)
$argv_2$	argv[2]	2番目のパラメータ(Tetsuya)
$argv_3$	argv[3]	3番目のパラメータ(Hikaru)

リスト3-4　コンピュータは計算機．四則演算を行ってみよう example04_calc.py

```
#!/usr/bin/env python3

# Example 04 コンピュータは計算機．四則演算を行ってみよう

from sys import argv                      # 本プログラムの引数argvを取得する

A = 1 }①                                  # 変数Aへ1を代入
B = 2 }                                   # 変数Bへ2を代入
print(argv[0])                            # プログラム名を表示する

if len(argv) > 1:       }②                # プログラム名以外の引数が1個以上の時
    A = int(argv[1])    }                 # 変数Aに第1引数を代入

if len(argv) > 2:       }③                # プログラム名以外の引数が2個以上の時
    B = int(argv[2])    }                 # 変数Bに第2引数を代入

print(A, '+', B, '=', A + B)  ←④          # A + B を計算して表示する
print(A, '−', B, '=', A - B)  ←⑤          # A − B を計算して表示する
print(A, '×', B, '=', A * B)  ←⑥          # A × B を計算して表示する
print(A, '÷', B, '=', A / B)  ←⑦          # A ÷ B を計算して表示する
```

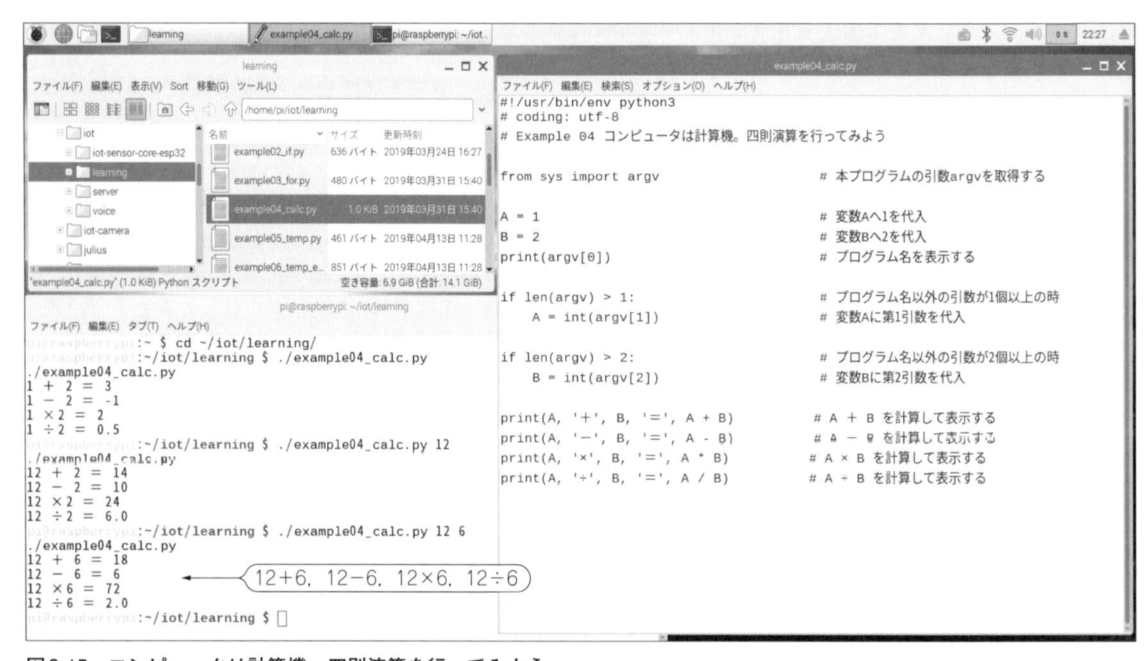

図3-15　コンピュータは計算機．四則演算を行ってみよう
PCやスマートフォンも計算機．コンピュータの本来の基本機能である四則演算を行う

＋Bの計算結果を出力(表示)します．したがって，ここでは[1＋2＝3]を出力します．

処理②では，プログラム入力時に入力したパラメータが1個以上のときに変数Aに1つめのパラメータを代入します．変数argv[0]にはプログラム名が入ります．このため入力パラメータが1個のときは，変数argv[0]とargv[1]の2個の変数が存在し，このif文の条件は配列変数argvの配列数が1より大，すなわち入力パラメータが1以上のときに一致します．また入力パラメータは数値であっても文字列型で渡されるので，関数intで整数に変換してから変数Aの値を代入します．

以上のように，実行時にパラメータを入力しなかった場合は，変数Aの内容は処理①で代入した数値1のままに，パラメータが1つ以上あった場合は変数Aが1つ目のパラメータの値に更新されます．

以下にexample04_calc.pyの主要な処理の流れと，**図3-16**に実行結果の一例を示します．

① 変数Aに数値1を代入し，変数Bに数値2を代入します．

```
pi@raspberrypi:~/iot/learning $
                              ./example04_calc.py
./example04_calc.py
1 + 2 = 3
1 - 2 = -1
1 × 2 = 2
1 ÷ 2 = 0.5
pi@raspberrypi:~/iot/learning $
                           ./example04_calc.py 12
./example04_calc.py
12 + 2 = 14
12 - 2 = 10
12 × 2 = 24
12 ÷ 2 = 6.0
pi@raspberrypi:~/iot/learning $
                         ./example04_calc.py 12 6
./example04_calc.py
12 + 6 = 18
12 - 6 = 6
12 × 6 = 72
12 ÷ 6 = 2.0
pi@raspberrypi:~/iot/learning $
```

図3-16　サンプル・プログラムexample04_calc.pyの実行結果例
入力パラメータなしのときは，A＝1，B＝2が代入され，入力パラメータに12や6を渡したときは，それらを用いた四則演算の結果が得られた

② 実行時のパラメータが1個以上のときに変数Aに1つ目のパラメータを代入します．
③ 実行時のパラメータが2個以上のときに変数Bに2つ目のパラメータを代入します．
④ A＋Bの計算式と計算結果を出力(表示)します．
⑤ A－Bの計算式と計算結果を出力(表示)します．
⑥ A×Bの計算式と計算結果を出力(表示)します．プログラミング言語では乗算[×]を[*]で示します．
⑦ A÷Bの計算式と計算結果を出力(表示)します．プログラミング言語では除算[÷]を[/]で示します．Pythonでは，除算した結果は整数で割り切れた場合であっても，浮動小数点数型に変換されます．除算結果を整数として使用したい場合は，int関数を用いてint(A/B)のように明示する必要があります．

この例の処理④では，演算子[+]を使って数値変数AとBの和算を行いました．一方，文字列を代入した文字列変数の場合は，同じ演算子[+]で文字列の結合が行われます．Pythonでは数値を代入すれば数値変数に，文字列を代入すれば文字列変数に変数の型が自動的に設定され，演算子の役割も変化します．

また，この例の処理④～⑦のprint命令では，[,](カンマ)で数値と文字列の結合を行いましたが，演算子[+]を用いることもできます．ただし，Pythonでは，文字列と数値を直接結合できないので，str命令を使って，[print(str(A) + ' + ' + str(B) + ' = ' + str(A + B))]のように，数値を文字列に変換してから結合します．

9 ラズベリー・パイの体温を測定してみよう

今度は，少しIoTシステム向けのプログラミングを感じることができるサンプルです．ラズベリー・パイ内蔵の温度センサで測定した温度値を出力(表示)してみましょう．ここで説明する温度取得方法は，一般的なファイルの読み取り方法と同じです．ファイル入力の基本的な手法を確認しながら試してください．

LXTerminalから以下のコマンドを入力すると，ラズベリー・パイ内蔵温度センサから温度値を取得することができます．取得した値は，温度の1000倍の値です．

```
cat /sys/class/thermal/thermal_zone0/temp⏎
```

Linuxのコマンドcatは，テキスト・ファイルを表示する命令です．指定したディレクトリのtempファイルにはラズベリー・パイの内部温度センサの温度値(温度の1000倍の値)が書かれているので，その内容を取得します(**図3-17**)．

ファイルと言っても，実際にはマイコン内の温度センサの読み値を保持するレジスタ(メモリ)にアクセスしているので，読むたびに最新の温度値が得られます．なお，内蔵温度センサから温度を取得する方法は，マイコンボードやデバイスなどによって異なります．

リスト3-5は，温度ファイルtempの内容を読み取り，1000で除算した結果を出力するサンプル・プログラムです．リスト内の変数fpは，数値やデータを代入するための変数ではなく，オブジェクト(インスタンス)と呼ばれるソフトウェア上の実体です．ここでは，温度ファイルtempそのものを示していると考えてください．変数名fpに続いて，fp.readのようにreadコマンド(メソッドや関数と呼ぶ)を付与することで，対象のファイルの内容を読み込むことができます．

以下にプログラムexample05_temp.pyの説明を，**図3-18**に実行結果の一例を示します．

① 現在の温度の読み値が保存されたtempファイルを，open命令を使って開きます．引き数はファイル名です．代入先の変数fpは，tempファイルそのものと考えれば良いでしょう．
② 変数fpにread命令を付与したfp.read()は，①で開いたファイルからデータを文字列として読み込みます．読み込んだデータは文字列型の数字です．関数floatを使って数値型に変換することで計算ができるようになります．ここでは数値型に変換し，1000で除算し，変数tempに代入します．
③ 変数fpにclose命令を付与したfp.close()を用いて，①で開いたファイルを閉じます．
④ 取得した温度値を表示します．

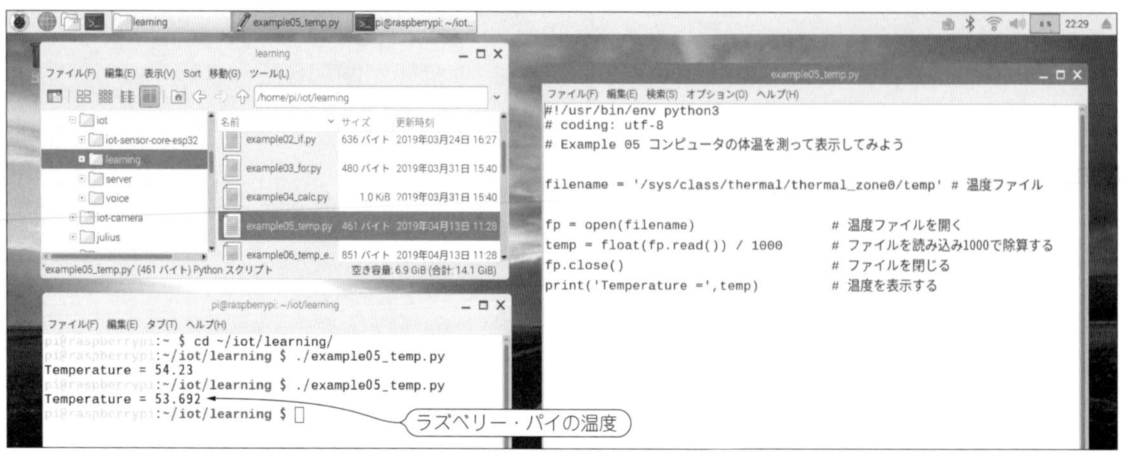

図3-17　ラズベリー・パイの体温を測定してみよう
IoTプログラミングへの第一歩．内蔵温度センサで温度を測定し，測定結果を出力(表示)する

リスト3-5　コンピュータの体温を測って表示してみよう example05_temp.py

```
#!/usr/bin/env python3

# Example 05 コンピュータの体温を測って表示してみよう

filename = '/sys/class/thermal/thermal_zone0/temp'      # 温度ファイル

fp = open(filename) ←①                                  # 温度ファイルを開く
temp = float(fp.read()) / 1000 ←②                      # ファイルを読み込み1000で除算する
fp.close() ←③                                           # ファイルを閉じる
print('Temperature =',temp) ←④                         # 温度を表示する
```

```
pi@raspberrypi:~/iot/learning $ cat /sys/class/thermal/thermal_zone0/temp
36318 ←温度の1000倍値
pi@raspberrypi:~/iot/learning $ ./example05_temp.py
Temperature = 36.318 ←マイコン内の温度値
pi@raspberrypi:~/iot/learning $

(ファイルが開けなかったとき)
pi@raspberrypi:~/iot/learning $ ./example05_temp.py
Traceback (most recent call last):
  File "./example05_temp.py", line 7, in <module>
    fp = open(filename)                    # 温度ファイルを開く
FileNotFoundError: [Errno 2] No such file or directory: '………' ←エラー・メッセージ
```

図3-18　サンプル・プログラム example05_temp.py の実行結果例
ラズベリー・パイの内部温度36度3分が得られた．ファイルが開けなかったときはエラーが発生する

このプログラムでは，tempファイルが開けなかった場合はエラーが発生し，プログラムが異常終了します．正しく終了させるには，**リスト3-6**のようにファイルを開くときのエラーをtry文で監視し，エラーが発生したときの処理(ブロック)をexcept文以下に記述します．このエラー処理を例外処理と呼びます．一般的な例外処理の記述方法を示すためにtry文を用いましたが，with文を使うことでライブラリ内で定義された異常処理を実行することもできます．

以下に主要な例外処理部の処理を示します．

⑤ try文でエラーの監視を開始します．監視対象の処理①の範囲(ブロック)には，行の先頭にタブまたはスペースを挿入します．
⑥ エラーが発生したときは，except文に続く処理⑦の処理を実行します．変数eにはエラー内容が格納されます．
⑦ エラー内容を出力(表示)し，exit命令でプログラムを終了します．

リスト3-6　例外処理対応版 example06_temp_e.py（抜粋）

```
#!/usr/bin/env python3

# Example 06 コンピュータの体温を測って表示してみよう【例外処理対応版】

filename = '/sys/class/thermal/thermal_zone0/temp'        # 温度ファイル

try: ←⑤                                                   # 例外処理の監視を開始
    fp = open(filename) ←①                                # 温度ファイルを開く

except Exception as e: ←⑥                                 # 例外処理発生時
    print(e) ⎫                                            # エラー内容を表示
    exit()   ⎭⑦                                           # プログラムの終了
temp = float(fp.read()) / 1000      # ファイルを読み込み1000で除算する
fp.close()                          # ファイルを閉じる
print('Temperature =', temp)        # 温度を表示する
```

⑩ クラウド連携の基本 HTTP GET

インターネット接続の機能を利用するプログラムです．実行すると筆者のサイト（bokunimo.net）からJSONと呼ばれる形式のファイルを取得し，図3-21のように表示します．

筆者のサイトとの通信プロトコルには，インターネット・ブラウザで利用されているHTTPを使用します．HTTPはWebコンテンツに限らず，サーバ間の通信やモノとのデータ通信でも多く使われています．

JSON（JavaScript Object Notation）は，もともとJava Script用のデータ形式でしたが，記述が簡潔で，さまざまなプログラム言語との親和性も高いことから，一般的な通信データ形式として用いられています．

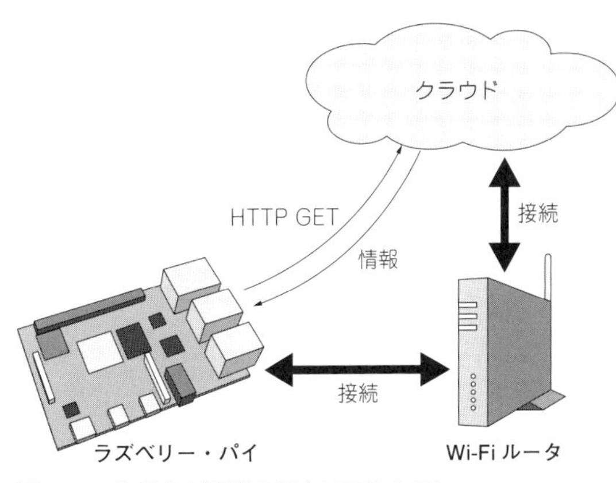

図3-20　クラウド連携の基本HTTP GET
インターネットから情報を取得して表示する，IoTの基本となるプログラムを作成する

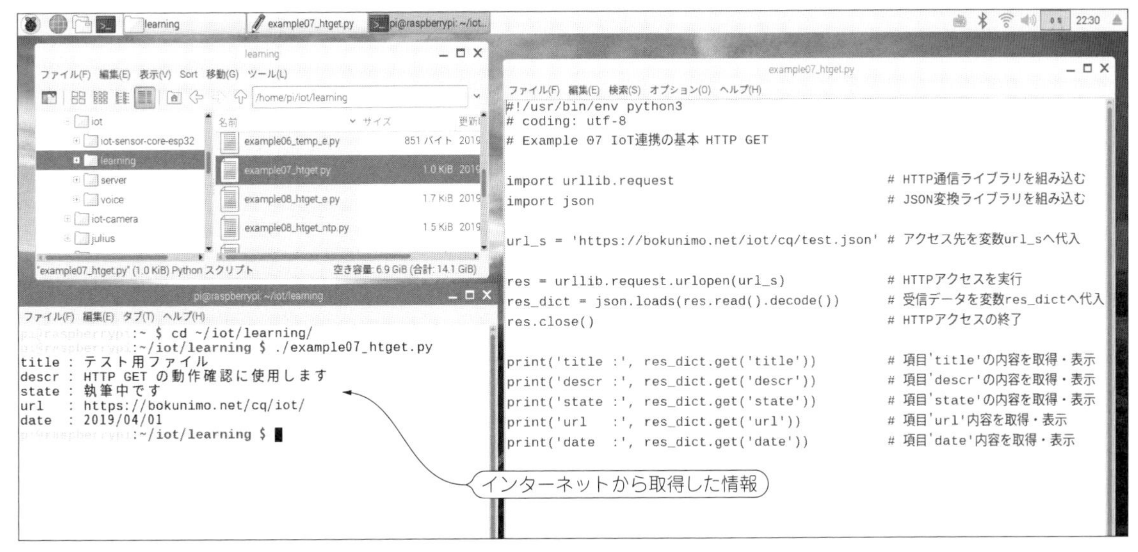

図3-21　クラウド連携の基本HTTP GETの実行例
インターネットから情報を取得し，表示するプログラムを実行したときのようす

リスト3-7　IoT連携の基本 HTTP GET example07_htget.py

```
#!/usr/bin/env python3

# Example 07 IoT連携の基本 HTTP GET

import urllib.request ←①                              # HTTP通信ライブラリを組み込む
import json ←②                                        # JSON変換ライブラリを組み込む

url_s = 'https://bokunimo.net/iot/cq/test.json'       # アクセス先を変数url_sへ代入

res = urllib.request.urlopen(url_s) ←③                # HTTPアクセスを実行
res_dict = json.loads(res.read().decode()) ←④         # 受信データを変数res_dictへ代入
res.close() ←⑤                                        # HTTPアクセスの終了

print('title :', res_dict.get('title'))  ┐            # 項目'title'の内容を取得・表示
print('descr :', res_dict.get('descr'))  │            # 項目'descr'の内容を取得・表示
print('state :', res_dict.get('state'))  ├⑥           # 項目'state'の内容を取得・表示
print('url   :', res_dict.get('url'))    │            # 項目'url'内容を取得・表示
print('date  :', res_dict.get('date'))   ┘            # 項目'date'内容を取得・表示
```

```
pi@raspberrypi:~/iot/learning $ ./example07_htget.py
title : テスト用ファイル
descr : HTTP GET の動作確認に使用します
state : 執筆中です
url   : https://bokunimo.net/cq/iot/
date  : 2019/04/01

(指定したURLが見つからなかったとき)
pi@raspberrypi:~/iot/learning $ ./example07_htget.py
Traceback (most recent call last):
  File "./example07_htget.py", line 10, in <module>
    res = urllib.request.urlopen(url_s)
urllib.error.HTTPError: HTTP Error 404: Not Found ←エラー・メッセージ
```

図3-22　サンプル・プログラムexample07_htget.pyの実行結果例
サイトbokunimo.netからJSON形式のファイルを取得して表示した．サイトが見つからなかったときはエラーを表示する

Pythonでも辞書型変数がJSON形式と同じ表記方法になっているので，代入，更新，出力などを簡単に行うことができます．

以下に**リスト3-7**のプログラムexample07_htget.pyの説明を，**図3-22**に実行結果の一例を示します．

① HTTP通信用のライブラリurllibから，HTTPリクエストを送信するrequestを組み込みます．
② JSONデータ形式を取り扱うためのライブラリjsonを組み込みます．
③ 命令urlopenを使い，文字列変数url_sに代入されたインターネット上の宛て先(URL)にHTTPリクエストを送信し，その応答を変数res(HTTPResponse型の受信結果オブジェクト)に代入します．
④ 受信結果が代入された変数resに，read命令(メソッド)を付与したres.read()を用いて受信データを読み取り，辞書型の変数res_dictに代入します．詳細は後述します．
⑤ 処理③で開始したHTTPリクエスト処理を終了します．
⑥ 受信データを格納した辞書型変数red_dict内の各項目の内容を表示します．変数名red_dictにget命令を付与し，getの引き数にJSON項目名を入力すると，項目の内容を取得することができます．

処理④のres.read()で得たデータは，バイナリ値を扱うためのバイト型と呼ばれる形式です．表示可能な文字列型に変換するには，res.read()にdecode命令を付与します．また，受信したJSON形式の受信データを，json.loadsを用いて辞書型の変数res_dictに型変換してから代入します．

受信した各JSON項目にアクセスするには，[辞書型変数.get('JSON項目名')]の書式を使用します．例えば，res_dictから項目名titleを取得する場合は，res_dict.get('title')のように記述します．指定した項目名がなかった場合はNoneが表示されます．あるいは[辞書型変数[JSON項目名]]の書式を使い，res_dict['title']のように取得することもできます．ただし，指定した項目名がなかった場合，エラーが発生します．

リスト3-8のような例外処理対応版example08_htget_e.pyも同じフォルダに収録しました．指定したインターネット上の宛て先(URL)がない場合の例外

リスト3-8　例外処理対応版 example08_htget_e.py（抜粋）

```
try:                                        # 例外処理の監視を開始
    res = urllib.request.urlopen(url_s)     # HTTPアクセスを実行
except Exception as e:                      # 例外処理発生時
    print(e,url_s)                          # エラー内容と変数url_sを表示
    exit()                                  # プログラムの終了
```

表3-7　HTTP通信用ライブラリ UrlLibとRequests の記述の違い（一例）

HTTP通信用ライブラリ	UrlLibライブラリ	Requestsライブラリ
ライブラリの組み込み	import urllib.request, json	import requests
HTTP GETリクエスト	res = urllib.request.urlopen(url_s)	res = requests.get(url_s)
HTTP POSTリクエスト	urllib.request.Request(url_s, json.dumps(body).encode(), head)	requests.post(url_s, json=body, headers=head)
辞書型変数への代入	res_dict = json.loads(res.read().decode())	res_dict = res.json()

処理に対応しています．

さらに，受信したJSONを辞書型変数に代入できるRequestsライブラリ対応版example07_htget_req.pyも収録しました．これらのライブラリの違いを**表3-7**に示します．Requestsライブラリを使えば，文字列とバイナリ値との型変換やJSONライブラリが不要になります．

11 温度値をAmbientへ送信するクラウド連携IoTセンサの製作

IoT機器の製作例として，ラズベリー・パイで測定したマイコン内部の温度値をIoTセンサ用クラウド・サービスAmbientに送信するプログラムを紹介します．Ambientに温度値を送信することで，スマートフォンなどのインターネット・ブラウザ上で温度の推移グラフを表示することができます．前節のHTTP GETはおもに情報を取得するときに使用し，本節のHTTP POSTはおもに情報を送信するとき使います．

はじめに，Ambientのウェブサイト（https://ambidata.io/）でユーザ登録をしてください．登録後，Myチャネル画面で[チャネルを作る]を実行し，**図3-24**のようなチャネルID（①）と，ライト・キー（②）を取得します．チャネルIDは，センサ機器毎に割り当てられた番号です．ライト・キーはセンサ情報をクラウドにアップロードするときに使用する認証キーです．

リスト3-9のexample09_ambient.pyの①ambient_chidにAmbientから取得したチャネルIDを②ambient_wkeyにライト・キーを記入して実行すると，Ambientにラズベリー・パイの内部温度値を送信します．再実行するときは，クラウド側の負荷を軽減するために少なくとも5秒，なるべく30秒以上あけてください．

前出の**リスト3-8**のプログラムexample08_htget_e.pyとのおもな違いは，**リスト3-9**の⑦でHTTP POST用データを生成し，⑧でPOSTデータを送信する点です．以下に，サンプル・プログラムのおもな処理内容を**図3-25**に実行結果例を示します．

① 文字列変数ambient_chidにAmbient用チャネルIDを代入します．

② 文字列変数ambient_wkeyにAmbient用ライト・キーを代入します．

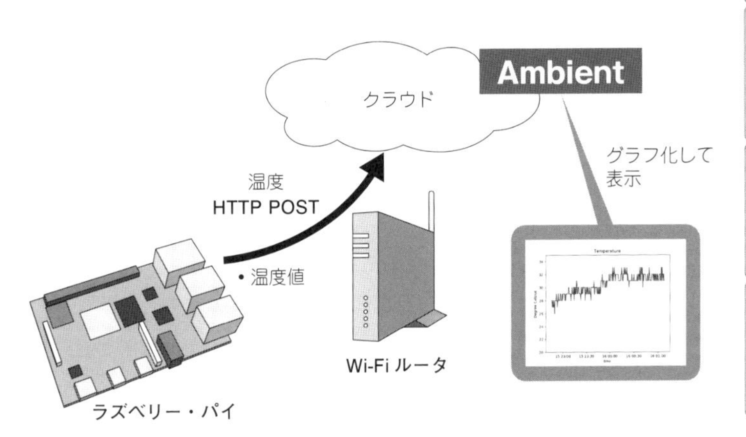

図3-23
温度値をAmbientに送信するクラウド連携IoTセンサの製作
ラズベリー・パイで測定した温度値をIoTセンサ用クラウド・サービスAmbientにHTTP POSTで送信するIoTセンサを製作する

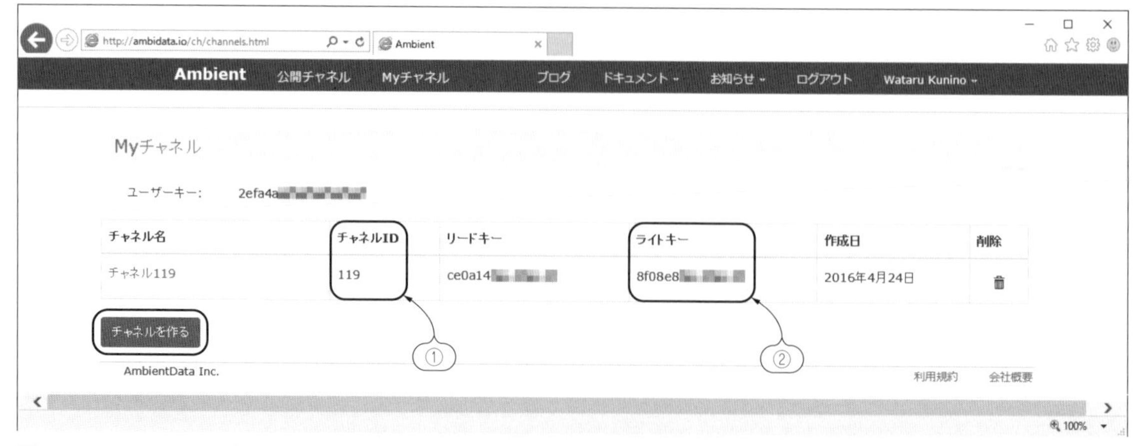

図3-24　Ambientにログインしたときのマイチャネル画面
ログイン状態のときにMyチャネル画面で[チャネルを作る]ボタンを押し，①チャネルIDと②ライト・キーを作成する

リスト3-9　Ambientに温度値を送信するプログラムexample09_ambient.py

```
#!/usr/bin/env python3

# Example 09 IoTセンサ用クラウド・サービスAmbientへ温度値を送信する

ambient_chid='0000' ←①                       # ここにAmbientで取得したチャネルIDを入力
ambient_wkey='0123456789abcdef' ←②           # ここにはライト・キーを入力
amdient_tag='d1' ←③                           # データ番号d1～d8のいずれかを入力

import urllib.request                                  # HTTP通信ライブラリを組み込む
import json                                            # JSON変換ライブラリを組み込む

filename='/sys/class/thermal/thermal_zone0/temp'       # 温度ファイル
url_s = 'https://ambidata.io/api/v2/channels/'+ambient_chid+'/data' # アクセス先
head_dict = {'Content-Type':'application/json'}        # ヘッダを変数head_dictへ
body_dict = {'writeKey':ambient_wkey, amdient_tag:0.0} # 内容を変数body_dictへ
                                                  ↖④
# 温度を取得する
try:                                                   # 例外処理の監視を開始
    fp = open(filename)                                # 温度ファイルを開く
except Exception as e:                                 # 例外処理発生時
    print(e)                                           # エラー内容を表示
    exit()                           ⑤                 # プログラムの終了
temp = float(fp.read()) / 1000                         # ファイルを読み込み1000で除算
fp.close()                                             # ファイルを閉じる
print('Temperature =',temp)                            # 温度を表示する

# Ambientへ送信
body_dict[amdient_tag] = temp ←⑥
print(head_dict)                                       # 送信ヘッダhead_dictを表示
print(body_dict)                                       # 送信内容body_dictを表示
post = urllib.request.Request(url_s, json.dumps(body_dict).encode(), head_dict) ←⑦
                                                       # POSTリクエストデータを作成
try:                                                   # 例外処理の監視を開始
    res = urllib.request.urlopen(post) ←⑧              # HTTPアクセスを実行

except Exception as e:                                 # 例外処理発生時
    print(e,url_s)                                     # エラー内容と変数url_sを表示
    exit()                                             # プログラムの終了
res_str = res.read().decode()                          # 受信テキストを変数res_strへ
res.close()                                            # HTTPアクセスの終了
if len(res_str):                                       # 受信テキストがあれば
    print('Response:', res_str)      ⑨                 # 変数res_strの内容を表示
else:
    print('Done')                                      # Doneを表示
```

③ 文字列変数ambient_tagにAmbient用データ番号の文字列[d1]を代入します．データ番号d1～d8使用することで，1チャネルにつき最大8つまでのデータをAmbientに蓄積することができます．
④ 辞書型変数body_dictにAmbientに送信するデータを保存します．表記形式はJSONと同じです．
⑤ ラズベリー・パイ内蔵の温度センサから温度値を読み取り，変数tempに代入します．
⑥ 辞書型変数body_dictの項目d1に変数tempの値を追加します．
⑦ 辞書型変数body_dictの内容をjson.dumps命令でJSON文字列に型変換し，encode()コマンドで16進数のバイト列データに変換してHTTP POST用のデータ(urllib.request.Request型のオブジェクト)を生成します．
⑧ AmbientにHTTP POSTで送信し，その応答を変数res(http.client.HTTPResponse型の受信結果オブジェクト)に代入します．
⑨ 受信結果を表示します．

⑫ IFTTTにトリガを送信するクラウド連携IoTセンサの製作

IFTTT(https://ifttt.com/)を使用すれば，さまざまなクラウド・サービスに連携させることができます．

```
pi@raspberrypi:~/iot/learning $
                    ./example09_ambient.py
Temperature = 54.768
{'Content-Type': 'application/json'}
{'d1': 54.768, 'writeKey': '0123456789abcdef'}
Done
pi@raspberrypi:~/iot/learning $
```

図3-25　サンプル・プログラムexample09_ambient.pyの実行結果例
JSON形式の送信データと，送信結果「Done」が表示された

IFTTTは，if this, then thatの略で，thisにあたるトリガ条件を満たしたときに，thatにあたるクラウド・サービスにアクション動作の指示を行います．ここでは，LINEとの連携方法について説明しますが，E-MailやGmail，Facebook，Twitter，googleカレンダなど，さまざまなサービスとの連携が可能です．

IFTTTでアカウントを登録後，メニューから[New Applet]を選択すると，**図3-27**の画面(1)のような[if this, then that]の画面が表示されます．ここでは，画面(1)～(8)に従って，[this]のトリガ(入力)側にWebhoocks(旧Maker Webhooks)を，「that」のアクション(出力)側にLINEを設定します．この画面(5)は初回のみ表示されます．[Connect]を選択すると，LINEのログイン画面が表示されるので，LINEアカウント情報を入力し，IFTTTとの連携を許可してください．

設定後，IFTTT内のWebhooksのページ(https://maker.ifttt.com/)にアクセスし，[Documentation]をクリックすると，**図3-28**のようなWebhooks用のTokenを含むURLが表示されます．本URLの{event}に[notify]を入力し，[Test It]をクリックすると，LINEアプリへの通知テストが行えます．

次に，**リスト3-10**の①ifttt_tokenにWebhoocks用のトークン(Token)を記入してください．②ifttt_eventは，画面(3)で入力したWebhoocks用のイベント名[notify]です．

プログラムを実行すると，**図3-29**のように送信メッセージ[ボタンが押されました]と[Congratulations! You've fired the notify event]の応答が得られ，LINEアプリにメッセージが表示されます．

リスト3-9のexample09_ambient.pyとのおもな違いは以下のとおりです．

① 文字列変数ifttt_tokenにWebhoocks用のトークン(Token)を代入します．
② 文字列変数ifttt_eventにWebhoocks用のイベント

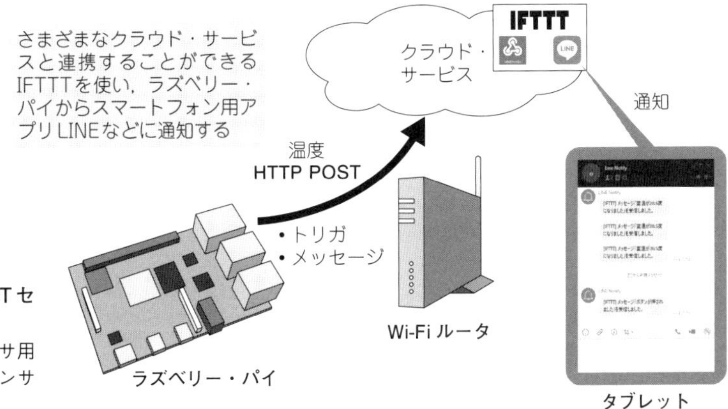

図3-26
トリガをIFTTTに送信するクラウド連携IoTセンサの製作
ラズベリー・パイで測定した温度値をIoTセンサ用クラウド・サービスAmbientに送信するIoTセンサを製作する

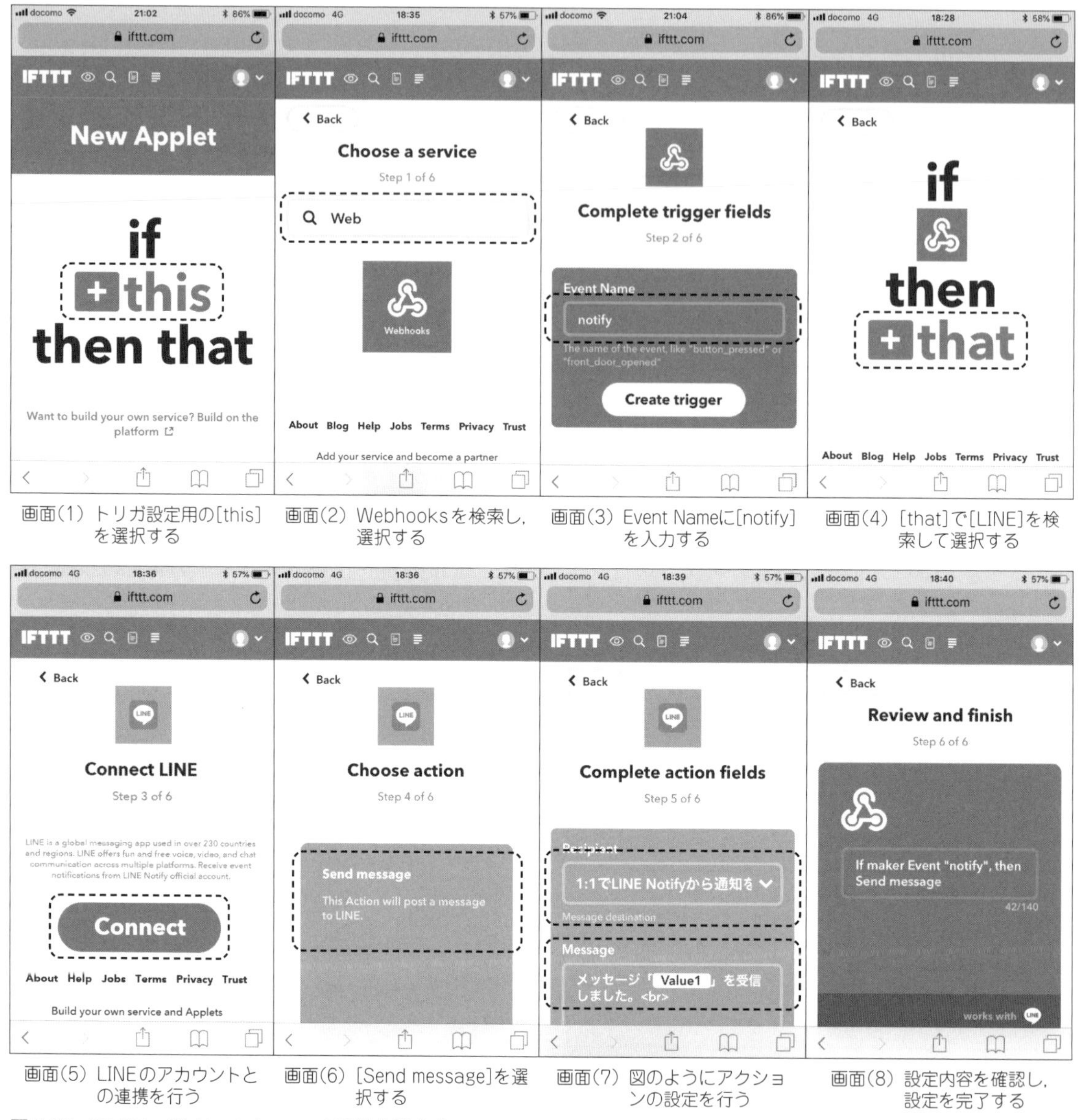

図3-27　IFTTTへWebhookとLINEの連携を設定する
トリガ入力にWebhooks，アクション出力にLINEを設定したときの画面

名(Event Name)[notify]を代入します．

③ 文字列変数message_sに[ボタンが押されました]を代入します．

④ IFTTT用のURLおよび辞書型変数で送信データを作成します．

⑤ IFTTTにHTTP POSTでメッセージを送信します．

さらに，実際にIoT機器として使える実施例として，ラズベリー・パイの温度センサが一定値を超えたときだけ，LINEに通知を行う実験用のプログラムを作成し，example10_ifttt_temp.pyとして収録しました．

実行する前に，IFTTTのトークンの記入と，ラズベリー・パイの内部温度と室温との差をtemp_offsetに代入してください．室温が30℃以上になったときに，LINEに[室温が○○度になりました]と通知します．ただし，ラズベリー・パイの内部温度センサの精度から，実験用でしか使えません．運用する際は，より精度の良いセンサを使用し，また動作の安定性についての検証が必要です．

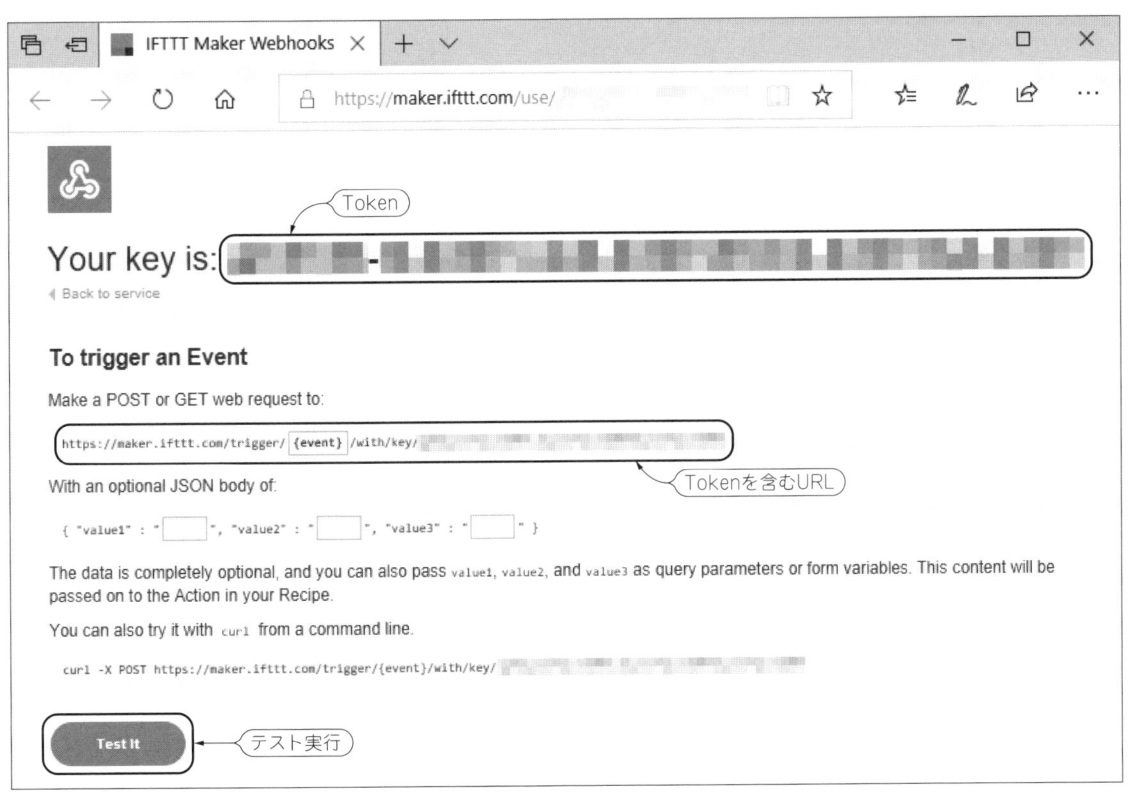

図3-28　WebhookのTokenを含むURLの表示画面
Webhooksのページ(https://maker.ifttt.com/)でTokenを含むURLが取得できる．{event}を[notify]に変更し，[Test It]をクリックすればテスト実行が可能

リスト3-10　IFTTTにトリガを送信するプログラムexample10_ifttt.py

```
#!/usr/bin/env python3

# Example 10 クラウド連携サービスIFTTTへトリガを送信する

ifttt_token='0123456-012345678ABCDEFGHIJKLMNOPQRSTUVWXYZ' ←①   # ここにTokenを記入
ifttt_event='notify' ←②                                        # イベント名を記入
message_s ='ボタンが押されました' ←③

from sys import argv                          # 本プログラムの引き数argvを取得
import urllib.request                         # HTTP通信ライブラリを組み込む
import json                                   # JSON変換ライブラリを組み込む

url_s = 'https://maker.ifttt.com/trigger/'+ifttt_event+'/with/key/'+ifttt_token  ┐
                                              # アクセス先を変数url_sへ代入       │
head_dict = {'Content-Type':'application/json'}  # 送信ヘッダを変数head_dictへ  ├④
body_dict = {'value1':message_s}              # 送信内容を変数body_dictへ       ┘

# IFTTTへ送信
print(head_dict)                              # 送信ヘッダhead_dictを表示
print(body_dict)                              # 送信内容body_dictを表示
post = urllib.request.Request(url_s, json.dumps(body_dict).encode(), head_dict)
                                              # POSTリクエスト・データを作成
try:                                          # 例外処理の監視を開始
    res = urllib.request.urlopen(post)        # HTTPアクセスを実行
except Exception as e:                        # 例外処理発生時
    print(e,url_s)                            # エラー内容と変数url_sを表示
    exit()                                    # プログラムの終了
res_str = res.read().decode()                 # 受信テキストを変数res_strへ
res.close()                                   # HTTPアクセスの終了
print('Response:', res_str)                   # 変数res_strの内容を表示
```

```
pi@raspberrypi:~/iot/learning $
                          ./example10_ifttt.py
{'Content-Type': 'application/json'}
{'value1': 'ボタンが押されました'}
Response: Congratulations!
                    You've fired the notify event
pi@raspberrypi:~/iot/learning $
```

図3-29　サンプル・プログラム example10_ifttt.py の実行結果
送信データと応答を表示する

appendix オブジェクト指向型プログラミングへの応用

本書では，手続き型のプログラム作成ができるようになることを目指していますが，ときどき登場するオブジェクト指向型プログラミングの用語に戸惑わない程度の知識も必要です．ここでは，ラズベリー・パイ内蔵の温度センサで温度を測定するクラスTemp Sensorを作成し，使用例を紹介します．

Pythonのクラスとは，手続き型プログラムの関数を包含した概念です．手続き型のプログラムでは，関数を定義することで，手続きを集約することができ，関数をソフトウェア部品のように利用することができます．オブジェクト指向型でも，手続きを集約できる点は同じですが，関連した複数の手続きを集約することができます．

ハードウェアで言えば，オブジェクトは関連する複数の機能を内蔵したLSIのようなものです．例えば，LSIの片方のメモリを別のLSIからアクセスする場合，かならずLSIのピンを経由します．LSIのピンのように，オブジェクト内の各機能にアクセスする手段をメソッドと呼び，メソッドは手続き型の関数に相当します．

LSIのデータシートのように設計仕様を示しているのがクラスで，クラスには複数のメソッドが定義されています．データシートを定義することで，そのモノの仕様や個々の役割を明確にすることができます．しかし，データシートやクラスは設計仕様なので，動かすことができません．そのLSIを購入する，もしくはオブジェクトとして使える形に(実体化・生成)してから実行します．

特長は，複数個のLSIを購入する，すなわち1つのクラスから複数のオブジェクトを実体化したり，それぞれを部品のように集め，組み合わせることで，より多機能な機器や，より大規模なプログラムを製作することができるようになることです．

以下に，**リスト3-11**のオブジェクト指向型のプログラムexample06_temp_o.pyのクラスTempSensorの使い方について説明します．

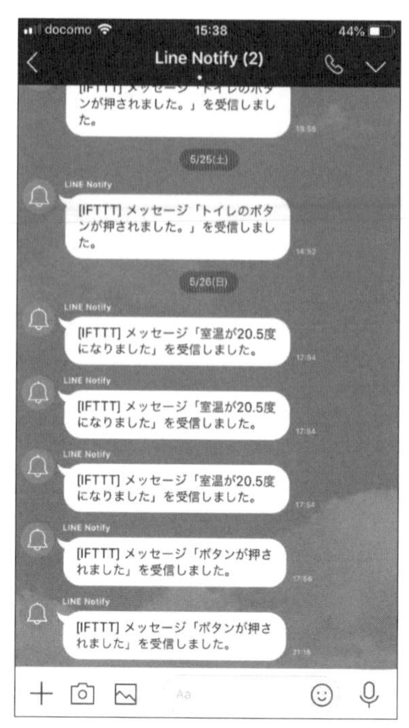

図3-30　LINEアプリの表示例
IFTTTからLINEへメッセージを通知したときの表示例．文字列変数message_sの内容を変更すると，送信内容を変更することも可能

① ラズベリー・パイ内蔵温度センサ用のクラスTemp Sensorを定義します．はじめのTは大文字です．
② __init__は，クラスからオブジェクトを実体化するときに実行される初期化部です．コンストラクタと呼びます．処理④を実行したときに実行され，変数offsetを30に，変数valueを0に初期化します．
③ 温度センサから温度値を読み取るための関数，すなわちメソッドgetを定義します．メソッドgetは，処理⑥から関数やコマンドのように呼び出されます．
④ クラスTempSensorに基づいてプログラム上で温度センサを取り扱うための変数tempSensorを生成します．このようにクラスから生成した変数をオブジェクトと呼び，一般的に名称の先頭を小文字にします．正確には，右辺のクラス名に括弧をつけたTempSensor()が実体化されたクラス・オブジェクトで，左辺のtempSensorは，そのオブジェクトを示す名前です．とはいえ一般的に左辺のtemp Sensorのほうをオブジェクト(またはインスタンス・オブジェクト)と呼びます．まさに名は実体を表すのように温度センサそのものを示します．
⑤ オブジェクトtempSensor内の温度補正用の変数tempSensor.offsetに2を加算します．
⑥ オブジェクトtempSensorに処理③で定義した温度

表3-8　手続き型とオブジェクト指向型の違い

オブジェクト指向	手続き型との違い
クラス	クラスは関数に相当し，複数の関数や変数を含めることができる オブジェクトを実体化(生成)しないと使えない 別のオブジェクトで同じ変数を共有することができない
オブジェクト	オブジェクトは変数に相当し，複数の変数やコマンドが包含される クラスで定義した変数，コマンドには，オブジェクト名にピリオドを付与してアクセスする

リスト3-11　コンピュータの体温(温度)をオブジェクト指向プログラムで測ってみる(example06_temp_o.py)

```
#!/usr/bin/env python3

# Example 06 コンピュータの体温を測って表示してみよう【オブジェクト指向型】

class TempSensor: ←①                                       # クラスTempSensorの定義
    _filename = '/sys/class/thermal/thermal_zone0/temp'     # デバイスのファイル名
    try:                                                    # 例外処理の監視を開始
        fp = open(_filename)                                # ファイルを開く
    except Exception as e:                                  # 例外処理発生時
        raise Exception('SensorDeviceNotFound')             # 例外を応答

    def __init__(self): ←②                                  # コンストラクタ作成
        self.offset = float(30.0)                           # 温度センサ補正用
        self.value = float()                                # 測定結果の保持用

    def get(self): ←③                                       # 温度値取得用メソッド
        self.fp.seek(0)                                     # 温度ファイルの先頭へ
        val = float(self.fp.read()) / 1000                  # 温度センサから取得
        val -= self.offset                                  # 温度を補正
        val = round(val,1)                                  # 丸め演算
        self.value = val                                    # 測定結果を保持
        return val                                          # 測定結果を応答

    def __del__(self):                                      # インスタンスの削除
        self.fp.close()                                     # ファイルを閉じる

def main():                                                 # メイン関数
    try:                                                    # 例外処理の監視を開始
        tempSensor = TempSensor() ←④                         # 温度センサの実体化
    except Exception as e:                                  # 例外処理発生時
        print(e)                                            # エラー内容の表示
        exit()                                              # プログラムの終了
    tempSensor.offset += 2.0 ←⑤                              # 補正値を2.0℃増やす
    tempSensor.get() ←⑥                                      # 温度測定の実行
    print('Temperature =', tempSensor.value) ←⑦              # 測定結果を表示する
    del tempSensor                                          # インスタンスの削除
    exit()                                                  # プログラムの終了

if __name__ == "__main__":                                  # プログラム実行時に
    main()                                                  # メイン関数を実行
```

値の読み取りメソッドget()を付与して実行します．実行結果はオブジェクトtempSensor内の変数tempSensor.valueに保存されます．関数のように，戻り値を変数で受け取ることもでき，変数valueに代入するにはvalue = tempSensor.get()と記述します．

⑦ オブジェクトtempSensor内の変数tempSensor.valueに保存された温度センサ値を表示します．

第4章 ラズベリー・パイ用Pythonプログラム ～GPIO制御編～

この章ではラズベリー・パイでデータを送受信をするPythonプログラムを解説します．Wi-FiのUDP通信やTCP通信を使ったスイッチON/OFF情報の送信，温度値送信，リモートLチカ，チャイム制御，UDP通信の受信，TCP通信の受信方法について，サンプル・プログラムを使って解説します．次の章では，ESPマイコンと組み合わせたシステムのPythonプログラムを解説します．

プログラムの解説前に，ハードウェアの準備をします．ブレッドボードで「GPIO実験ボード」を作り，ラズベリー・パイのGIPO端子に接続します．

この章で解説するPythonプログラムは，このラズベリー・パイとGPIO実験ボードの組み合わせで動作します．

ハードウェアの準備
ラズベリー・パイ用GPIO実験ボード

Pythonのプログラムで，ラズベリー・パイのI/Oポートを制御するプログラムを解説します．プログラム解説の前に，ラズベリー・パイのI/Oポートを制御しやすいように，ブレッドボードを使ってスイッチ，圧電スピーカ，フルカラーLEDを配線します．本書では，これを「GPIO実験ボード」と呼びます(**写真4-1**)．

ラズベリー・パイのGPIO(General-purpose input/output; 汎用入出力)端子は，汎用的に利用可能なディジタル入出力端子です．この端子は3.3VのCMOSディジタル入出力仕様で入力時は0VでLow，3.3VでHighが得られ，出力時はLowで約0V，Highで約3.3Vを出力します．出力時の最大電流は16mAです．高効率タイプのLEDであれば，電流を絞ることで直接接続して発光させることができます．複数の端子から出力するときは，出力の合計電流を50mA以内にします．

写真4-1　ラズベリー・パイに接続したGPIO実験ボード
ラズベリー・パイのGPIO端子にフルカラーLED，圧電スピーカ，タクト・スイッチを接続している

図4-1のラズベリー・パイの40本の端子には，17本のGPIO端子と，I²C，UART，SPI専用インターフェース端子，電源用端子が備わっています．GPIO端子が17本で足りないときは，他の端子を使用するこ

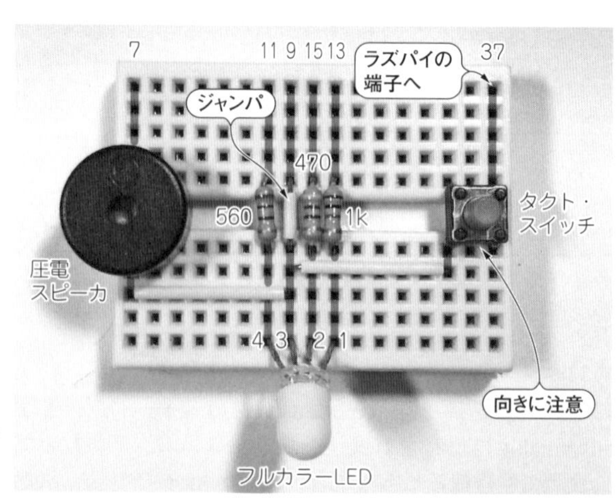

写真4-2
GPIO実験ボードの配線
ブレッドボードの縦のラインは内部で導通している．タクト・スイッチを挿す向きに注意

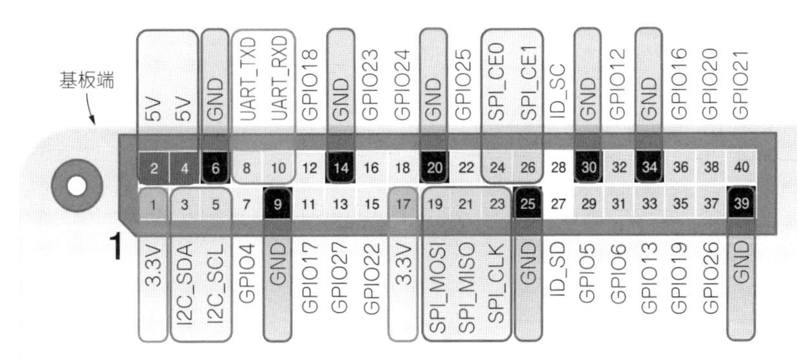

図4-1
ラズベリー・パイのGPIOピン配置図
17本のGPIO端子と，I²C，UART，SPIを備える40ピンの拡張用GPIO端子．出力時の最大電流は16mAまで

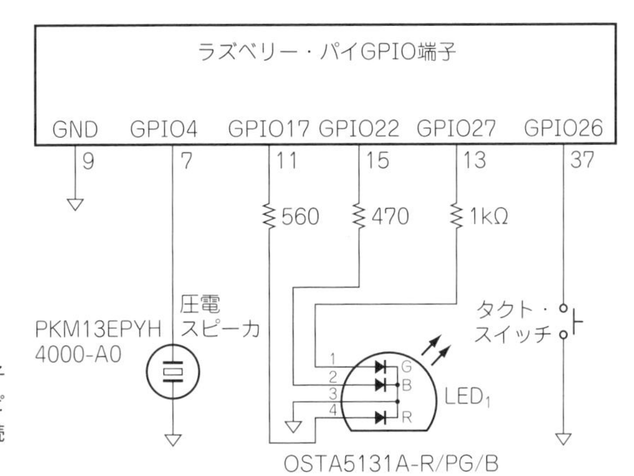

図4-2
GPIO実験用ボードの回路図
ラズベリー・パイのGPIO端子にフルカラーLED，圧電スピーカ，タクト・スイッチを接続する

表4-1　GPIO実験用ボードの製作に必要な電子部品リスト

用　途	部　品	型番または仕様	数量
IoTフルカラーLED	フルカラーLED	OSTA5131A-R/PG/B	1
	抵抗(LED赤色用)	560Ω	1
	抵抗(LED緑色用)	1kΩ	1
	抵抗(LED青色用)	470Ω	1
	LED光拡散キャップ	OS-CAP-5MK-1　直径5mm	1
IoTチャイム	圧電スピーカ	PKM13EPYH4000-A0	1
IoTボタン	タクト・スイッチ	DTS-6	1
ブレッドボード(共通)	ミニ・ブレッドボード	BB-601	1
	ジャンパ・ワイヤ	オス-メスDG01032-0024	6
	単線ワイヤ	オス-オス(7mm端子) 8mm長	1
	単線ワイヤ	オス-オス(7mm端子) 17mm長	2

表4-2　GPIOとフルカラーLEDとの信号接続

ポート番号	ラズパイのピン番号	LED発光色	LEDピン番号	LEDピン名	電流制限抵抗
GPIO17	11	赤	4	Red Anode	560Ω
GPIO27	13	緑	1	Pure Green Anode	1kΩ
GPIO22	15	青	2	Blue Anode	470Ω
GND	9	－	3	Common Cathode	－

ともできますが，機種や設定などによって違いや制約が生じることがあります．

写真4-2がGPIO実験ボードです．回路図を**図4-2**に，必要な電子部品リストを**表4-1**に示します．GPIOとフルカラーLEDとの接続，電流制限抵抗を**表1-2**に示します．

Pythonプログラム 1
Lチカでラズベリー・パイの動作確認

ラズベリー・パイの端子にGPIO実験ボードをつなぎ，PythonのLチカ・プログラムで動作確認する

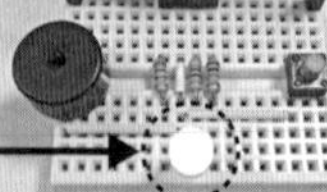

LEDをチカチカと点滅させる「通称Lチカ」は，マイコンが正しく動作していることを確認するときに利用されるプログラムです．

ラズベリー・パイにGPIO実験ボードを接続してラズベリー・パイの電源を入れます．ターミナル・ソフトLXTerminalを使ってlearningフォルダ内のexample11_led_basic.pyをGPIO実験ボードのターミナル・ソフトLXTerminal上で実行すると，LEDが点滅します(**図4-3**)．

```
./example11_led_basic.py⏎
```

プログラムを停止するには[Ctrl]キーを押しながら[C]を押してください．

では，**リスト4-1**に示すexample11_led_basic.pyのおもな処理の流れを説明します．

① GPIOポート番号の27を変数portに代入します．
② ラズベリー・パイ用のライブラリRPiから，GPIOポートを制御するためのモジュールを取得します．
③ GPIO.setmodeにGPIO.BCMを設定すると，GPIOポート番号での制御が可能になります．
④ GPIO.setupは，丸括弧内の第1引き数で渡したGPIOポートの入出力設定を行います．第2引き数は，

```
(サンプル・プログラムのインストール)
pi@raspberrypi:~ $ cd
pi@raspberrypi:~ $ git clone https://github.com/bokunimowakaru/iot ←(未ダウンロード時のみ)
Cloning into 'iot'...
remote: Enumerating objects: xxxx, done.
remote: Counting objects: 100% (xxxx/xxxx), done.
remote: Compressing objects: 100% (xxxx/xxxx), done.

(プログラムの実行)
pi@raspberrypi:~ $ cd ~/iot/learning
pi@raspberrypi:~/iot/learning $ ./example11_led.py
./example11_led.py
GPIO27 = 1
GPIO27 = 0
```

図4-3 サンプル・プログラムexample11_led.pyのインストールと実行結果例
サンプル・プログラムをインストールしていない場合はgitコマンドでダウンロードしてインストール後実行する

リスト4-1 Lチカ用サンプル・プログラム example11_led_basic.py

```
#!/usr/bin/env python3

# Example 11 Lチカ BASIC

port = 27 ←①                              # GPIO ポート番号
b = 0                                      # GPIO 出力値

from RPi import GPIO ←②                    # ライブラリRPi内のGPIOモジュールの取得
from time import sleep                     # スリープ実行モジュールの取得

GPIO.setmode(GPIO.BCM) ←③                  # ポート番号の指定方法の設定
GPIO.setwarnings(False)                    # ポート使用中などの警告表示を無効に
GPIO.setup(port, GPIO.OUT) ←④              # ポート番号portのGPIOを出力に設定

while True: ←⑤                             # 繰り返し処理
    b = int(not(b)) ←⑥                     # 変数bの値を論理反転
    print('GPIO'+str(port),'=',b)          # ポート番号と変数bの値を表示
    GPIO.output(port, b) ←⑦                # 変数bの値をGPIO出力
    sleep(0.5)                             # 0.5秒間の待ち時間処理
```

GPIO.INで入力に，GPIO.OUTで出力になります．

⑤ 処理⑥～⑦の区間を，while True文で繰り返します．Trueは無条件であることを示します．

⑥ 変数bの論理を反転します．論理の反転とは，変数bの値が0のときに1を，1のときに0を変数bに代入することです．ここでは，notを関数のように記しましたが，not bで動作する演算子です．

⑦ GPIO.outputは，第1引き数にGPIOポート番号を，第2引き数に出力値を渡し，出力値がFalseまたは0のときにLowレベル(約0.0V)を，Trueまたは1のときにHighレベル(約3.3V)を出力します．

● パラメータでポートを指定できるプログラム

リスト4-2に示すexample11_led.pyは，ポート27以外のGPIOポートへの出力にも対応したGPIO出力用のサンプル・プログラムです．GPIOポート番号を，プログラム実行時にパラメータ(引き数)として入力することで，指定したGPIO端子の制御が行えます．

```
pi@raspberrypi:~/iot/learning $
                    ./example11_led.py 27⏎
./example11_led.py
GPIO27 = 1
GPIO27 = 0
GPIO27 = 1
```

GPIOポート27での動作確認を終えたら，p.83の**図4-1**を確認しながら，LEDを他のGPIOポートに接続し，さまざまなGPIO端子の制御ができることを確認してみましょう．

処理⑥では，現在のGPIOポートの状態(出力値)を変数bに代入してから，論理を反転するようにしました．また，処理⑧は，キー操作[Ctrl]＋[C]による割り込みが発生したときの例外処理部です．使用中のGPIOをcleanupで解放します．

① GPIOポート番号の27を変数portに代入します．

② ラズベリー・パイ用のライブラリRPiから，GPIOポートを制御するためのモジュールを取得します．

③ GPIO.setmodeにGPIO.BCMを設定すると，GPIOポート番号での制御が可能になります．

④ GPIO.setupは，第1引き数で渡したGPIOポートの入出力設定を行います．第2引き数は，GPIO.INで入力に，GPIO.OUTで出力になります．

⑤ 処理⑥～⑦の区間を，while True文で繰り返します．Trueは無条件であることを示します．

⑥ 現在のGPIOポートの状態(出力値)を変数bに代入後，True(1)/False(0)の論理を反転し，整数値0または1に変換します．

⑦ GPIO.outputは，第1引き数にGPIOポート番号を，第2引き数に出力値を渡し，出力値がFalseまたは0のときにLowレベル(約0.0V)を，Trueまたは1のときにHighレベル(約3.3V)を出力します．

⑧ キー操作[Ctrl]＋[C]による割り込みが発生したときの例外処理部です．使用中のGPIOをcleanupで解放します．

リスト4-2　起動時のパラメータで出力ポートを指定できるLチカ用サンプル・プログラム example11_led.py

```
#!/usr/bin/env python3

# Example 11 Lチカ

port = 27 ←①                                  # GPIOポート番号

from RPi import GPIO ←②                        # ライブラリRPi内のGPIOモジュールの取得
from time import sleep                          # スリープ実行モジュールの取得
from sys import argv                            # 本プログラムの引数argvを取得する

print(argv[0])                                  # プログラム名を表示する
if len(argv) >= 2:                              # 引数があるとき
    port = int(argv[1])                         # 整数としてportへ代入
GPIO.setmode(GPIO.BCM) ←③                      # ポート番号の指定方法の設定
GPIO.setup(port, GPIO.OUT) ←④                  # ポート番号portのGPIOを出力に設定

try:                                            # キー割り込みの監視を開始
    while True: ←⑤                             # 繰り返し処理
        b = GPIO.input(port)  ⎫                 # 現在のGPIOの状態を変数bへ代入
        b = int(not(b))       ⎭⑥               # 変数bの値を論理反転
        print('GPIO'+str(port),'=',b)           # ポート番号と変数bの値を表示
        GPIO.output(port, b) ←⑦                # 変数bの値をGPIO出力
        sleep(0.5)                              # 0.5秒間の待ち時間処理
except KeyboardInterrupt:          ⎫            # キー割り込み発生時
    print('¥nKeyboardInterrupt')   ⎬⑧          # キーボード割り込み表示
    GPIO.cleanup(port)             ⎪            # GPIOを未使用状態に戻す
    exit()                         ⎭
```

Python プログラム 2 IoTボタン(子機)
ラズベリー・パイで ON/OFF を UDP 送信

ラズベリー・パイ＋GPIO実験ボードでタクト・スイッチのON/OFFを送信．もう1台のラズベリー・パイでON/OFF情報を受信して表示する．1台のラズベリー・パイでも実験できる

ラズベリー・パイAからラズベリー・パイBへON/OFF情報を送信

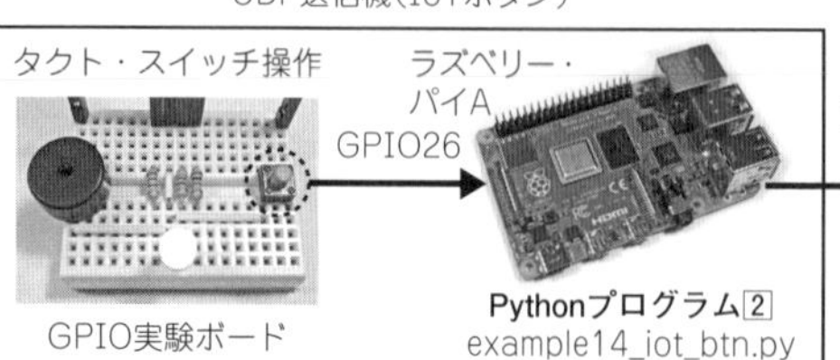

リスト4-3 IoTボタンの送信プログラム example14_iot_btn.py

```
#!/usr/bin/env python3

# Example 14 ラズベリー・パイを使った IoTボタン

port = 26                                                # GPIO ポート番号
udp_to = '255.255.255.255'                               # UDPブロードキャストアドレス
udp_port = 1024                                          # UDPポート番号

import socket ←①                                         # ソケット通信ライブラリ
from RPi import GPIO                                     # GPIO制御モジュールの取得
from time import sleep                                   # スリープ実行モジュールの取得
from sys import argv                                     # 本プログラムの引数argvを取得

print(argv[0])                                           # プログラム名を表示する
if len(argv) >= 2:                                       # 引数があるとき
    port = int(argv[1])                                  # 整数としてportへ代入
GPIO.setmode(GPIO.BCM)                                   # ポート番号の指定方法の設定
GPIO.setup(port, GPIO.IN, pull_up_down=GPIO.PUD_UP) ←②  # GPIO 26 を入力に設定

b = 1 ←③                                                # ボタン状態を保持する変数bの定義
while True:                                              # 繰り返し処理
    try:                                                 # キー割り込みの監視を開始
        while b == GPIO.input(port): ←④                  # キーの変化待ち
            sleep(0.1)                                   # 0.1秒間の待ち時間処理
    except KeyboardInterrupt:                            # キー割り込み発生時
        print('¥nKeyboardInterrupt')                     # キーボード割り込み表示
        GPIO.cleanup(port)                               # GPIOを未使用状態に戻す
        exit()
    b = int(not( b ))                                    # 変数bの値を論理反転
    if b == 0:            ┐                              # b=0:ボタン押下時
        udp_s = 'Ping'    │                              # 変数udp_sへ文字列「Ping」を代入
    else:                 ├⑤                             # b=1:ボタン開放時
        udp_s = 'Pong'    ┘                              # 変数udp_sへ文字列「Pong」を代入
    print('GPIO'+str(port), '=', b, udp_s)               # ポート番号と変数b, udp_sの値を表示

    sock = socket.socket(socket.AF_INET, socket.SOCK_DGRAM)             # ソケット作成 ┐①
    sock.setsockopt(socket.SOL_SOCKET, socket.SO_BROADCAST,1)           # ソケット設定 ┘
    udp_bytes = (udp_s + '¥n').encode() ←⑦                   # バイト列に変換
    try:                                                     # 作成部
        sock.sendto(udp_bytes,(udp_to,udp_port)) ←⑧          # UDPブロードキャスト送信
    except Exception as e:                                   # 例外処理発生時
        print(e)                                             # エラー内容を表示
    sock.close() ←⑨                                          # ソケットの切断
```

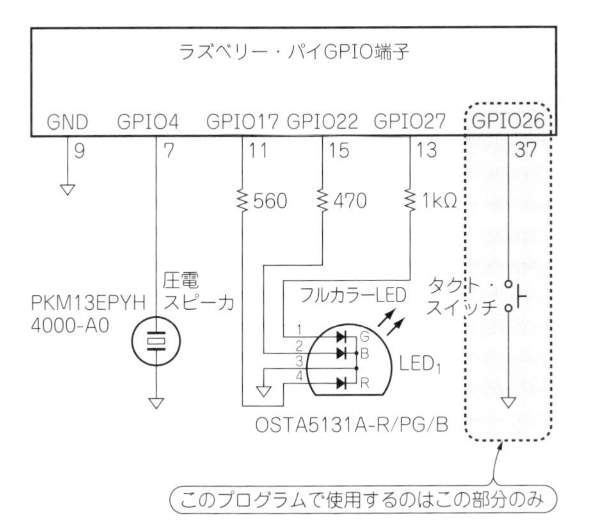

図4-4　GPIO実験ボードの回路
ラズベリー・パイのGPIO端子(GPIO 26)に接続したタクト・スイッチを押下するとPingを，離すとPongをUDPで送信する

```
(IoTボタン・送信側プログラムの実行)
pi@raspberrypi:~ $ cd ~/iot/learning
pi@raspberrypi:~/iot/learning $
                              ./example14_iot_btn.py
./example14_iot_btn.py
GPIO26 = 0 Ping
GPIO26 = 1 Pong
GPIO26 = 0 Ping
GPIO26 = 1 Pong
```

```
(受信側プログラムの実行)
pi@raspberrypi:~ $ cd ~/iot/learning
pi@raspberrypi:~/iot/learning $
                              ./example16_udp_logger.py
Listening UDP port 1024 ...
2019/06/01 14:24, Ping
2019/06/01 14:24, Pong
2019/06/01 14:26, Ping
2019/06/01 14:26, Pong
```

図4-5　サンプル・プログラムexample14_iot_btn.pyの実行結果例
各プログラムを実行した状態で，タクト・スイッチを操作すると，「Ping」または「Pong」のメッセージの送受信が行える

このプログラムは，タクト・スイッチを押すとUDPでスイッチのONになったときとOFFになったときに文字列を送信します．

GPIO実験ボードをつないだラズベリー・パイを起動してターミナルソフトLXTerminal上で**リスト4-3**のexample14_iot_btn.pyを実行します．

```
./example14_iot_btn.py ⏎
```

GPIO実験ボード(**図4-4**)のタクト・スイッチを押すと，メッセージ「Ping」をUDP送信し，離すと「Pong」をUDP送信します．受信するには，もう1セットのラズパイ＋GIPO実験ボードを同じネットワークに接続してPythonプログラム6 example16_udp_logger.pyを実行します．ラズベリー・パイ1台で実験するときは，LXTerminalをもう1つ開き，Pythonプログラム6 example16_udp_logger.pyを実行します．

送信を実行したラズベリー・パイや，同じLAN内にある別のラズベリー・パイで受信することができます．終了するときはキーボードの[Ctrl]を押しながら[C]を押します．実行のようすを**図4-5**に示します．

以下に，プログラムexample14_iot_btn.pyのおもな処理の流れを説明します．

① IPソケット通信を行うためのライブラリsocketを組み込みます．

② GPIO.setup命令を使って，ポート26をGPIO入力に設定するとともに，マイコン内のプルアップ抵抗を有効にします．プルアップ抵抗により，スイッチが開放状態のときにHighレベルを，スイッチが短絡状態のときにLowレベルをGPIO26に入力することができます．

③ ボタン状態を示す変数bに1を代入します．

④ GPIO.input命令を使って，GPIOにアクセスし，実際のボタン状態を確認します．==は比較演算子で，右辺と左辺を比較し，一致したときにwhile文の繰り返し処理を行います．ここでは，変数bの値とGPIOの状態が同じであったときに，次の行のsleep命令を繰り返し実行し，スイッチの状態が変化するまで待ち続けます．

⑤ GPIOの状態に応じて文字列PingまたはPongを変数udp_sに代入します．

⑥ ソケット通信を行うための変数(オブジェクト)sockを生成し，UDPデータをブロードキャストで送信するためのオプションを設定します．

⑦ 変数udp_sの文字列をデータ通信で使用するバイト列に変換し，udp_bytesに代入します．

⑧ ソケット通信用に生成したsockのsendto関数(メソッド)を使用して，UDP送信を行います．第1引き数はUDP送信を行うデータ，第2引き数は送信先です．第2引き数には，IPアドレスとポート番号を，タプル型と呼ばれる(と)で括った配列変数で渡します．

⑨ ソケット通信をclose命令で閉じます．なくても使わなくなった後に自動的に閉じられますが，明示することで，速やかに閉じることができます．

Pythonプログラム③ ラズベリー・パイでフルカラーLEDの制御

ラズベリー・パイ＋GIPO実験ボードを使い，GIPO実験ボードのフルカラーLEDの色をPythonプログラムで制御する

ラズベリー・パイ

GPIO実験ボード

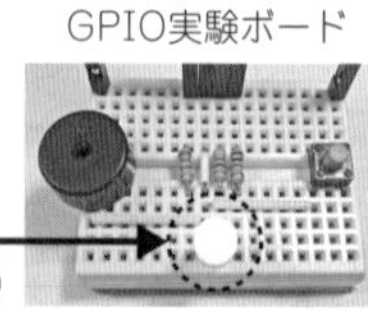

GPIO制御
GPIO17(赤)
GPIO27(緑)
GPIO22(青)

Pythonプログラム③
example12_led3.py

フルカラーLED制御
LEDの点灯色が変化

光の3原色のLED素子を内蔵したフルカラーLED(OSTA5131A-R/PG/B)を，GPIOの出力で制御して7色に点灯させます．GPIO実験用ボード(**図4-6**)上のフルカラーLEDをラズベリー・パイのI/Oポートを使って制御します．

フルカラーLEDは内蔵された3色のLEDの明るさを組み合わせることで，赤色，緑色，青色に加え，黄色，赤紫色，藍緑色(らんりょく)，白色の計7色を表現することができます．消灯を含めた0～7の色番号は，色番号を2進数にしたときの下1桁目を赤，2桁目を緑，3桁目を青とし，**表4-3**のように定義しました．

リスト4-4のexample12_led3.pyの実行時のパラメータ(引き数)に色番号を付与し，**図4-7**のように実行すると指定した色で点灯します．以下に，おもな処理の流れを説明します．

① 変数port_R，port_G，port_Bに，LEDのGPIOポート番号を代入します．

② 処理①で代入した各変数を1つの配列変数portsにまとめます．処理①と②を合わせて，ports = [17, 27, 22]のように定義することもできます．

③ 配列変数colorsに色名の文字列を代入します．配列変数の要素番号は，定義の順に0から始まる整数なので，**表4-3**のように，消灯 = 0，赤色 = 1，緑色 = 2，青色 = 4となり，赤色と緑色を混ぜた黄色は1 + 2 = 3，赤紫色は1 + 4 = 5，藍緑色は2 + 4 = 6，白色は1 + 2 + 4 = 7となります．

④ 変数colorに，配列変数colors内に代入された白色の要素番号7を代入します．要素番号は0から始まる整数です．白色は赤色(1) + 緑色(2) + 青色(4)を混ぜて表すので，1 + 2 + 4 = 7となり，変数colorは7になります．「color=7」と記述しても動作します．

⑤ プログラム実行時に付与するパラメータ(引き数)を変数colorに代入します．パラメータは数字も文字列として扱われるので，int関数で整数値に変換してから代入します．

⑥ GPIO.setup命令を使用して，配列変数portsの各GPIOポートを出力に設定します．

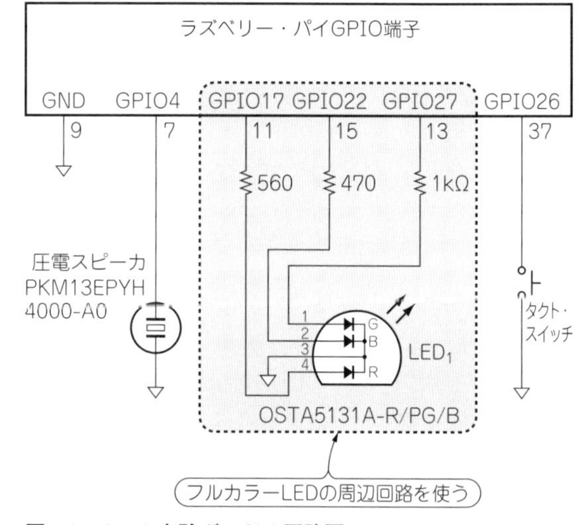

図4-6 GPIO実験ボードの回路図
Pythonプログラム③では，フルカラーLEDを制御する

表4-3 フルカラーLEDを使った3原色の組み合わせによる7色の表現方法

色名colors	混合	LED青色(4)	LED緑色(2)	LED赤色(1)	色番号color
消灯	なし	0	0	0	0 + 0 + 0 = 0
赤色	赤色	0	0	1	0 + 0 + 1 = 1
緑色	緑色	0	2	0	0 + 2 + 0 = 2
黄色	赤色 + 緑色	0	2	1	0 + 2 + 1 = 3
青色	青色	4	0	0	4 + 0 + 0 = 4
赤紫色	赤色 + 青色	4	0	1	4 + 0 + 1 = 5
藍緑色	緑色 + 青色	4	2	0	4 + 2 + 0 = 6
白色	赤色 + 緑色 + 青色	4	2	1	4 + 2 + 1 = 7

⑦ 以下の処理⑧～⑩を，整数の変数iが0から2になるまでの3回，実行します．
⑧ 配列変数portsから要素番号iのGPIOポート番号を取り出し，変数portに代入します．
⑨ 変数colorに代入された色番号から，3原色の成分を抽出します．演算子>>はビットシフトと呼ばれる2進数の演算子で，本処理の数式で，i = 0のときに下1ビット目の赤(1)，i = 1のときに2ビット目の緑(2)，i = 2のときに3ビット目の青(4)の成分を取り出すことができます．
⑩ GPIO.output命令を使用し，処理⑧で得たGPIOポート番号に処理⑨で計算した値を出力します．

リスト4-4　カラーLチカ用サンプル・プログラム example12_led3.py

```
#!/usr/bin/env python3

# Example 12 カラーLチカ

port_R = 17 ┐                                 # 赤色LED用 GPIO ポート番号
port_G = 27 ├①                               # 緑色LED用 GPIO ポート番号
port_B = 22 ┘                                 # 青色LED用 GPIO ポート番号

ports = [port_R, port_G, port_B] ←②
colors= ['消灯','赤色','緑色','黄色','青色','赤紫色','藍緑色','白色'] ←③
color = colors.index('白色') ←④              # 初期カラー番号の取得(白色=7)

from RPi import GPIO                          # ライブラリRPi内のGPIOモジュール取得
from sys import argv                          # 本プログラムの引数argvを取得する

print(argv[0])                                # プログラム名を表示する
if len(argv) >= 2:                            # 引数があるとき
    color = int(argv[1]) ←⑤                  # 色番号を変数colorへ代入

GPIO.setmode(GPIO.BCM)                        # ポート番号の指定方法の設定
GPIO.setwarnings(False)                       # ポート使用中などの警告表示を無効に
for port in ports:              ┐             # 各ポート番号を変数portへ代入
    GPIO.setup(port, GPIO.OUT)  ┘⑥            # ポート番号portのGPIOを出力に設定

color %= len(colors)                          # 色数(8色)に対してcolorは0～7
print('Color =',color,colors[color])          # 色番号と色名を表示

for i in range( len(ports) ): ←⑦             # 各ポート番号の参照indexを変数iへ
    port = ports[i] ←⑧                       # ポート番号をportsから取得
    b = (color >> i) & 1 ←⑨                  # 該当LEDへの出力値を変数bへ
    print('GPIO'+str(port),'=',b)             # ポート番号と変数bの値を表示
    GPIO.output(port, b) ←⑩                  # ポート番号portのGPIOを出力に設定
```

```
(プログラムの実行)
pi@raspberrypi:~ $ cd ~/iot/learning
pi@raspberrypi:~/iot/learning $ ./example12_led3.py 1  ←(1は赤の指定)
./example12_led3.py
Color = 1 赤色
GPIO17 = 1
GPIO27 = 0
GPIO22 = 0
pi@raspberrypi:~/iot/learning $ ./example12_led3.py 6  ←(6は藍緑色の指定)
./example12_led3.py
Color = 6 藍緑色
GPIO17 = 0
GPIO27 = 1
GPIO22 = 1
```

図4-7　サンプル・プログラムexample12_led3.pyの実行結果
パラメータ(引き数)に色番号を入力することで，カラーLEDで7色を表現することができる

Python プログラム 4

ラズベリー・パイでチャイム音を鳴らす

ラズベリー・パイ
圧電スピーカ
ピンポン♪
GPIO4
Pythonプログラム4
example13_chime.py
ピンポン音
(PWM)
GPIO実験ボード

ラズベリー・パイに接続した圧電スピーカからピンポン音の音階を鳴らしてみます．回路は，GPIO実験ボードを使用します．

ラズベリー・パイに搭載されているPWM(パルス幅変調)機能を使用し，PWMの周波数を制御することで，ピンポン音の音階を作ります．

リスト4-5のexample13_chime.pyを**図4-8**のように実行すると，ピンポン音の2つの音階を鳴らすことができます．以下に，おもな処理の流れについて説明します．

① 変数ping_fとpong_fに周波数を代入します．
② GPIOのポート番号の指定方法をBCMに入出力設定を出力に設定します．
③ GPIOのPWM出力を行うために，GPIO.PWM命令を使って変数(オブジェクト)pwmを生成します．引き数はGPIOポート番号と周波数です．以降，変数pwmに命令(メソッド)を付与することで，当該GPIOポートのPWM制御が行えるようになります．
④ PWM出力を開始するにはstart命令を使用します．引き数はHigh出力のパルス幅の割合(%)です．**図1-6**のようにHigh出力とLow出力を同じ比率(デューティ)にするために50(%)を渡しました．処理③で設定した554Hzの出力を開始します．
⑤ ChangeFrequencyは，周波数を変更する命令です．「ピンポン」と聞こえるように，処理③で設定した554Hzから440Hzに変化させます．
⑥ 最後にPWM出力を停止するためにstop命令を実行します．

```
(プログラムの実行)
pi@raspberrypi:~ $ cd ~/iot/learning
pi@raspberrypi:~/iot/learning $
                        ./example13_chime.py
./example13_chime.py
(ピンポン音が鳴る)
pi@raspberrypi:~/iot/learning $
```

図4-8　サンプル・プログラムexample13_chime.pyの実行結果
実行すると，ピンポン音を出力する

リスト4-5　チャイム用サンプル・プログラム example13_chime.py

```
#!/usr/bin/env python3

# Example 13 チャイム

port = 4          ┐                        # GPIO ポート番号
ping_f = 554      ├①                       # 周波数1
pong_f = 440      ┘                        # 周波数2

from RPi import GPIO                       # ライブラリRPi内のGPIOモジュールの取得
from time import sleep                     # スリープ実行モジュールの取得
from sys import argv                       # 本プログラムの引数argvを取得する

rint(argv[0])                              # プログラム名を表示する
if len(argv) >= 2:                         # 引数があるとき
    port = int(argv[1])                    # 整数としてportへ代入
GPIO.setmode(GPIO.BCM)        ┐            # ポート番号の指定方法の設定
GPIO.setup(port, GPIO.OUT)    ┘②           # ポート番号portのGPIOを出力に設定
pwm = GPIO.PWM(port, ping_f) ←③           # PWM出力用のインスタンスを生成

pwm.start(50) ←④                          # PWM出力を開始．デューティ 50%
sleep(0.3)                                 # 0.3秒の待ち時間処理
pwm.ChangeFrequency(pong_f) ←⑤            # PWM周波数の変更
sleep(0.3)                                 # 0.3秒の待ち時間処理
pwm.stop() ←⑥                             # PWM出力停止
GPIO.cleanup(port)                         # GPIOを未使用状態に戻す
```

Python プログラム 5 IoT温度計(子機) ラズベリー・パイで温度を UDP 送信

ラズベリー・パイ内蔵の温度センサから得られた温度値をLAN内にUDPブロードキャスト送信する．ラズベリー・パイは1台でも実験できる

ラズベリー・パイAからラズベリー・パイBへ温度値を送信

UDP送信機(温度センサ)

ラズベリー・パイA

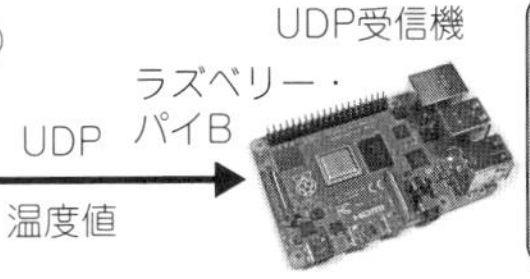

UDP

温度値

UDP受信機

ラズベリー・パイB

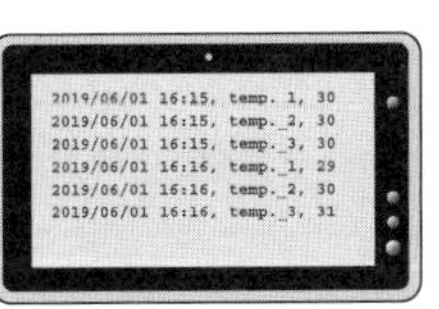

Pythonプログラム5
example15_iot_temp.py

Pythonプログラム6
example16_udp_logger.py

リスト4-6のexample15_iot_temp.pyを起動すると，ラズベリー・パイ内蔵の温度センサの値をLAN内へUDPで送信します．Pythonプログラム6で紹介する受信プログラムで温度を表示できます．

2台のラズベリー・パイで通信するプログラムですが，1台のラズベリー・パイで，送信プログラムと受信プログラムを別々のLXTerminalで実行して実験することもできます．プログラムの停止はキーボードの[Ctrl]＋[C]です．

以下に，送信側となる**リスト4-6**のexample15_iot_temp.pyのおもな処理の流れについて説明します．

① 変数intervalに送信間隔(秒)を代入します．

② 変数temp_offsetにCPUの内部発熱による温度上昇値を代入します．例えば，室温が20 ℃で，内部発熱が17.8度だった場合，温度センサは37.8 ℃を示します．内部発熱の17.8度を減算することで，室温の目安値を得ることができます．

③ 内蔵温度センサから温度値を取得するための処理部です．

④ 変数temp_fに代入された浮動小数点数型の温度値を整数型に変換します．整数に変換する関数としては，他にも小数点以下を切り捨てるintがあります．測定値を丸めるときはroundを使用することで，0.5よりも大きな値が切り上げられます．ただし，ちょうど0.5のときは，結果が偶数になるように丸めます(四捨五入と比べ，丸め処理による累積誤差を減らすことができるため)．

⑤「temp._3，温度値」の書式で，UDPのブロードキャスト送信を行います．複数のIoT温度センサを設置するときは，temp._3の末尾の数字を書き換えることで，受信側でセンサを特定することができます．

⑥ 変数intervalの秒数の間，sleep命令で待ち時間処理を行い，送信を待機します．

プログラム実行のようすを**図4-9**に示します．

リスト4-6　IoT温度計のサンプル・プログラム example15_iot_temp.py

```
#!/usr/bin/env python3

# Example 15 ラズベリー・パイを使ったIoT温度計

filename = '/sys/class/thermal/thermal_zone0/temp'   # 温度ファイル
udp_to = '255.255.255.255'                             # UDPブロードキャスト
udp_port = 1024                                        # UDPポート番号
device_s = 'temp._3'                                   # デバイス識別名
interval = 30 ←①                                       # 送信間隔(秒)
temp_offset = 17.8 ←②                                  # CPUの温度上昇値(要調整)

import socket                                          # ソケット通信ライブラリ
from time import sleep                                 # スリープ実行モジュール

while True:
    try:                                               # 例外処理の監視を開始
        fp = open(filename)                            # 温度ファイルを開く
    except Exception as e:                             # 例外処理発生時
        print(e)                                       # エラー内容を表示
        sleep(60)                                      # 60秒間の停止
        continue                                       # whileに戻る
③
    temp_f = float(fp.read()) / 1000 - temp_offset     # 温度値tempの取得
    temp_i = round(temp_f) ←④                          # 整数に変換してtemp_iへ
    fp.close()                                         # ファイルを閉じる
    print('Temperature =',temp_i,'('+str(temp_f)+')')  # 温度値を表示する

    sock = socket.socket(socket.AF_INET, socket.SOCK_DGRAM)         # ソケット作成
    sock.setsockopt(socket.SOL_SOCKET, socket.SO_BROADCAST,1)       # ソケット設定
    udp_s = device_s + ', ' + str(temp_i)              # 表示用の文字列変数udp
    print('send :', udp_s)                             # 受信データを出力
    udp_bytes = (udp_s + '¥n').encode()                # バイト列に変換
⑤   try:                                               # 作成部
        sock.sendto(udp_bytes,(udp_to,udp_port))       # UDPブロードキャスト送信
    except Exception as e:                             # 例外処理発生時
        print(e)                                       # エラー内容を表示
    sock.close()                                       # ソケットの切断
    sleep(interval) ←⑥                                 # 送信間隔の待ち時間処理
```

```
(IoT温度計・子機・送信側プログラムの実行)
pi@raspberrypi:~ $ cd ~/iot/learning
pi@raspberrypi:~/iot/learning $
                        ./example15_iot_temp.py
Temperature = 30 (29.974)
send : temp._3, 30
Temperature = 29 (29.435999999999996)
send : temp._3, 29
Temperature = 30 (29.974)
send : temp._3, 30
Temperature = 31 (30.511999999999997)
send : temp._3, 31
```

```
(親機・受信側プログラムの実行)
pi@raspberrypi:~ $ cd ~/iot/learning
pi@raspberrypi:~/iot/learning $
                        ./example16_udp_logger.py
Listening UDP port 1024 ...
2019/06/01 16:45, temp._3, 30
2019/06/01 16:46, temp._3, 29
2019/06/01 16:46, temp._3, 30
2019/06/01 16:47, temp._3, 31
```

図4-9　サンプル・プログラムexample15_iot_temp.pyの実行結果例
各プログラムを実行した状態でタクト・スイッチを操作すると，PingまたはPongのメッセージの送受信が行える

Python プログラム 6 IoT情報収集サーバ(親機)
ラズベリー・パイで UDP のデータ受信

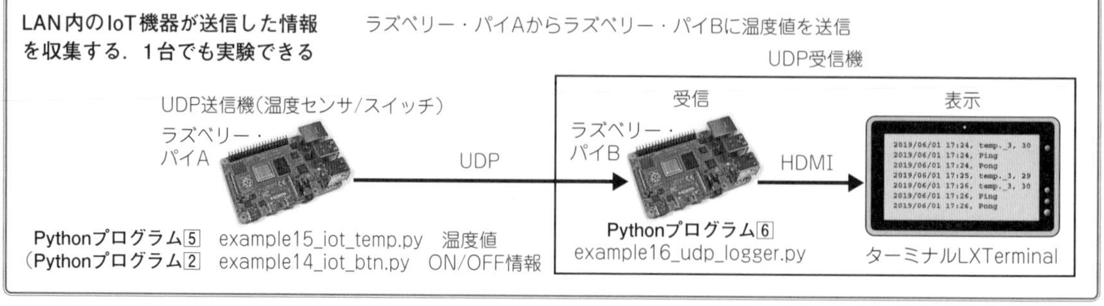

LAN 内の IoT 機器が送信した情報を収集する．1台でも実験できる

ラズベリー・パイAからラズベリー・パイBに温度値を送信

UDP受信機

UDP送信機(温度センサ/スイッチ)

ラズベリー・パイA

UDP

受信

ラズベリー・パイB

HDMI

表示

Pythonプログラム5 example15_iot_temp.py 温度値

(Pythonプログラム2 example14_iot_btn.py ON/OFF情報

Pythonプログラム6 example16_udp_logger.py

ターミナルLXTerminal

Python プログラム5から送ったデータなどをネットワーク経由で受信してLXTerminal上に表示します．**リスト4-7**のexample16_udp_logger.pyがプログラムです．LAN内の温度値やボタン押下通知などのUDPデータを受信し表示します．

プログラムを起動すると，送信されたUDPデータを受信し，**図4-10**のように受信日時とともに表示します．プログラムを停止するには，LXTerminal上で，[Ctrl]+[C]の操作を行います．

以下に，**リスト4-7**のプログラムexample16_udp_logger.pyのおもな処理にを説明します．

① 受信日時を表示するために，日時を扱うライブラリdatetimeを組み込みます．

② ライブラリsocketから通信ソケット用の変数(オブジェクト)sockを生成します．

③ 生成したソケットsockに，UDPポート1024をbind命令で接続します．引き数はタプル型の接続先のアドレスとポート番号です．ここでは，アドレスを指定せずに，すべてのアドレスを対象にし

```
pi@raspberrypi:~ $ cd ~/iot/learning
pi@raspberrypi:~/iot/learning $
                    ./example16_udp_logger.py
Listening UDP port 1024 ...
2019/06/01 17:24, temp._3, 30 ←IoT温度計
2019/06/01 17:24, Ping ←IoTボタン
2019/06/01 17:24, Pong
2019/06/01 17:25, temp._3, 29
2019/06/01 17:26, temp._3, 30
2019/06/01 17:26, Ping
2019/06/01 17:26, Pong
```

図4-10 サンプル・プログラムexample16_udp_logger.pyの実行結果例

プログラムを実行した状態で，IoTボタンや，IoT温度センサからのUDPデータを受信すると，受信時刻とともに表示出力する

リスト4-7 受信プログラム example16_udp_logger.py

```
#!/usr/bin/env python3

# UDPを受信する

import socket
import datetime ←①

print('Listening UDP port', 1024, '...', flush=True)          # ポート番号1024表示
try:
    sock=socket.socket(socket.AF_INET,socket.SOCK_DGRAM) ←②    # ソケットを作成
    sock.setsockopt(socket.SOL_SOCKET,socket.SO_REUSEADDR,1)   # オプション
    sock.bind(('', 1024)) ←③                                   # ソケットに接続
except Exception as e:                                         # 例外処理発生時
    print(e)                                                   # エラー内容を表示
    exit()                                                     # プログラムの終了
while sock:                                                    # 永遠に繰り返す
    udp = sock.recv(64) ←④                                     # UDPパケットを取得
    udp = udp.decode() ←⑤                                      # 文字列へ変換する
    udp = udp.strip() ←⑥                                       # 先頭末尾の改行削除
    if udp.isprintable(): ←⑦                                   # 全文字が表示可能
        date=datetime.datetime.today() ←⑧                      # 日付を取得
        print(date.strftime('%Y/%m/%d %H:%M'), end='') ←⑨       # 日付を出力
        print(', ' + udp, flush=True) ←⑩                       # 受信データを出力
```

ます．

④ 接続した通信ソケットに到達したデータをrecvコマンドで受信し，変数udpに保存します．引き数はバッファ・サイズです．あまり小さくすると，同じパケットのデータが分割されてしまいます．

⑤ 受信したバイト列のUDPデータを，decode命令で文字列に変換し，変数udpに上書きします．

⑥ 命令stripは，文字列のUDPデータの先頭と末尾に改行が含まれていた場合に改行を削除します．処理④～⑥を1行でudp = sock.recev(64).decode().strip()のように記述することもできます．

⑦ 変数udp内に制御文字が含まれていないかどうかを確認します．不要な受信データの排除を怠ると，セキュリティ上の脅威になる場合があるので，必要なデータかどうかを確認することは重要です．

⑧ ライブラリdatetimeを使って現在の日時を取得し，datetime型の変数dateに代入します．

⑨ 現在の日時を文字列に変換して表示出力します．第2引き数には，改行を出力しないオプションend=''を渡し，続けて処理⑩のprint関数の出力を行います．

⑩ 変数udpの内容を表示出力します．第2引き数には，出力後にバッファを排出するオプションflush=Trueを渡し，UDPデータの受信後，速やかにデータを表示できるようにしました．

実行時に，リダイレクトと呼ばれる記号>>とファイル名を付与することで，結果をファイルに保存することもできます．

```
受信データを保存する場合：
./example16_udp_logger.py >> log.csv
```

表示と保存を同時に行いたいときは，以下のようなコマンドを実行します．

```
表示と保存を同時に行う場合：
./example16_udp_logger.py |tee -a log.csv
```

LXTerminalを閉じてもプログラムを継続させたい場合は，実行コマンドの先頭にnohupと末尾に&を付与します．

実験や動作確認の場合，プログラムの止め忘れに注意してください．

```
継続的に実行する場合：
nohup ./example16_udp_logger.py |tee -a log.csv &
```

Column 1　LED＋チャイムでIoT通知デバイスを製作する

example18_iot_chime.py と，example19_iot_ledpwm.pyの両方の機能を統合し，以下の条件でチャイム音が鳴る実用的なプログラムexample20_iot_notifier.pyを作成し，learningフォルダに収録しました．

- LED(1000色版)の色変更のHTTPアクセスがあったとき(1000色版についてはp.95のコラム2を参照)
- ルート(/)へのHTTPアクセスがあったとき
- UDPで「Ping」が送られてきたとき

本プログラムでは，Curlコマンドやブラウザからの制御はもちろん，同じLAN内にあるIoTボタンの押下操作で，チャイム音を鳴らすこともできます．

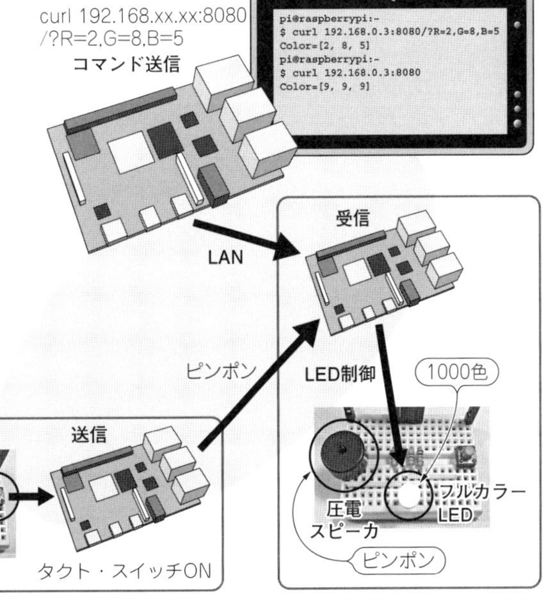

図4-A
プログラムの組み合わせも可能
フルカラーLEDとチャイムのプログラムを統合した例

Python プログラム 7 IoTフルカラーLED ネットワーク制御のフルカラー L チカ

同じLAN内の送信機やPCやスマートフォンのブラウザからフルカラーLEDをリモート制御する．ラズベリー・パイ1台でも実験できる

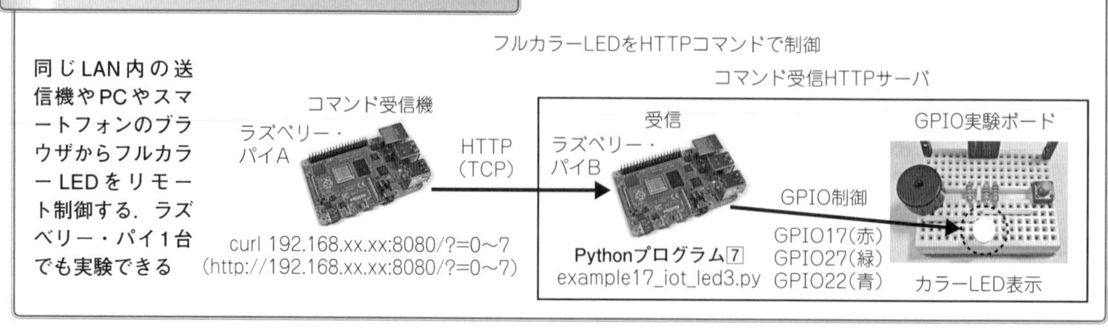

リスト4-8　フルカラーLEDのリモート・プログラム example17_iot_led3.py

```
#!/usr/bin/env python3

# Example 17 IoTカラーLED WSGI版

port_R = 17                                              # 赤色LED用GPIOポート番号
port_G = 27                                              # 緑色LED用GPIOポート番号
port_B = 22                                              # 青色LED用GPIOポート番号
ports = [port_R, port_G, port_B]                         # 各色のポート番号を配列変数へ
colors= ['消灯','赤色','緑色','黄色','青色','赤紫色','藍緑色','白色']
color = colors.index('白色')                              # 初期カラー番号の取得(白色=7)

from wsgiref.simple_server import make_server ←①        # HTTPサーバ用モジュールの取得
from RPi import GPIO                                     # GPIOモジュールの取得

def wsgi_app(environ, start_response): ←②               # HTTPアクセス受信時の処理         ┐
    global color ←④                                      # グローバル変数colorの取得         │
    color = colors.index('白色')                          # 白色を代入                        │
    query = environ.get('QUERY_STRING') ←⑤               # 変数queryにHTTPクエリを代入       │
  ┌ sp = query.find('=')                                 # 変数query内の「=」を探す          │
  │ if sp >= 0 and sp + 1 < len(query):                  # 「=」の発見位置が有効範囲内        │
⑥│     if query[sp+1:].isdigit():                        # 取得値が数値の時                  │
  │         color = int( query[sp+1:] )                  # 取得値(数値)を変数colorへ         │
  │         color %= len(colors)                         # 色数(8色)に対してcolorは0～7      │
  └ print('Color =',color,colors[color])                 # 色番号と色名を表示                ├③
  ┌ for i in range( len(ports) ):                        # 各ポート番号のindexを変数iへ      │
  │     port = ports[i]                                  # ポート番号をportsから取得         │
⑦│     b = (color >> i) & 1                             # 該当LEDへの出力値を変数bへ        │
  │     print('GPIO'+str(port),'=',b)                    # ポート番号と変数bの値を表示       │
  └     GPIO.output(port, b)                             # ポート番号portのGPIOを出力に      │
  ┌ ok = 'Color=' + str(color) + ' (' + colors[color] + ')¥r¥n' # 応答文を作成               │
⑧│ ok = ok.encode('utf-8')                              # バイト列へ変換                    │
  │ start_response('200 OK', [('Content-type', 'text/plain; charset=utf-8')])                │
  └ return [ok]                                          # 応答メッセージを返却              ┘

GPIO.setmode(GPIO.BCM)                                   # ポート番号の指定方法の設定
for port in ports:                                       # 各ポート番号を変数portへ代入
    GPIO.setup(port, GPIO.OUT)                           # ポート番号portのGPIOを出力に
try:
    httpd = make_server('', 80, wsgi_app)  ←⑨            # TCPポート80でHTTPサーバ実体化
    print("HTTP port 80")                                # ポート確保時にポート番号を表示
except PermissionError:                                  # 例外処理発生時(アクセス拒否)
    httpd = make_server('', 8080, wsgi_app) ←⑨           # ポート8080でHTTPサーバ実体化
    print("HTTP port 8080")                              # 起動ポート番号の表示
try:
    httpd.serve_forever() ←⑩                             # HTTPサーバを起動
except KeyboardInterrupt:                                # キー割り込み発生時
    print('¥nKeyboardInterrupt')                         # キーボード割り込み表示
    for port in ports:                                   # 各ポート番号を変数portへ代入
        GPIO.cleanup(port)                               # GPIOを未使用状態に戻す
    exit()                                               # プログラムの終了
```

Column 2　組み合わせ1000通り．好みの色を再現するフルカラー LED

リスト4-8のexample17_iot_led3.pyで再現可能な色数は消灯を含めて8色でした．より多くの色を表現するために，PWMを使用したexample19_iot_ledpwm.pyを作成し，learningフォルダに収録しました．HTTPを使っているのでブラウザからも制御できます．

本サンプルを起動し，「?R=2，G=8，B=5」のように赤(R)，緑(G)，青(B)の値を0～9の範囲で設定することで，さまざまな色を表現することができます．

Curlコマンド例：
curl 192.168.0.3:8080/?R=2,G=8,B=5
ブラウザ入力例：
http://192.168.0.3:8080/?R=2&G=8&B=5

```
(IoTフルカラー LED)
pi@raspberrypi:~ $ hostname -I
192.168.0.3 XXXX:XXXX:XXXX:XXXX:XXXX:XXXX:XXXX
                                           :XXXX
pi@raspberrypi:~ $ cd ~/iot/learning
pi@raspberrypi:~/iot/learning $
                         ./example17_iot_led3.py
HTTP port 8080
```

```
(コマンド送信機)
pi@raspberrypi:~ $ curl 192.168.0.3:8080/?=6
Color=6 (藍緑色)
pi@raspberrypi:~ $
```

図4-11　フルカラー LEDのリモート・プログラムexample17_iot_led3.pyの実行例

Lチカをネットワークに対応させてみましょう．LAN内のコマンド送信機からフルカラー LEDをリモート制御します．GPIO実験ボードを使います．

リスト4-8のexample17_iot_led3.pyをラズベリー・パイで実行すると，HTTPサーバ(ポート8080)が起動し，フルカラー LEDのリモート制御を待ち受けます．

example17_iot_led3.py⏎

実行前に，

hostname -I⏎

を入力し，ラズベリー・パイのIPアドレスを確認しておきましょう．送信側からリモートLED制御を行うには，別のLXTerminalから，

curl (IPアドレス):8080/?=色番号

の書式でcurlコマンドを実行します．例えば，IoTフルカラー LED側のIPアドレスが192.168.0.3のときは，**図4-11**のように，

curl 192.168.0.3:8080/?=6

と実行するとフルカラー LEDの色がColor=6(藍緑色)に設定されます．色の指定はp.88の**表4-3**を参考にしてください．

インターネット・ブラウザから，

http://192.168.0.3:8080/?=6

のように入力して制御することも可能です．

以下に，example17_iot_led3.pyのおもな処理の流れを説明します．

① HTTPサーバ用のモジュールを，ライブラリmake_serverから本プログラムに組み込みます．
② 関数を定義するためのdef文です．続くwsgi_appは関数名で，括弧内は引き数です．関数の内容は範囲③です．def文内の引き数で与えられた変数は，その関数内で使用することができます．
③ HTTPサーバにアクセスがあったときに実行する関数wsgi_appの定義範囲です．起動時は関数が定義されるだけで，HTTPアクセスがあるまで実行されません．
④ 関数外で定義した変数を関数内で使用するには，変数名の前にglobalを付与して，関数内にグローバル変数として組み込みます．ここでは，色番号(0～7)を保持する変数colorを組み込みます．関数が終了しても，関数内で変更した変数colorの内容を維持することができるようになります．
⑤ 変数environはHTTPアクセス受信時の情報が包括された辞書型変数です．この中からHTTPのクエリ(URLの?以降)が代入されたQUERY_STRINGを取得し，変数queryに代入します．
⑥ 文字列変数query内の＝を検索し，続く数値(0～7の色番号)を取得し，変数colorに代入します．
⑦ 変数colorに代入された0～7の色番号に応じた値をLEDを接続したGPIOポートに出力します．
⑧ HTTPアクセスに対する応答文を作成し，バイト列に変換した応答文を送信元に応答します．
⑨ HTTPサーバ用のモジュールmake_serverを使用するための変数(オブジェクト)httpdを生成し，アクセスがあったときに，実行する処理②の関数wsgi_appを登録します．
⑩ 処理⑨で生成したHTTPサーバを起動します．

1 2 3 4 5 6 7 8 9 10 11 12

Python プログラム 8 IoTチャイム(子機)

ラズベリー・パイでTCP受信してチャイム

同じLAN内の送信機からチャイムをリモート制御する．ラズベリー・パイ1台でも実験できる．PCやスマホのブラウザからも制御できる

コマンド送信機
ラズベリー・パイA
HTTP
(TCP)
curl 192.168.xx.xx:8080
(http://192.168.xx.xx:8080)

チャイムをHTTPコマンドで制御

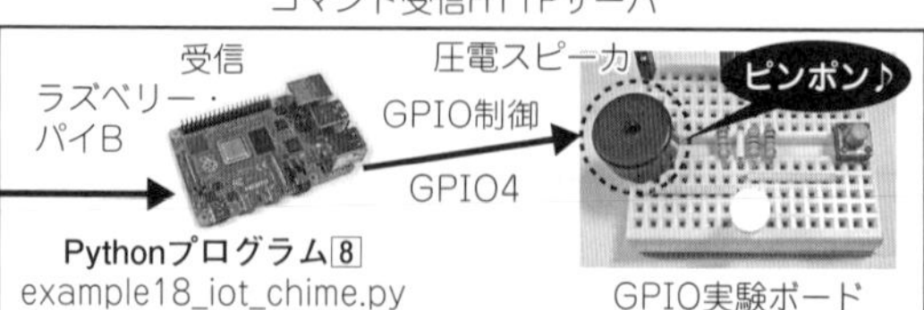

リスト4-9のexample18_iot_chime.pyを実行すると，HTTPサーバ(ポート8080)が起動し，HTTPアクセスを待ち受けます．

```
example18_iot_chime.py⏎
```

別のLXTerminalから，

```
curl (IPアドレス):8080⏎
```

の書式でcurlコマンドを実行すると，ピンポン音を出力します．

インターネット・ブラウザからもURLを入力して制御することが可能です(**図4-12**)．

以下に，example18_iot_chime.pyのおもな処理の流れを説明します．

① プログラム内の関数を同時並行実行(スレッド化)するためのライブラリthreadingを組み込みます．
② チャイム音を鳴らすための関数chimeを定義します．起動時は関数が定義されるだけで，実行されません．あとの処理④から呼び出して実行します．
③ HTTPサーバにアクセスがあったときに実行する関数wsgi_appです．起動時は定義のみを行います．
④ Threadコマンドを用いて，関数を同時並行実行するためのスレッド(のオブジェクト)を生成します．引き数のtarget=chimeは，実行対象となる処理②の関数名chimeを示します．
⑤ 生成したスレッドを起動し，処理②の関数chimeを

Column 3 HTTPポート80で待ち受ける

一般的なHTTPサーバでは，ポート番号80を用います．しかし，ラズベリー・パイのpiユーザの権限では，ポート番号1023以下を使用することができないため，プログラムexample17_iot_led3.py，example18_iot_chime.py，example19_iot_ledpwm.py，example20_iot_notifier.pyのHTTPサーバは，ポート番号8080で動作させました．

各プログラムでは，**表4-A**および**リスト4-A**のように，ポート80でのHTTPサーバの生成を試み，ポート80での生成に失敗した場合に，ポート8080を使用します．

以下に該当部の処理の流れを示します．

① ポート80でのHTTPサーバの(オブジェクトの)生成を試みます．
② アクセス権限のPermission Errorが発生したときに例外処理を実行します．
③ 処理③の例外処理発生時に，ポート8080でのHTTPサーバの生成を行います．

プログラム実行時に，先頭に｢sudo｣を付与し，スーパーユーザ権限で実行すると，処理①HTTPサーバ(ポート80)の起動に成功し，ポート番号80を使用することができます．

表4-A　起動方法の違いとHTTPサーバのポート番号

起動方法	実行例	HTTPポート	懸念点
通常起動	./example20_iot_notifier.py	8080	ポートを指定できない機器からアクセスできない
スーパーユーザ	sudo ./example20_iot_notifier.py	80	セキュリティが脆弱になることがある

リスト4-A　アクセス権限に応じてポート番号80と8080を切り替える

```
try:
    httpd = make_server('', 80, wsgi_app) ←①       # TCPポート80でHTTPサーバ実体化
    print("HTTP port 80")                          # ポート確保時にポート番号を表示
except PermissionError: ←②                        # 例外処理発生時（アクセス拒否）
    httpd = make_server('', 8080, wsgi_app) ←③     # ポート8080でHTTPサーバ実体化
    print("HTTP port 8080")                        # 起動ポート番号の表示
```

リスト4-9　チャイム制御のプログラム example18_iot_chime.py

```
#!/usr/bin/env python3

# Example 18 IoTチャイム WSGI 版

port = 4                                          # GPIO ポート番号
ping_f = 554                                      # チャイム音の周波数1
pong_f = 440                                      # チャイム音の周波数2

from wsgiref.simple_server import make_server
from RPi import GPIO                              # GPIOモジュールの取得
from time import sleep                            # スリープ実行モジュールの取得
from sys import argv                              # 本プログラムの引数argvを取得
import threading ◀─①                              # スレッド用ライブラリの取得

def chime(): ◀─②                                 # チャイム(スレッド用)
    global pwm                                    # グローバル変数pwmを取得
    pwm.ChangeFrequency(ping_f)                   # PWM周波数の変更
    pwm.start(50)                                 # PWM出力を開始. デューティ 50％
    sleep(0.3)                                    # 0.3秒の待ち時間処理
    pwm.ChangeFrequency(pong_f)                   # PWM周波数の変更
    sleep(0.3)                                    # 0.3秒の待ち時間処理
    pwm.stop()                                    # PWM出力停止

def wsgi_app(environ, start_response): ◀─③        # HTTPアクセス受信時の処理
    thread = threading.Thread(target=chime) ◀─④   # 関数chimeをスレッド化
    thread.start() ◀─⑤                            # スレッドchimeの起動
    ok = 'OK¥r¥n'                                 # 応答メッセージ作成
    ok = ok.encode()                              # バイト列へ変換
    start_response('200 OK', [('Content-type', 'text/plain; charset=utf-8')])
    return [ok] ◀─⑥                               # 応答メッセージを返却

print(argv[0])                                    # プログラム名を表示する
if len(argv) >= 2:                                # 引数があるとき
    port = int(argv[1])                           # GPIOポート番号をportへ代入
GPIO.setmode(GPIO.BCM)                            # ポート番号の指定方法の設定
GPIO.setup(port, GPIO.OUT)                        # ポート番号portのGPIOを出力に
pwm = GPIO.PWM(port, ping_f)                      # PWM出力用のインスタンスを生成

try:
    httpd = make_server('', 80, wsgi_app)         # TCPポート80でHTTPサーバ実体化
    print("HTTP port 80")                         # ポート確保時にポート番号を表示
except PermissionError:                           # 例外処理発生時(アクセス拒否)
    httpd = make_server('', 8080, wsgi_app)       # ポート8080でHTTPサーバ実体化
    print("HTTP port 8080")                       # 起動ポート番号の表示
try:
    httpd.serve_forever()                         # HTTPサーバを起動
except KeyboardInterrupt:                         # キー割り込み発生時
    print('¥nKeyboardInterrupt')                  # キーボード割り込み表示
    GPIO.cleanup(port)                            # GPIOを未使用状態に戻す
    exit()                                        # プログラムの終了
```

実行します．このとき，関数chimeの終了を待たずに，次以降の処理と関数chimeの処理が同時に並行して実行されます．

⑥ HTTPアクセスの送信元に応答メッセージ「OK」を返します．

この例では，スレッドを使用し，チャイム音の処理と，HTTPサーバの処理を同時に実行しました．しかし，スレッド処理を行うと，複数のスレッドの相互作用による不具合が発生する場合があります．例えば，本機の鳴音中にHTTPアクセスがあると，2つのchimeスレッドが同時に動作し，1つのGPIOに対して2つのスレッドから設定指示が行われます．後から実行されたスレッドがGPIOにアクセスしない排他制御の対策例は，example18_iot_chime_n.pyとして収録しました．さらに，HTTPリクエスト時の入力値(0～3)に応じて，異なる音を出力することが可能なexample18_iot_chime_nn.pyも作成しました．

```
(プログラムの実行)
pi@raspberrypi:~ $ hostname -I
192.168.0.3 XXXX:XXXX:XXXX:XXXX:XXXX:XXXX:XXXX
                                          :XXXX
pi@raspberrypi:~ $ cd ~/iot/learning
pi@raspberrypi:~/iot/learning $
                         ./example18_iot_chime.py
HTTP port 8080

(コマンド送信機)
pi@raspberrypi:~ $ curl 192.168.0.3:8080
OK
pi@raspberrypi:~ $
```

図4-12　チャイム制御プログラムexample18_iot_chime.pyの実行
プログラムを実行し，別のコマンド送信機からcurlコマンドで制御を行う．ブラウザからも制御できる

第5章 ラズベリー・パイ宅内サーバ用データ受信プログラム

IoT機器が送信するデータをラズベリー・パイで受信，表示，保存する宅内サーバ用のPythonプログラムを解説します．本章共通で使用する送信機は，章の後半で概説するESP32マイコンで製作します．

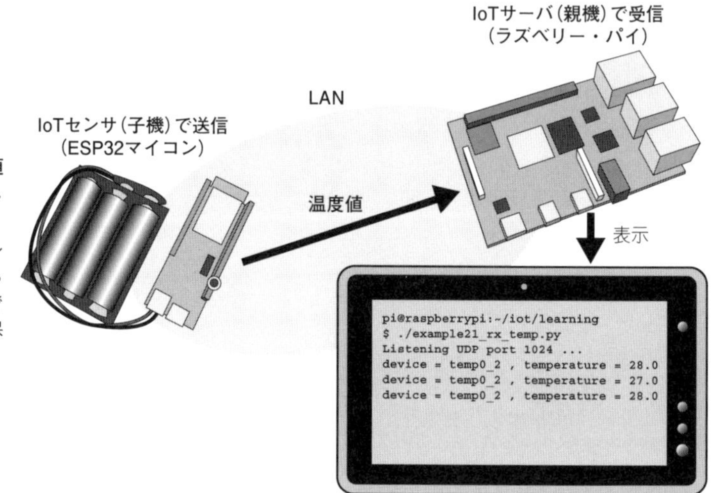

図5-1 IoT温度計が送信する温度値をラズベリー・パイで受信し表示する
ESP32マイコン内蔵の温度センサの値を送信するIoT温度計から温度値を，ラズベリー・パイで受信表示したり，ファイルを保存したりするプログラムを作る

Python プログラム 9 ラズベリー・パイで温度をUDP受信

ESP32マイコン(子機)がWi-Fi送信した温度値を受信して表示するラズベリー・パイのサーバ(親機)用Pythonプログラムを作成します(**図5-1**)．

● データ送信側ESP32マイコン(子機)

温度の値をWi-Fi送信する送信機を本稿ではIoT温度計と呼ぶことにします．ESP32マイコン開発ボードT-Koalaの電池端子にアルカリ乾電池3本を直列に接続して製作しました．ESP32マイコンのボードなら他のものも使用できます．ただし端子番号は違うことがあるので気をつけてください．

送信用ESP32マイコンとプログラムの詳細はこの章の後半p.74～を参照してください．

ESP32マイコンにインストール後，PCやスマートフォンでアクセスして，ブラウザ画面の[Wi-Fi設定]からAP+STAモード(またはSTAモード)でLANに接続すると送信した温度値を同じLANに接続したラズベリー・パイで受信できるようになります．初期設定では，温度値を30秒ごとに受信します．

● 受信側ラズベリー・パイ用Pythonプログラム

example21_rx_temp.py(**リスト5-1**)は，ラズベリー・パイで動作するPythonのプログラムです．UDPを受信するプログラムp.92**リスト4-7**のexample16_udp_logger.pyに，IoT温度計のデータであることを確認する関数check_dev_nameと，UDPデータの中から値を抽出する関数get_valを追加しました．プログラムexample21_rx_temp.pyの処理のようすを**図5-2**に示します．

プログラムの処理の流れを解説します．

① IoT温度計のデバイス名があらかじめ設定したものと一致するかどうかを確認する関数check_dev_nameを定義します．定義だけなので，起動時は実行されず，後の手順⑧から呼び出されたときに実行します．

② 関数check_dev_nameの引き数sが，表示可能な文字列かつ7文字，かつ先頭4文字がtemp，かつ6文字目が「_」のとき，IoT温度計からのデータであると判断し，手順③を実行します．条件を変更すれば，他のデータを受信することもできるようになります(例：example21_rx_temp_m.py)．

③ 処理②のデバイス名がIoT温度計と合致したこと

リスト5-1　IoT温度計から温度値を受信して表示するサンプル・プログラム example21_rx_temp.py

```
#!/usr/bin/env python3

# Example 21 IoT温度計から温度値を受信し，表示する

import socket

def check_dev_name(s): ←①                              # デバイス名を取得
    if s.isprintable() and len(s) == 7 \  ┐②
        and s[0:4] == 'temp' and s[5] == '_':  ┘        # IoT温度計に一致する時
        return s ←③                                    # デバイス名を応答
    return None ←④                                     # Noneを応答

def get_val(s): ←⑤                                     # データを数値に変換
    s = s.replace(' ','')                               # 空白文字を削除
    try:                                                # 小数変換の例外監視
        return float(s)                                 # 小数に変換して応答
    except ValueError:                                  # 小数変換失敗時
        return None                                     # Noneを応答

print('Listening UDP port', 1024, '...', flush=True)    # ポート番号1024表示
try:
    sock=socket.socket(socket.AF_INET,socket.SOCK_DGRAM)        # ソケットを作成
    sock.setsockopt(socket.SOL_SOCKET,socket.SO_REUSEADDR,1)    # オプション
    sock.bind(('', 1024))                               # ソケットに接続
except Exception as e:                                  # 例外処理発生時
    print(e)                                            # エラー内容を表示
    exit()                                              # プログラムの終了
while sock:                                             # 永遠に繰り返す
    udp, udp_from = sock.recvfrom(64) ←⑥               # UDPパケットを取得
    vals = udp.decode().strip().split(',') ←⑦          # 「,」で分割
    dev = check_dev_name(vals[0]) ←⑧                   # デバイス名を取得
    if dev and len(vals) >= 2: ←⑨                      # 取得成功かつ項目2以上
        val = get_val(vals[1]) ←⑩                      # データ1番目を取得
        print('dev =',vals[0],udp_from[0],', temperature =',val)  # 取得値を表示
```

```
(プログラムの実行)
pi@raspberrypi:~ $ cd ~/iot/learning
pi@raspberrypi:~/iot/learning $ ./example21_rx_temp.py
Listening UDP port 1024 ...
device = temp0_2 192.168.0.8 , temperature = 28.0
device = temp0_2 192.168.0.8 , temperature = 27.0
```

図5-2　サンプル・プログラム example21_rx_temp.pyの実行結果例
プログラムを実行してIoT温度計から温度値を受信した

を示すために，引き数sを応答します．

④ 引き数sがIoT温度計からのデータではなかったときにNoneを応答します．Noneは何も代入されていないことを示す値です．他のプログラミング言語のnullと似ています．

⑤ 関数get_valは，文字列内の数値を応答する関数です．空白文字を削除し，文字列が数値を示すときに，浮動小数点数型の数値を応答します．数値でなかったときはNoneを応答します．

⑥ UDPデータを受信し，データを変数udpに代入します．また，複数の変数を左辺に記述することで，複数の応答値を得ることができます．この例では，送信元アドレスを変数udp_fromに代入します．

⑦ 文字列変数を分割するsplit命令を使用して，変数udp内の文字列をカンマで分割し，それぞれの値を配列変数valsに代入します．

⑧ 処理②の関数check_dev_nameを用いて，配列変数valsの先頭vals[0]がIoT温度計のデバイス名に一致しているかどうかを確認します．不一致のときは，変数devにNoneが代入されます．

⑨ 変数devがNone以外，かつ処理⑦の配列変数valsの配列数が2個以上のときに，処理⑩を実行します．

⑩ 処理⑤の関数get_valを使って，配列変数valsの2番目vals[1]の値を変数valに代入します．IoT温度計に温湿の値を追加した場合，vals[2]から湿度を取得することもできます(例：example21_rx_temp_hum.py)．

取得した温度値を取得日時とともにファイルに保存し，ロガーとして使用できるexample21_rx_temp_log.pyも同じフォルダに収録しました．

Python プログラム⑩ ラズベリー・パイでON/OFFをUDP受信

ESP32マイコン開発ボードのタクト・スイッチ(IO0・BOOT)を押すとON，放すとOFFをUDPで送信し，それをラズベリー・パイで受信するPythonプログラムです．送信用ESP32マイコン(**写真5-2**)の詳細はこの章の後半p.74～を参照してください．

AP+STAモード(またはSTAモード)に設定したESP32マイコンは，センサ入力設定画面の[押しボタン]項目で，[PingPong]を選択し，設定すると，タクト・スイッチの状態が変化したときに，PingまたはPongのメッセージをUDPでブロードキャスト送信します．ラズベリー・パイでは，**リスト5-2**のexample22_rx_btn.pyを実行します．処理①でUDPデータを受信し，処理②で受信データが4文字以下の表示可能な文字列であることを確認し，処理③でUDPデータに[Ping]が含まれていたときに変数bに1を代入し，含まれていなかったときは処理④で0を代入します．実行例を**図5-3**に示します．

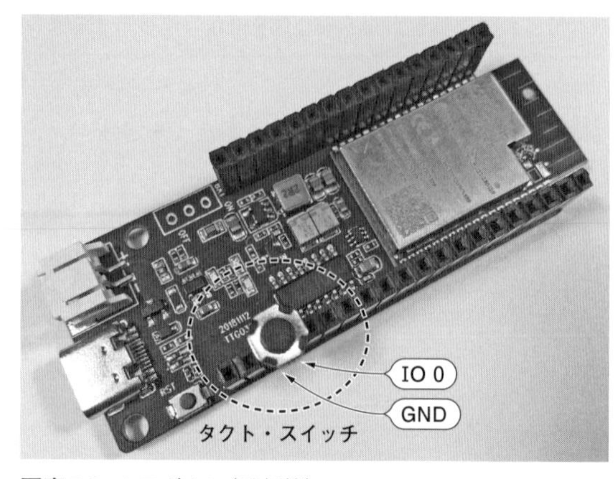

写真5-2　IoTボタン(送信機).
TTGO製の開発ボードT-KoalaのIO 0とGNDとの間にタクト・スイッチを接続した．詳細はp.74～

リスト5-2　IoTボタンの状態変化通知を受信し表示するラズベリー・パイ用サンプル・プログラム example22_rx_btn.py

```
#!/usr/bin/env python3

# Example 22 IoTボタンを受信する

import socket

print('Listening UDP port', 1024, '...', flush=True)        # ポート番号1024表示
try:
    sock=socket.socket(socket.AF_INET,socket.SOCK_DGRAM)          # ソケットを作成
    sock.setsockopt(socket.SOL_SOCKET,socket.SO_REUSEADDR,1)      # オプション
    sock.bind(('', 1024))                                # ソケットに接続
except Exception as e:                                   # 例外処理発生時
    print(e)                                             # エラー内容を表示
    exit()                                               # プログラムの終了

while sock:                                              # 永遠に繰り返す
    udp, udp_from = sock.recvfrom(64) ←①                 # UDPパケットを取得
    udp = udp.decode().strip()                           # データを文字列へ変換
    if udp.isprintable() and len(udp) <= 4: ←②          # 4文字以下で表示可能
        if udp == 'Ping': ←③                             # 「Ping」に一致する時
            b = 1                                        # 変数bに1を代入
        else:                                            # その他のとき
            b = 0 ←④                                     # 変数bに0を代入
        print(udp_from[0], ',', udp, ', b =', b)         # 取得値を表示
```

```
(プログラムの実行)
pi@raspberrypi:~ $ cd ~/iot/learning
pi@raspberrypi:~/iot/learning $ ./example22_rx_btn.py
Listening UDP port 1024 ...
192.168.0.8 , Ping , b = 1
192.168.0.8 , Pong , b = 0
```

図5-3
サンプル・プログラムexample22_rx_btn.pyの実行例
プログラムを実行してIoTボタンからボタンの状態変化通知を受信した

Python プログラム⑪ 人感センサの反応をラズベリー・パイで受信

人感センサは，居住者の在室状況を確認することができるので，生活をサポートするIoTシステムにおいて，重要な情報源の1つです．ここでは，人体などの動きを検出したときに，検知信号をWi-Fi送信する人感センサを製作し，ラズベリー・パイで受信/表示するプログラムを作成します．人感センサ・モジュールにはSB412Aを使用しますが，システムの動作テストだけならセンサがなくてもタクト・スイッチによるボタン操作で代用できます．

製作するIoT人感センサは(**写真5-3**)，人体などの動きを検出したときにセンサ値1を，動きがなくなったときにセンサ値0をUDPでブロードキャスト送信します．動きがなくなったと判断するまでの待ち時間は，SB412Aの可変抵抗で調整ができます．

写真5-4は，AP+STAモード(またはSTAモード)のIoT Sensor Coreが動作するESP32開発ボードT-Koalaのピン配列(**表5-1**)に合わせてIO25～27に，人感センサ・モジュールSB412Aを取り付けた例です．**写真5-5**は人感センサの代わりにタクト・スイッチを使ったときの接続方法です．

スマートフォンなどのブラウザからIoT Sensor Coreを動かしたESP32マイコンにアクセスし，[センサ入力設定]の[人感センサ]を[ON]に設定してください．なお，使用ピンが重なるI^2C接続の温湿度センサとの同時使用はできません．

ラズベリー・パイでは，**リスト2-3**のプログラムexample23_rx_pir.pyを実行します．

おもな処理の流れは，温度センサ値をUDPで受信するexample21_rx_temp.pyとほぼ同じです．違いは，処理①の関数check_dev_name内の処理②において，人感センサ用のデバイス名pir_sと一致したときに，処理⑩で受信値を変数valに代入する点です．また，最終行では，実行例の**図5-4**のように，変数valの値が1のときだけ表示を行います．

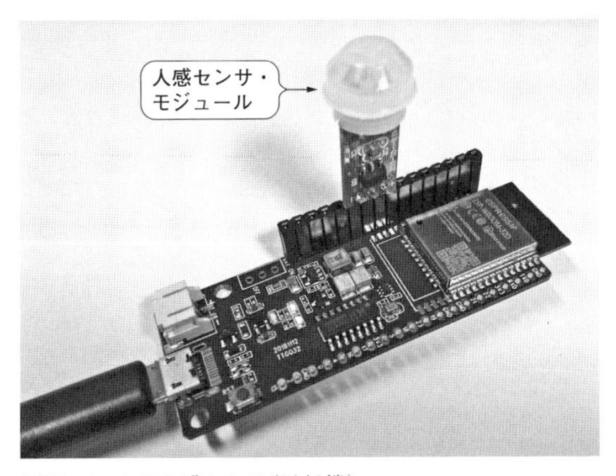

写真5-3　IoT人感センサ(送信機)
TTGO製の開発ボードT-Koalaに人感センサ・モジュールSB412Aを接続してIoT人感センサを製作する．詳細はp.74～

写真5-4　IoT人感センサ(送信機)
TTGO製の開発ボードT-KoalaのIO25，26，27に人感センサ・モジュールSB412Aを接続した．ボタンで代用する場合は，IO26とIO27の間にタクト・スイッチ，IO26とIO25の間に1kΩの抵抗器を挿入する．詳細はp.74～

表5-1　TTGO T-Koalaを使う場合のピン配列
IoT Sensor Coreのブラウザ画面[センサ入力設定]の「人感センサ」で，[ON]を選択したときの配列

番号	ピン名	接続先
1	3V3	－
2	EN	リセット・ボタンに接続
3	SVP	－
4	SVN	－
5	IO32	－
6	IO33	－
7	IO34	－
8	IO35	－
9	IO25	人感_VINに接続
10	IO26	人感_OUTに接続
11	IO27	人感_GNDに接続
12	IO14	－
13	IO12	－
14	IO13	－
15	5V	－
16	BAT	－

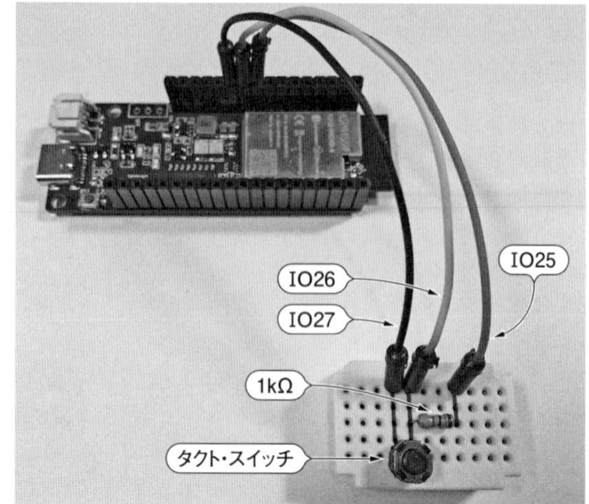

写真5-5
IoT人感センサ送信機のセンサをボタンで代用する
ボタンで代用する場合は，IO26とIO27の間にタクト・スイッチ，IO26とIO25の間に1kΩの抵抗器を挿入する

リスト5-3　人感センサの状態変化通知をUDPで受信し表示するラズベリー・パイ用プログラム example23_rx_pir.py

```
#!/usr/bin/env python3

# Example 23 IoT人感センサを受信する

def check_dev_name(s): ←①                                  # デバイス名を取得
    if s.isprintable() and len(s) == 7 \      } ②
        and s[0:5] == 'pir_s' and s[5] == '_':               # IoT人感センサに一致
        return s ←③                                        # デバイス名を応答
    return None ←④                                         # Noneを応答

def get_val(s): ←⑤                                         # データを数値に変換
     s = s.replace(' ','')                                  # 空白文字を削除
     try:                                                   # 小数変換の例外監視
         return float(s)                                    # 小数に変換して応答
     except ValueError:                                     # 小数変換失敗時
         return None                                        # Noneを応答

print('Listening UDP port', 1024, '...', flush=True)        # ポート番号1024表示
try:
     sock=socket.socket(socket.AF_INET,socket.SOCK_DGRAM)          # ソケットを作成
     sock.setsockopt(socket.SOL_SOCKET,socket.SO_REUSEADDR,1)      # オプション
     sock.bind(('', 1024))                                  # ソケットに接続
except Exception as e:                                      # 例外処理発生時
     print(e)                                               # エラー内容を表示
     exit()                                                 # プログラムの終了

while sock:                                                 # 永遠に繰り返す
     udp = sock.recv(64).decode().strip() ←⑥              # UDPパケットを取得
     vals = udp.split(',') ←⑦                              # 「,」で分割
     dev = check_dev_name(vals[0]) ←⑧                      # デバイス名を取得
     if dev and len(vals) >= 2: ←⑨                         # 取得成功かつ項目2以上
         val = get_val(vals[1]) ←⑩                         # データ1番目を取得
         if val:                                            # val=1のとき
             print('device =',vals[0],', pir =',val)        # 取得値を表示
```

```
(プログラムの実行)
pi@raspberrypi:~ $ cd ~/iot/learning
pi@raspberrypi:~/iot/learning $ ./example23_rx_pir.py
Listening UDP port 1024 ...
device = pir_s_2 , pir = 1.0
device = pir_s_2 , pir = 1.0
```

図5-4　サンプル・プログラム example23_rx_pir.py の実行結果例
プログラムを実行して人感センサからの通知を受信した

Python プログラム⑫ 複数のセンサの値を受信

複数のさまざまなセンサから送られてきた値を1台のIoTサーバ(ラズベリー・パイ)で受信するシステムです(**図5-5**). 例えば, 玄関に設置したIoTボタンが押されたとき室内のIoT人感センサの状態に応じて, 室内でチャイムを鳴らすか, スマートフォンへ呼び鈴通知を送信するかを判断する応用も可能です.

送信用ESP32マイコンの詳細は章の後半p.74～を参照してください.

ここでは, ESP32マイコンで製作した複数のIoTセンサがWi-Fi(UDP)で送信したセンサ値をラズベリー・パイで表示するプログラムを作ります. 対応するセンサの一例を示します.

デバイス名	センサ
temp0	内蔵温度センサ
temp.	温度センサ
humid	温湿度センサ
press	気圧センサ
pir_s	人感センサ
illum	照度センサ

リスト5-4のIoTexample24_rx_sens.pyはUDPで受信したセンサ値を表示するラズベリー・パイ用のPythonプログラムで, IoTサーバ・情報収集の働きをするプログラムです. これに似たプログラムexample16_udp_logger.pyでは, UDPで送られてきたデータをそのまま表示しました. 今回は, IoTセンサのデバイス名を確認し, 対応したセンサからのデータのみを表示します. また, 受信データの中からセン

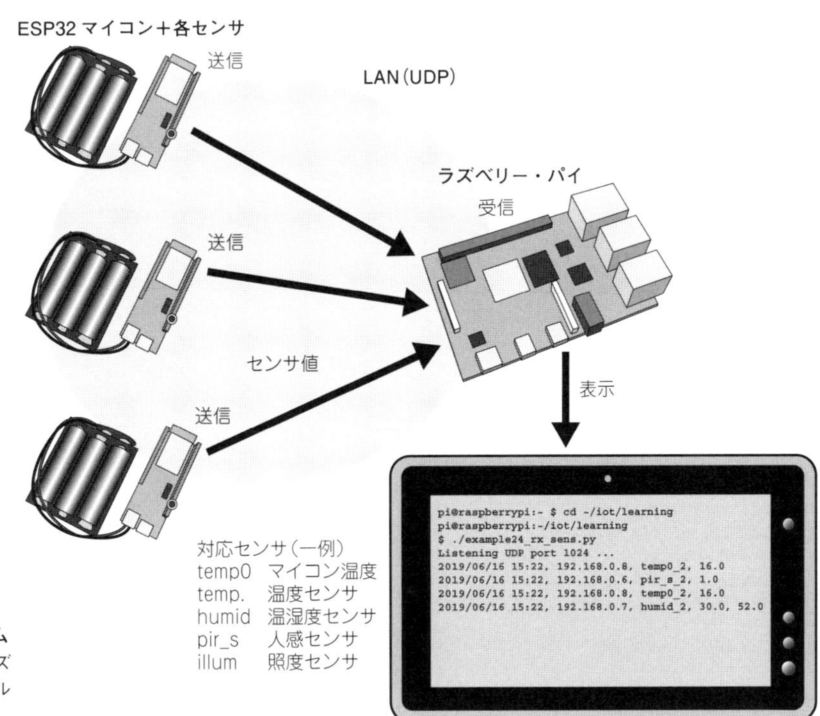

図5-5
各センサの値を表示するシステム
複数の各センサが送信する値をラズベリー・パイで受信/表示/ファイル保存するプログラムを利用する

```
(プログラムの実行)
pi@raspberrypi:~ $ cd ~/iot/learning
pi@raspberrypi:~/iot/learning $ ./example24_rx_sens.py
Listening UDP port 1024 ...
2019/06/16 15:22, 192.168.0.8, temp0_2, 16.0
2019/06/16 15:22, 192.168.0.6, pir_s_2, 1.0
2019/06/16 15:22, 192.168.0.8, temp0_2, 16.0
2019/06/16 15:22, 192.168.0.7, humid_2, 30.0, 52.0
```

図5-6　サンプル・プログラムexample24_rx_sens.pyの実行
プログラムを実行して各種IoTセンサが送信するセンサ値を受信した

サの数値を抽出します．

プログラムの処理の流れを説明します．

① 対応IoTセンサのデバイス名を配列変数sensorsに代入します．

② 受信したデータが配列変数sensorsのデバイスであるかどうかを確認し，デバイス名が一致したときにデバイス名をreturn命令で応答します．

③ 配列変数sensors内のどのデバイス名にも一致しなかったときはNoneを応答します．

④ 受信したセンサ値を文字列変数sに保持します．

⑤ 文字列変数sの内容を表示します．

実行すると，**図5-6**のように受信日時，送信元のIPアドレス，IoTセンサのデバイス名，センサ値を表示します．

応用例として，センサごとに異なるファイル名でセンサ値情報を保存するプログラムexample24_rx_sens_log.pyを同じフォルダに収録しました．

リスト5-4 UDPで送られてきた各センサ値を受信して表示するラズベリー・パイ用プログラム example24_rx_sens.py

```
#!/usr/bin/env python3

# Example 24 各種IoTセンサ用・測定結果表示プログラム

sensors = [\
    'temp0','hall0','adcnv','btn_s','pir_s','illum',\
    'temp.','humid','press','envir','accem','rd_sw',\
    'press','e_co2','meter'?
]                                                       # 対応センサリスト

import socket
import datetime

def check_dev_name(s):                                  # デバイス名を取得
    if s.isprintable() and len(s) == 7 and s[5] == '_':  # 形式が一致する時
        for dev in sensors:   ┐                         # センサリストの照合
            if s[0:5] == dev: ├②                        # デバイス名が一致
                return s      ┘                         # デバイス名を応答
    return None ←③                                      # Noneを応答

def get_val(s):                                         # データを数値に変換
    s = s.replace(' ','')                               # 空白文字を削除
    try:                                                # 小数変換の例外監視
        return float(s)                                 # 小数に変換して応答
    except ValueError:                                  # 小数変換失敗時
        return None                                     # Noneを応答

print('Listening UDP port', 1024, '...', flush=True)    # ポート番号1024表示
try:
    sock = socket.socket(socket.AF_INET, socket.SOCK_DGRAM)       # ソケットを作成
    sock.setsockopt(socket.SOL_SOCKET,socket.SO_REUSEADDR,1)      # オプション
    sock.bind(('', 1024))                               # ソケットに接続
except Exception as e:                                  # 例外処理発生時
    print(e)                                            # エラー内容を表示
    exit()                                              # プログラムの終了

while sock:                                             # 永遠に繰り返す
    udp, udp_from = sock.recvfrom(64)                   # UDPパケットを取得
    vals = udp.decode().strip().split(',')              # 「,」で分割
    num = len(vals)                                     # データ数の取得
    dev = check_dev_name(vals[0])                       # デバイス名を取得
    if dev is None or num < 2:                          # 不適合orデータなし
        continue                                        # whileに戻る
    date=datetime.datetime.today()                      # 日付を取得
    s = date.strftime('%Y/%m/%d %H:%M') + ', '          # 日付を変数sへ代入
    s += udp_from[0] + ', ' + dev                       # 送信元の情報を追加
    for i in range(1,num):        ┐                     # データ回数の繰り返し
        val = get_val(vals[i])    │                     # データを取得
        s += ', '                 ├④                    # 「,」を追加
        if val is not None:       │                     # データがある時
            s += str(val)         ┘                     # データを変数sに追加
    print(s, flush=True) ←⑤                             # 受信データを表示
```

Python プログラム⑬ ラズベリー・パイでメッセージ送信

リスト5-5のexample25_tx_lcd.pyは，宅内サーバ(親機)であるラズベリー・パイから文字列を送信するプログラムです．表示機器(子機)となるESP32マイコンのIPアドレスと送信メッセージを起動時にパラメータ(引き数)で入力してください．IPアドレスがわからない場合は，図5-7のようにexample24_rx_sens.pyでESP32マイコンの内蔵温度センサの値を受信して確認します．

プログラムのおもな処理の流れは，

処理① 変数ipへ第1引き数のIPアドレスを代入する
処理② 第2以降のメッセージを変数lcdに代入する
処理③ IoT LCDに送信するURLを組み立てる
処理④ 送信を行う

となります．

ESP32マイコンのT-KoalaにLCD表示モジュールを付けたようすを写真5-6に示します．

実行すると図5-8のような日時とメッセージが交互にLCDに表示されます．

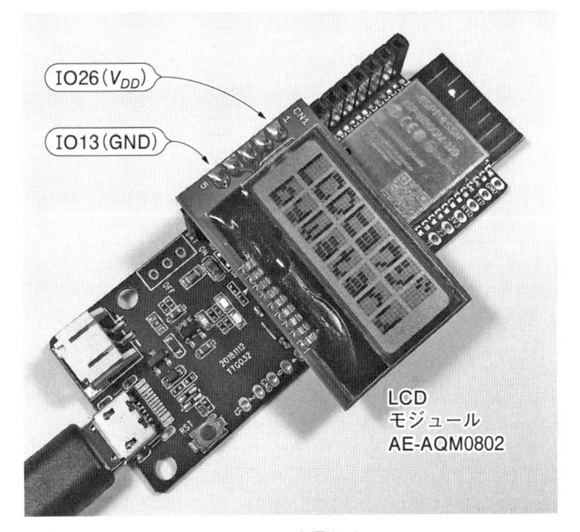

写真5-6　ESP32マイコンで受信した
TTGO製の開発ボードT-Koalaに秋月電子通商製I²C接続小型LCDモジュールAE-AQM0802(M-09109)を接続した．ラズベリー・パイが送信した文字列を受信する

リスト5-5　メッセージや時刻を送信するラズベリー・パイ用プログラム example25_tx_lcd.py

```
#!/usr/bin/env python3

# Example 25 IoT LCDへ時刻を送信する

ip = '192.168.254.1'                              # 宛先アドレスを記入

from sys import argv                              # 引数argvを取得する
import urllib.request                             # HTTP通信ライブラリ
import urllib.parse                               # URL解析用ライブラリ
from time import sleep                            # sleepコマンドを組み込み
import datetime                                   # 日時処理ライブラリ

print('Usage:', argv[0], 'ip [message]')          # プログラム名と使い方
if len(argv) >= 2:                                # 引数が存在
    ip = argv[1]  ←①                              # 第1引数を変数ipへ
msg_flag = True                                   # トグル表示フラグ
while True:
    if len(argv) >= 3 and msg_flag:               # 引数messageが存在
        lcd = ' '.join(argv[2:])  ←②              # 引数を変数lcdへ
    else:
        date=datetime.datetime.today()            # 日付を取得
        lcd = date.strftime('%Y/%m/%d%H:%M:%S')   # 日付を変数lcdへ代入
        lcd = lcd[2:]                             # 3文字目以降を抽出
    url_s = 'http://' + ip + '/?DISPLAY='     }   # URIを作成
    url_s += urllib.parse.quote(lcd, safe='') }③  # URIに変数lcdを追加
    print(url_s)                                  # 作成したURLを表示
    try:
        res = urllib.request.urlopen(url_s)  ←④   # HTTPアクセスを実行
    except Exception as e:
        print(e)                                  # エラー内容を表示
        exit()                                    # プログラムの終了
    code = res.getcode()                          # HTTPリザルトを取得
    print('res =', code)                          # リザルトコードを表示
    res.close()                                   # HTTPアクセスの終了
    sleep(1)                                      # 1秒間の待ち時間処理
    msg_flag = not msg_flag                       # フラグの反転
```

● メッセージ受信はESP32

受信側のESP32マイコンは，あらかじめLCDモジュールとESP32開発ボードを**表5-2**に合わせて接続し，受信用プログラムIoT Sensor CoreのAP+STAモードまたはSTAモードでLANに接続しておきます．受信側ESP32の構成やプログラムの詳細は，この章の後半p.74～を参照してください．

LCD表示を行うには，**図5-9**の画面で[センサ入力設定]メニュー内の[ボード]をTTGO Koalaに，[表示出力設定]メニューの[I2C液晶]で[8x2]を選択し，[I2C液晶制御]の[表示]に16文字までの文字列を入力し，[設定]にタッチしてください．

```
(プログラムの実行)
pi@raspberrypi:~ $ cd ~/iot/learning
pi@raspberrypi:~/iot/learning $ ./example24_rx_sens.py
Listening UDP port 1024 ...
2019/06/16 15:22, 192.168.0.8, temp0_2, 26.0
^C                            ↖IPアドレスを取得
KeyboardInterrupt
pi@raspberrypi:~/iot/learning $ ./example25_tx_lcd.py 192.168.0.8 This is testing
Usage: ./example25_tx_lcd.py ip [message]
http://192.168.0.8/?DISPLAY=This%20is%20testing
res = 200
http://192.168.0.8/?DISPLAY=19%2F06%2F1615%3A22%3A30
res = 200
```

図5-7　サンプル・プログラムexample25_tx_lcd.pyの実行例
IPアドレスをexample24_rx_sens.pyで取得してIPアドレスとメッセージをパラメータ(引き数)として渡す

19/06/16 15:20:30	This is testing

図5-8　LCD画面表示例
LCDに時刻とメッセージが交互に表示される

表5-2　LCDモジュールと各ESP開発ボードとの接続ピン

LCDピン	Dev Kit C	T-Koala
1 VDD	IO19	IO26
2 RESET	IO18	IO27
3 SCL	IO5	IO14
4 SDA	IO17	IO12
5 GND	IO16	IO13

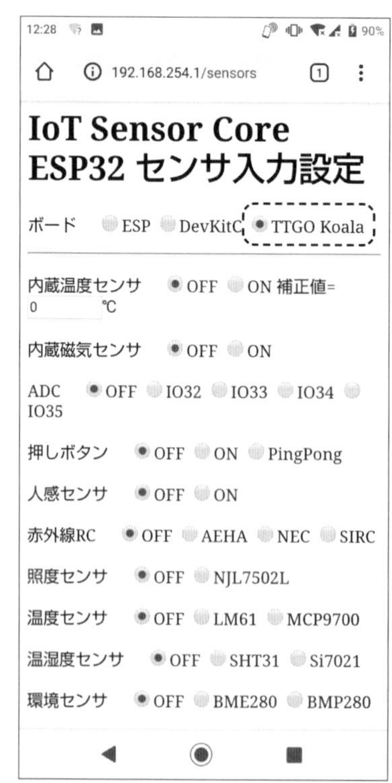

**図5-9
ラズベリー・パイが送信した文字を受信してLCDに表示するESP32マイコン用プログラムの設定画面**
IoT Sensor Coreの[表示出力設定]メニューの[I2C液晶]で[8x2]を選択し，[I2C液晶制御]の[表示]に16文字までの文字列を入力し，[設定]にタッチすると，入力した文字がLCDに表示される

ESP32+ラズパイ

Python プログラム 14

赤外線リモコン操作ログの収集/保存

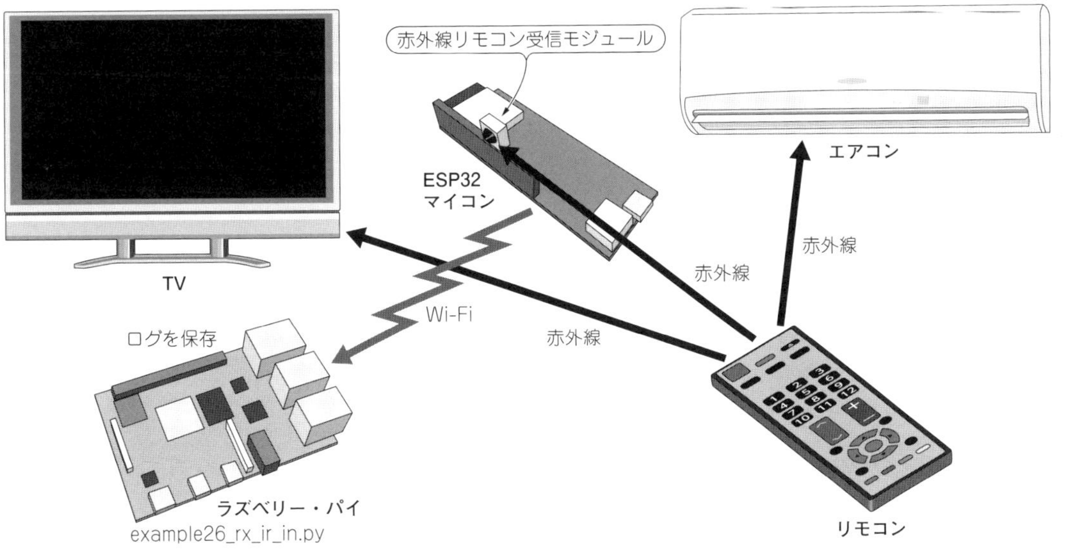

図5-10　赤外線リモコンのデータを赤外受光モジュールで受信し，ESP32マイコンでWi-Fi(UDP)で送信，ラズベリー・パイで受信したログを表示する．リダイレクトでファイルに保存することもできる

テレビやエアコンなどの赤外線リモコンの信号をESP32マイコンで受信し，Wi-Fiでラズベリー・パイに伝送して赤外線リモコンの操作ログを表示する(**図5-10**)ラズベリー・パイのPythonプログラムです．操作ログを集計することで，よく見るテレビのチャネルやエアコンの使用時間など，自分では気づかなかったことがわかるかもしれません．

国内で使用されている赤外線リモコンのフォーマットには，家製協AEHA方式，NEC方式，SIRC方式の3種類があり，パナソニック(三洋電機を含む)やシャープがAEHA方式を，ソニーがSIRC方式，東芝や海外メーカなどがNEC方式を採用しています．

赤外線リモコン信号を受信するには，ESP32マイコンに赤外線リモコン受信モジュール(**写真5-7**)を接続します．ESP32マイコンを使ったT-Koalaの場合は**写真5-8**のように，赤外線リモコン受信モジュールのOUTをIO26へ，GNDをIO27，V_{CC}をIO14へ接続し，ESP32用ソフトIoT Core SensorをAP+STAモード等で動作させセンサ入力設定画面内の[赤外線RC]項目にて，AEHA, NEC, SIRCのいずれかを選択し，[設定]をタッチします．

受信した赤外線リモコン信号は，デバイス名[ir_in_*n*]と，リモコン信号長(ビット数)，16進数値のテキスト文字の順にカンマ区切り形式のUDPブロードキャストでWi-Fiで送信します．

リスト2-6に，ESP32マイコン用赤外線リモコン受

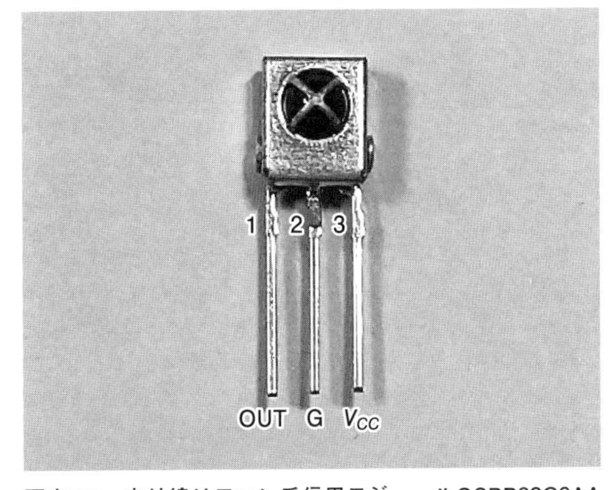

写真5-7　赤外線リモコン受信用モジュールOSRB38C9AA

写真5-8　IoT赤外線リモコン受信モジュールの接続
赤外線リモコン受信用モジュールOSRB38C9AA(オプトサプライ製)のOUTをTTGO製の開発ボードT-KoalaのIO26へ，GNDをIO27，V_{CC}をIO14へ接続した

信プログラムをWi-Fi(UDP)で送信したリモコン信号を受信するラズベリー・パイ用プログラムexample26_rx_ir_in.pyを示します．主要な処理の流れは，これまで紹介してきたセンサ用の受信プログラムと同じです．出力用のprint命令部の役割について，以下に示します．実行結果の**図5-11**と比較すると，理解が深まるでしょう．

① IoT赤外線リモコン・レシーバのUDPデータは，配列変数valに代入され，先頭のval[0]には，rx_ir_で始まるデバイス名が代入されます．そのデバイス名をprint命令で表示します．

② コマンドrecvfromでUDP受信したパケットの送信元IPアドレスを表示します．

③ カンマ区切りのUDPデータの2番目val[1]には，リモコン信号の信号長(ビット数)が代入されています．8で割った数がvals[2]以降に代入された受信バイト数です．8で割り切れないときは1バイト単位で切り上げた値が受信バイト数です．

④ UDPデータの3番目以降val[2:]のリモコン信号のコードを配列変数形式で表示します．「2:」は，配列変数の要素番号2以降を示しており，val[2]，val[3]…とデータが存在する範囲まで表示します．

なお，赤外線リモコン信号の受信時にエラーがあった場合も，誤りを訂正せずに受信したデータをそのまま出力するようにしています．また，照明やテレビのバックライトなどに反応することもあります．リモコンの同じボタン操作で異なる値が得られる場合は，リモコンを赤外線受信モジュールに近づけて操作してください．

ログはリダイレクト「> ファイル名」でラズベリー・パイに保存することもできます．

リスト5-6　ESPマイコンがUDPで送信した赤外線リモコン信号をラズベリー・パイで受信するプログラム example26_rx_ir_in.py

```
#!/usr/bin/env python3

# Example 26 IoT赤外線リモコン信号を受信する

import socket                                           # IP通信用モジュール

def check_dev_name(s):                                  # デバイス名を取得
    if s.isprintable() and len(s) == 7 \
        and s[0:6] == 'ir_in_':                         # IoT赤外線リモコン
        return s                                        # デバイス名を応答
    return None                                         # Noneを応答

print('Listening UDP port', 1024, '...', flush=True)    # ポート番号1024表示
try:
    sock=socket.socket(socket.AF_INET,socket.SOCK_DGRAM)         # ソケットを作成
    sock.setsockopt(socket.SOL_SOCKET,socket.SO_REUSEADDR,1)     # オプション
    sock.bind(('', 1024))                               # ソケットに接続
except Exception as e:                                  # 例外処理発生時
    print('ERROR, Sock:',e)                             # エラー内容を表示
    exit()                                              # プログラムの終了

while sock:                                             # 永遠に繰り返す
    udp, udp_from = sock.recvfrom(64)                   # UDPパケットを取得
    vals = udp.decode().strip().split(',')              # 「,」で分割
    dev = check_dev_name(vals[0])                       # デバイス名を取得
    if dev and len(vals) >= 2:                          # 取得成功かつ項目2以上
        print(vals[0],udp_from[0],',',int(vals[1]),',',vals[2:], flush=True)
        #    ①~~~~~~ ②~~~~~~~~~~~          ③~~~~~~       ④~~~~~~
        #      device    IPアドレス                信号長           コード
```

```
(プログラムの実行)
pi@raspberrypi:~ $ cd ~/iot/learning
pi@raspberrypi:~/iot/learning $ ./example26_rx_ir_in.py
Listening UDP port 1024 ...
ir_in_2 192.168.0.170 , 48 , ['aa', '5a', '8f', '12', '16', 'd1']
ir_in_2 192.168.0.170 , 48 , ['aa', '5a', '8f', '12', '15', 'e1']
ir_in_2 192.168.0.170 , 48 , ['aa', '5a', '8f', '12', '14', 'f1']
└──┘ └─────┘     ③   └──────────────┘
  ①        ②       信号長          ④ コード
```

図5-11　ラズベリー・パイでサンプル・プログラムexample26_rx_ir_in.pyを実行した例
デバイス名，送信元IPアドレス，赤外線リモコン信号長，リモコン信号のコードを順に表示する

ラズパイ

Python プログラム⑮

赤外線リモコン送信プログラム

前節で収集した赤外線リモコンの信号をラズベリー・パイを使って赤外線で送信するPythonプログラムです．ハードウェアは，図5-12のようにラズベリー・パイのGPIO4に電流制限抵抗100～220Ωと赤外線LEDを接続して製作します．赤外線LEDは，アノード側（リード線の長い方）が，GPIO側に，カソード側が抵抗器側になるように接続してください．配線は，電源を切った状態で行ってください．

ラズベリー・パイのGPIOから出力可能な電流は16mAまでなので，赤外線LEDを強くドライブすることができません．赤外線LEDを制御対象の家電のリモコン受光部に近づけて使用してください．

以下に，赤外線リモコン信号を送信するPythonプログラムexample27_ir_out.py（リスト5-7）のおもな処理を説明します．実行例を図5-13に示します．ここでは，ライブラリの使い方を説明するために，方式や信号コードをプログラム内に記述しました．パラメータで渡したい場合は，example27_ir_out_arg.pyを使用してください．

① 筆者が作成した赤外線リモコン送信用のライブラリを組み込みます．前の行のsys.path.appendは，ライブラリのファイルの場所（libsフォルダのir_remoteフォルダの中のraspi_ir.py）を設定してます．

② 組み込んだライブラリraspi_irを利用するために，変数（オブジェクト）raspiIrを生成します．第1引き数は方式名，第2引き数は赤外線LEDを接続したGPIOポート番号です．

③ 赤外線送信を行うoutput命令を実行します．引き数のir_codeはリモコン信号のコードが代入された配列変数です．

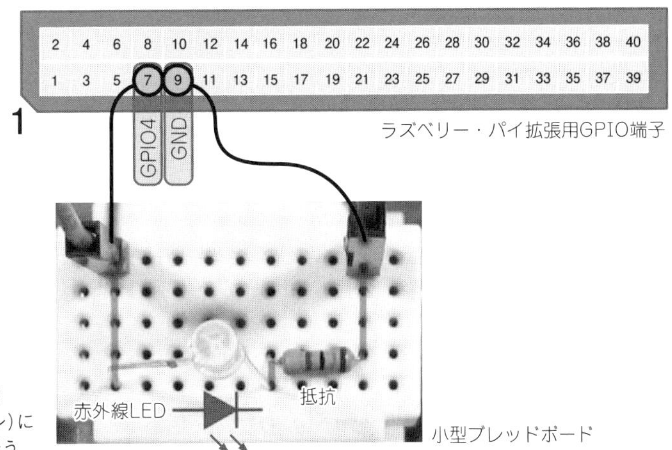

図5-12
ラズベリー・パイを使った赤外線リモコン送信機
拡張用GPIO端子のGPIO4（7番ピン）とGND（9番ピン）に赤外線LEDを接続し，赤外線リモコン信号の送信を行う

リスト5-7　ラズベリー・パイで赤外線リモコン信号を送信するプログラム example27_ir_out.py

```
#!/usr/bin/env python3

# Example 27 赤外線リモコン送信機

import sys
sys.path.append('../libs/ir_remote')
import raspi_ir  ←①

ir_code = ['aa','5a','8f','12','16','d1']                # リモコンコード
raspiIr = raspi_ir.RaspiIr('AEHA',out_port=4)  ←②       # 家製協方式で GPIO 4 を使用
                                                        # 第1引数='AEHA','NEC','SIRC'
try:
    ret = raspiIr.output(ir_code)  ←③                  # リモコンコードを送信
except ValueError as e:                                 # 例外処理発生時（アクセス拒否）
    print('ERROR:raspiIr,',e)                          # エラー内容表示
print(raspiIr.code)                                     # 送信済みの内容を表示
```

図5-13
サンプル・プログラムexample27_ir_out.pyの実行例
プログラム内の配列変数ir_codeに代入されたリモコン信号を送信した

```
(プログラムの実行)
pi@raspberrypi:~ $ cd ~/iot/learning
pi@raspberrypi:~/iot/learning $ ./example27_ir_out.py
['aa', '5a', '8f', '12', '16', 'd1']
```

⑯ ESP32の送信用プログラム(本章内共通)

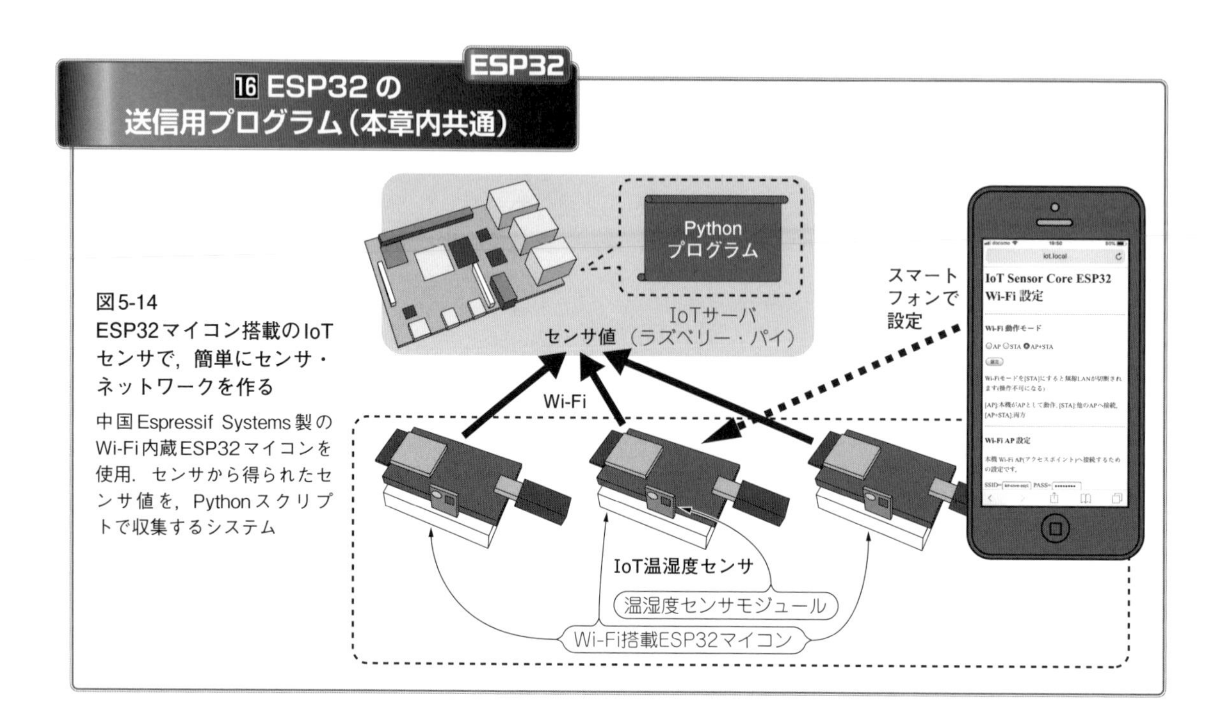

図5-14 ESP32マイコン搭載のIoTセンサで，簡単にセンサ・ネットワークを作る

中国Espressif Systems製のWi-Fi内蔵ESP32マイコンを使用．センサから得られたセンサ値を，Pythonスクリプトで収集するシステム

本章内のIoTセンサやLCD(子機)に使用するESP32マイコン用のプログラムには，筆者が作成した「IoT Sensor Core」と名付けたプログラムを使います．スマートフォン(iPhone)やPCのブラウザからESP32マイコンの設定をすることができます．ブラウザでセンサ名を設定し，ESP32マイコンのI/Oピンにセンサを接続することで，さまざまなセンサに応用できるように作りました(**図5-14**)．iOSおよび，Windows 10に対応しています(AndroidやRaspberry Pi OSでも一部の機能を除き動作)．

表5-3に，センサ値送信機に必要な電子部品リストを示します．ESP32-DevKit Cは，Espressif Systems純正のESP32マイコン開発ボードで，ESP32マイコンと，電源回路，ラズベリー・パイとUSB接続するためのシリアル通信ICなどが実装されています．ESP32マイコンにも，温度センサや磁気センサが内蔵されているので，本開発ボードだけで実験を行うことができます．

● ESP32にインストール

ESP32開発ボードにIoT Sensor Coreを書き込む方法を説明します．ラズベリー・パイを使いUSB経由で書き込みます．

まず，**写真5-9**のように，ESP32開発ボードをラズベリー・パイに接続してください．ESP32マイコンならほとんどのものが使えます(**写真5-10**)．IoT Sensor Coreは，GitHub上の筆者のレポジトリ(https://github.com/bokunimowakaru/iot)に含まれています．未ダウンロードの場合，**図5-15**のようにターミナル・ソフトLXTerminalからgit cloneコマンドを使ってダウンロードしてください．

ソフトを書き込むには，下記のコマンドをターミナル・ソフトLXTerminalから実行します．

```
cd ~/iot/iot-sensor-core-esp32/target⏎
./iot-sensor-core-esp32.sh⏎
```

表5-3 IoT温湿度センサ機器を製作するための電子部品リスト例

品名		参考価格	製作例A	製作例B	備考
ESP32開発ボード(右記のいずれか1つ)	DevKitC	1,480円	○	−	安定した動作．純正品
	TTGO T-Koala	$8前後	−	○	TTGO製．安価
ブレッドボードEIC-3901		280円	○	−	6穴版
ピン・ソケット(細ピン)FHU-1x40SGN5-B		80円	−	○	TTGO T-Koalaへのセンサ接続用
タクト・スイッチTVDT18-050CB-T		12円	−	○	TTGO T-KoalaのBOOTボタン用
USBケーブル		100円	○	○	ラズベリー・パイとの接続用
温湿度センサ(右記のいずれか1つ)	SHT31	950円	○	−	センシリオン製の高精度センサ
	Si7021	$2前後	−	○	シリコンラボ製．安価
	BME280	1,080円	−	−	ボッシュ製．気圧センサ搭載

写真5-9 金属製ケースに入れたラズベリー・パイとESPマイコン開発ボードを接続した
ラズベリー・パイ のUSB端子にESP32マイコン開発ボードを接続しファームウェアを書き込む

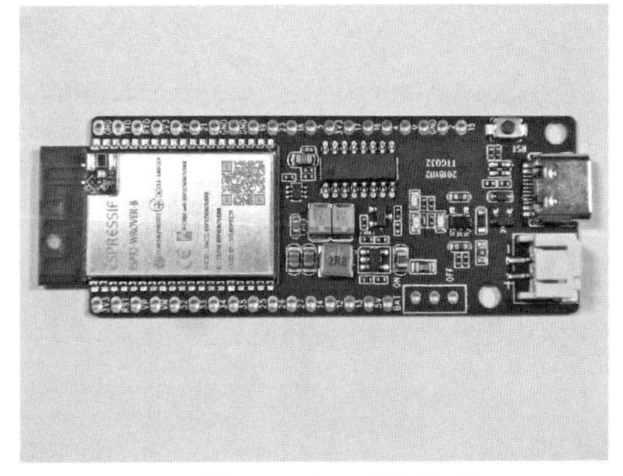

写真5-10 TTGO製ESPマイコン開発ボードT-Koala
純正品よりも安価．幅は2.54mmスリム

```
pi@raspberrypi:~ $ cd
pi@raspberrypi:~ $ git clone https://github.com/bokunimowakaru/iot ←未インストール時に入力
Cloning into 'iot'...
                                 ～～省略～～
pi@raspberrypi:~ $ cd ~/iot/iot-sensor-core-esp32/target        ファームの書き込みを実行
pi@raspberrypi:~/iot/iot-sensor-core-esp32/target $ ./iot-sensor-core-esp32.sh /dev/ttyUSB0
ESP32へ書き込みます (usage: ./iot-sensor-core-esp32.sh port)
esptool.pyをダウンロードします
                                 ～～省略～～
esptool.py v2.7-dev
Serial port /dev/ttyUSB0
Connecting....
Chip is ESP32D0WDQ6 (revision 0)
                                 ～～省略～～
Leaving...
Hard resetting via RTS pin...
Done                                              IoT Sensor Coreの動作確認用ツール
pi@raspberrypi:~/iot/iot-sensor-core-esp32/target $ ./serial_logger.py
```

図5-15 ラズベリー・パイにESP32開発ボードをUSBで接続し，LXTerminalからIoT Sensor CoreをESP32マイコンへ書き込むときのようす．ESP32開発ボードの動作状態を確認するためのserial_logger.pyも用意した

もし[ERROR]が表示される場合は，コマンドやUSBケーブル，接続状況などを確認してください．[A fatal error occurred]が表示されたときは，LXTerminalから，

ls -l /dev/serial/by-id/

と入力し，デバイス・パス番号(ttyUSB*の*の数字)を確認します．もし，ttyUSB0以外だったときは，実行時の引き数に/dev/ttyUSB1などを付与して，

./iot-sensor-core-esp32.sh /dev/ttyUSB番号⏎

と再実行してください．ESP32開発ボードによっては，手動で書き込みモードに設定してから書き込むものもあります．その場合，BOOTボタンを押しながら，ENボタンを押し，ENボタンを放してからBOOTボタンを放すと書き込みモードになるので，その後に書き込みを実行してください．

IoT Sensor Coreの動作状態を確認するには，同じtargetフォルダ内のserial_logger.pyをラズベリー・パイで実行してください．設定内容などをLXTerminal上に出力できるので，設定誤りやWi-Fi接続の状態，電源の容量不足によって再起動を繰り返す現象などを確認することができます．

● ESPマイコン用ソフトIoT Sensor Coreの使い方

ESPマイコンにIoT Sensor Coreを書き込むと，IoT Sensor Coreが起動し，ESP32マイコンはWi-Fiアクセス・ポイント(AP)として動作します．スマートフォンのWi-Fi設定からアクセス・ポイント[iot-core-esp32]を探して接続してください(**図5-16**)．パスワー

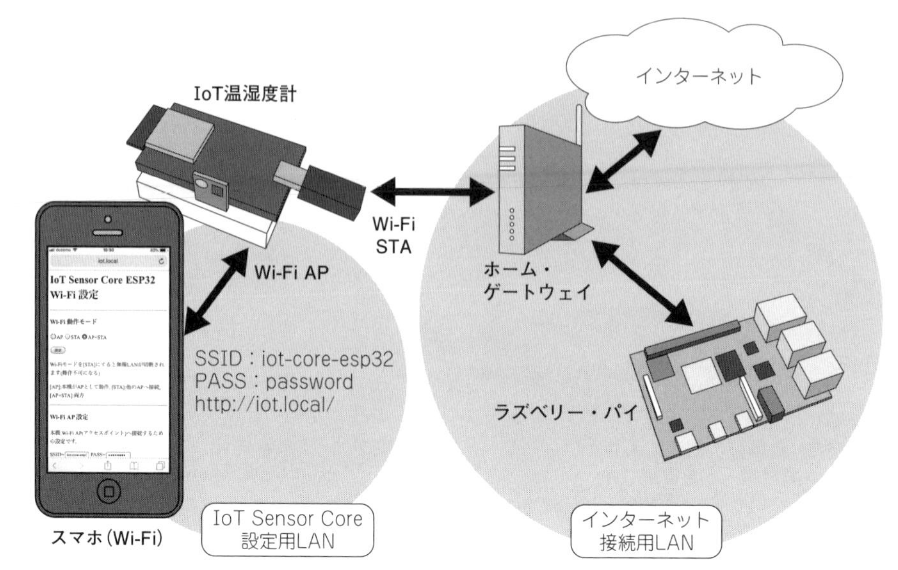

図5-16 IoT Sensor Core設定用LANとインターネット接続用LAN
IoT Sensor Coreが動作するESP32マイコンのWi-Fiアクセス・ポイントにスマートフォンを接続し，Wi-Fi STAの設定を行う．ESP32マイコンがインターネットやラズベリー・パイに接続できるようになる

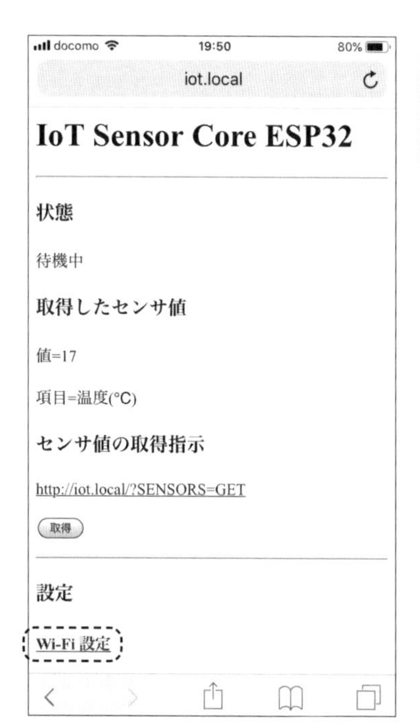

図5-17 手順① ブラウザに表示されたIoT Sensor Coreの画面で[Wi-Fi 設定]をタッチする

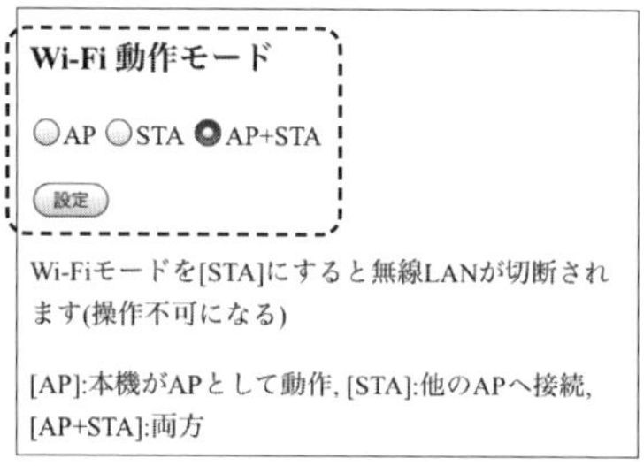

Wi-Fi 動作モード

○AP ○STA ◉AP+STA

設定

Wi-Fiモードを[STA]にすると無線LANが切断されます(操作不可になる)

[AP]:本機がAPとして動作, [STA]:他のAPへ接続, [AP+STA]:両方

図5-18 手順② Wi-Fi動作モードで[AP+STA]を選択し，[設定]ボタンをタッチする

Wi-Fi STA 接続先

お手持ちのWi-Fiアクセスポイントの設定を記入し[設定]を押してください。

○WPS ◉ SSID=[ ] PASS=[ ]

設定

Wi-Fi 再起動

Wi-Fi 設定を有効にするために再起動を行ってください。

再起動

図5-19 手順③～④ Wi-Fi STA接続先にSSIDとPASSを入力し，[設定]と[再起動]を実行する

ドは[password]です．自動起動に対応していないESP32開発ボードを使う場合は，最初にその開発ボードのENボタンを押下してください．

ブラウザ(iOS・Safari，Windows 10・Edge)のアドレス入力欄にhttp://iot.local/を入力すると，**図5-17**のような設定画面が表示されます．AndroidやRaspberry Pi OSの場合は，http://192.168.254.1/を入力してください．

設定画面のURL：　　　http://iot.local/
上記で動作しないとき：http://192.168.254.1/

もし，モバイル通信にアクセスしてしまい，ページが見つからない場合は，モバイル通信をOFFにし，Wi-Fi通信だけ有効になる設定にしてください．他のWi-Fiアクセス・ポイントに接続してしまう場合は，その都度，iot-core-esp32に接続してください．

IoT Sensor CoreのWi-Fi動作モードには，APモード，STAモード，AP+STAモードがあり，初期状態はAPモードです．この状態ではLANやインターネットへの接続ができないので，ホーム・ゲートウェイのWi-Fiアクセス・ポイントのSSIDとパスワードを，次の手順で本機に設定してください．

① ブラウザ画面に表示された[Wi-Fi設定]にタッチします．
② **図5-18**のWi-Fi動作モードで[AP＋STA]を選択し，[設定]ボタンをタッチします．
③ **図5-19**のWi-Fi STA接続先(注意：Wi-Fi AP設定ではない)にホーム・ゲートウェイのSSIDとパスワードを入力します．
④ [設定]にタッチした後に，[Wi-Fi再起動]の[再起動]にタッチします．

再起動中は，[Wi-Fi再起動中]の画面が表示され，約12秒後に，最初の**図5-17**の画面に戻ります．ただし，IPアドレスでのアクセス時は自動では戻らないので，ブラウザの履歴などから手動でアクセスしてください．

Wi-Fi STA接続に成功すると，約30秒間隔で，内蔵温度センサの温度値をUDPブロードキャスト送信します．送信方法や送信先を指定したいときは[データ送信設定]から変更することができます．

ラズベリー・パイで受信するには，ターミナル・ソフトLXTerminalから下記のコマンドを実行し，udp_logger.pyを起動します．

```
cd ~/iot/server⏎
./udp_logger.py⏎
```

UDPポート1024にパケットを受信すると，**図5-20**のように，受信時刻，IoT Sensor Coreなどの送信元IPアドレス，デバイス名，温度値が表示されます．ホーム・ゲートウェイ側のLANからIoT Sensor Coreの設定を変更するには，送信元のIPアドレスが必要なので，表示された送信元IPアドレスをメモしておきます．

```
pi@raspberrypi:~ $ cd ~/iot/server
pi@raspberrypi:~/iot/server $ ./udp_logger.py
UDP Logger (usage: ./udp_logger.py port)
Listening UDP port 1024 ...
2019/02/10 23:22, 192.168.0.8, temp0_2,16
2019/02/10 23:23, 192.168.0.8, temp0_2,16
2019/02/10 23:23, 192.168.0.8, temp0_2,16
```

図5-20 IoT Sensor Coreが送信する温度値データを受信したときのようす
udp_logger.pyを実行すると，受信時刻と，送信元IPアドレス，デバイス名，温度値が表示される．送信元IPアドレスはメモなどに控えておく

デバイス名temp0_2はESP32内蔵温度センサを示しています．温度値はESP32マイコンのばらつきや内部発熱によって10℃以上の差が出る場合もあります．電源を入れてから10分以上待ち，得られた値と実際の温度との差を補正することで，誤差を改善することができます．

● 外付けセンサで測定精度を高める

正確に測定するには，**写真5-11**のようにマイコンの外部にセンサ・モジュールを付けます．センサ・モジュールには，センサ値をアナログ出力するタイプと，I²Cなどのディジタル・インターフェースを有するタイプがあります．

一般的に，アナログ出力のタイプは補正が必要ですが，I²C接続タイプは補正しなくても一定の精度が得られます．

本機で温度測定ができるセンサを**表5-4**に示します．I²Cの列に丸印「○」のあるセンサがI²C接続タイプです．温度の測定だけであれば，アナログ出力タイプのほうが安価ですが，周辺回路や補正が不要なI²C接続のほうが便利です．なお，これら製作品やセンサ・モジュールから得られた結果を利用する際は，目的に応じた検証が必要です．

以下ならびに**図5-21**～**図5-26**に，センサの設定手順を示します．

① ブラウザ画面の[センサ入力設定]をタッチします(**図5-21**)．
② 使用するESP32開発ボード(この例はDevKit C)とセンサ・モジュール(SHT31またはSi7021，BME280のいずれか)を選択し，画面最下部の[設定]ボタンをタッチします(**図5-22**)．
③ [設定]メニューの[ピン配列表]を選択すると，

写真5-11
I²Cインターフェースを搭載した温湿度センサの例
センシリオン製のSHT31を搭載したAE-SHT31(950円)と，シリコンラボラトリーズ製のSi7021($2)．補正しなくても，一定の精度が得られる．ピン・ヘッダはハンダ付けが必要

表5-4　ESPマイコン用ソフトIoT Sensor Core対応の温度センサ

センサ名	参考価格	送信時のデバイス名	機　能				備　考
			I²C	温度	湿度	気圧	
ESP32内蔵	−	temp0_2	−	○	−	−	要補正，精度が良くない
LM61	60円	temp._2	−	○	−	−	要補正
MCP9700	40円	temp._2	−	○	−	−	要補正
SHT31	950円	humid_2	○	○	○	−	センシリオン製の高精度センサ
Si7021	$2前後	humid_2	○	○	○	−	シリコンラボ製．安価
BME280	1,080円	envir_2	○	○	○	○	ボッシュ製．湿度＋気圧センサ搭載
BMP280	$2前後	press_2	○	○	−	○	ボッシュ製．気圧センサ搭載．安価

表5-5　純正の開発ボードDevKit CにSHT31を接続する場合のピン配列

開発ボードDevKit C		温湿度センサSHT32ピン名
ピン番号	ピン名	
10	IO26	+V
11	IO27	SDA
12	IO14	SCL
13	IO12	ADR
14	GND	GND

表5-6　安価な開発ボードTTGO T-KoalaにSi7021を接続する場合のピン配列

開発ボードTTGO T-Kola		温湿度センサSi7021ピン名
ピン番号	ピン名	
10	IO26	VIN
11	IO27	GND
12	IO14	SCL
13	IO12	SDA
14	GND	GND

図5-21　手順①「設定」メニューの[センサ入力設定]を選択する

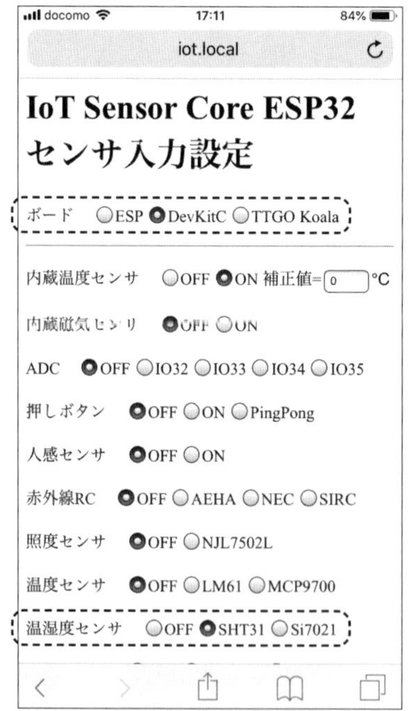

図5-22　手順② 使用するボードとセンサを選択し，[設定]をタッチする

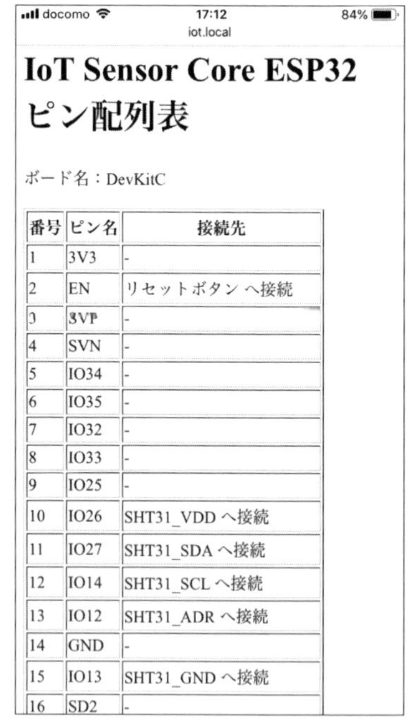

図5-23　手順③ [ピン配列表]を選択するとESP開発ボードの割り当てが表示される

ESP32開発ボードとセンサ・モジュールのピン配列表が表示されるので(**図5-23**)，どのピンにセンサを接続するのかを確認します(**表5-5**)．TTGO T-KoalaにSi7021を接続する場合のピン配列を**表2-6**に示します．

④ あらかじめ，センサ・モジュールを接続しているときは，[電源]メニューの[GPIO再起動]を選択すると(**図5-24**)，ESP32マイコンのGPIOの設定が行われ，[取得]ボタンでセンサ情報が得られるようになります．

図5-24　手順④「電源」メニューの[GPIO再起動]を選択する

図5-25　手順⑤「電源」メニューの[ESP32 OFF]を選択し，電源を切る

図5-26　手順⑥ 開発ボード上の[BOOT]ボタンで起動後，[取得]ボタンでセンサ値を表示

⑤ 新たにセンサ・モジュールを取り付ける場合は，[電源]メニューの[ESP32 OFF]を選択し(**図5-25**)，ESP32開発ボードの電源を切り，センサ・モジュールを手順③で確認した位置に接続します．

⑥ ESP32開発ボードDevKit Cの場合は，開発ボードの[BOOT]ボタンを押下すると電源が入ります．電源の入った状態で，ブラウザ上の[取得]ボタンをタッチすると接続したセンサの値が表示されます(**図5-26**)．

電源を供給したままの状態でも，ESP32開発ボードとセンサ・モジュールを接続することもできますが，おすすめしません．接続間違いや静電気に注意してください．接続前に，金属シールド部に指を触れることで，静電気による故障のリスクを減らすことができます．また，接続後は，手順④(**図5-24**)のGPIO再起動を行ってください．

電源が途絶えたときや，ENボタンを押すと，設定が初期値に戻ります．初期値を変更したい場合は，iot-sensor-core-esp32フォルダ内のREADME.mdを参照し，コンパイルしなおしてください．

ESP32開発ボードやSi7021モジュールに付属するピン・ヘッダのピンは，0.65mm幅の太いタイプなので，ブレッドボードやピン・ソケット等へ接続するときに端子が痛まないように，なるべく真っすぐに少しずつ挿入してください．取り外すときは，実装部品に力がかからないよう，また斜めにならないように注意します．固くて抜けにくい場合は，竹製プローブP-806や竹ヘラ等を隙間に挿入し，少しずつ引き上げます．

● ESP32でクラウド・サービスAmbientに送信する

アンビエントデータ社が運用しているIoT用クラウド・サービスAmbientを使えば，測定したセンサ値を簡単にクラウド上に蓄積し，グラフ化して表示することができます(**図5-27**)．

Ambientのウェブ・ページ(https://ambidata.io/)でユーザ登録を行い，AmbientのチャネルIDとライトキー(注意：リードキーではない)を取得し，以下の手順で設定してください．

① ESP32マイコンをAP+STAモード(またはSTAモード)でインターネットに接続した状態で，スマートフォンなどからブラウザ画面を開き，[データ送信設定]にタッチし，**図5-28**手順①の画面上の[Ambient送信設定]にAmbientのチャネルIDとライトキーを入力してください．

② 設定を完了すると，取得したセンサ値が**図5-29**手順②のように表示されます．[値=]の部分に取得値，[項目=]の部分に取得したデータの項目名が表示され，表示順にAmbientへ送信し，Ambientではデータ1～3として蓄積されます．この例では，データ1に内蔵温度センサの温度値13℃，データ2にSHT31(またはSi7021)の温度値23.5℃，データ3に湿度値61%が送信されました．

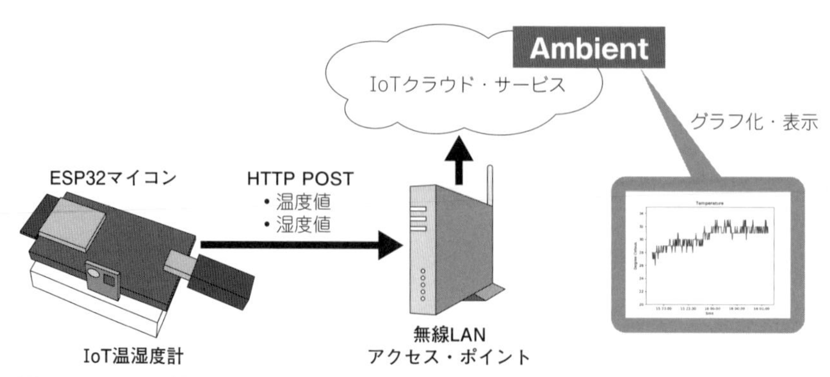

図5-27　センサ情報をIoT用クラウド・サービスAmbientに送信する
ESP32マイコンにI²C接続の温湿度センサSi7021を接続．温度値と湿度値をAmbientに送信してデータの蓄積とグラフ化表示を行うことも可能

図5-28　手順① ブラウザ画面の［データ送信設定］の「Ambient送信設定」にAmbient IDとライトキーを入力する

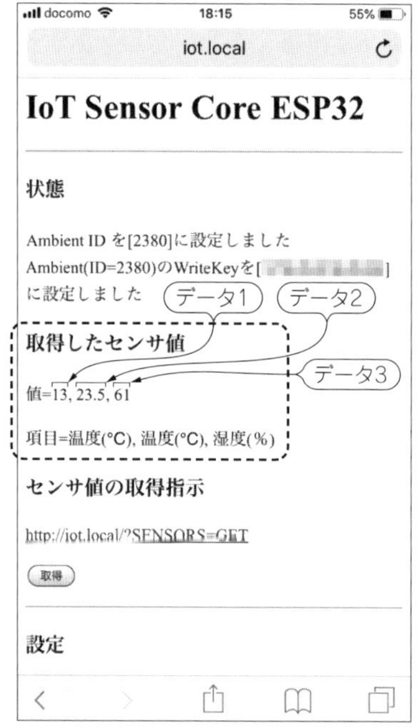

図5-29　手順② Ambientへ送信する内蔵温度センサの温度値，SHT31（またはSi7021）の温度値，湿度値が表示された

図5-30　手順③ 送信したデータのうち，2番目のSHT31（またはSi7021）の温度値をAmbientでグラフ化表示した

③ Ambientのサイトにアクセスし，データ2のSHT31（またはSi7021）の温度値をグラフ化表示したときのようすを**図5-30**に示します．データ3の湿度値も，同じようにグラフ化することができます．

自動送信間隔は30秒以上にしてください．Ambientに送信可能な回数は，1つのチャネルIDに対して1日あたり3000回までなので，送信間隔を28.8秒未満にすると一部のデータの蓄積ができなくなるからです．

Column 1　ディープ・スリープ

ESP32マイコン用ソフトIoT Sensor Coreは，乾電池で駆動させるためのディープ・スリープ機能を備えています．**写真5-A**のように，アルカリ乾電池3本を開発ボードT-Koalaの電池端子(JST PH互換の圧着端子)へ供給し，[Wi-Fi設定]メニューの[スリープ設定]でOFF以外を選択し，[設定]をクリックすると，設定した間隔でスリープと起動を繰り返します(**図5-A**)．

> ご注意：乾電池を取り付けた状態では，T-KoalaをUSB接続しないでください．USBから乾電池へ充電され，乾電池が破裂，液漏れする恐れがあり危険です．

スリープ中はWebブラウザからの設定変更ができなくなります．スリープを解除するには，BOOTボタンを押し，起動直後にラズベリー・パイから下記のコマンドを実行します．IPアドレスは，udp_logger.py等で取得できます．

```
スリープを解除する：
curl http://IPアドレス/?SLEEP_SEC=0⏎
```

図5-A
乾電池で駆動させるためのディープ・スリープ・モードを設定することができる
[Wi-Fi設定]メニューの[スリープ設定]でOFF以外を選択し，[設定]をクリックすると，ディープ・スリープ・モードで動作するようになる．ただし，スリープ中は設定変更ができない

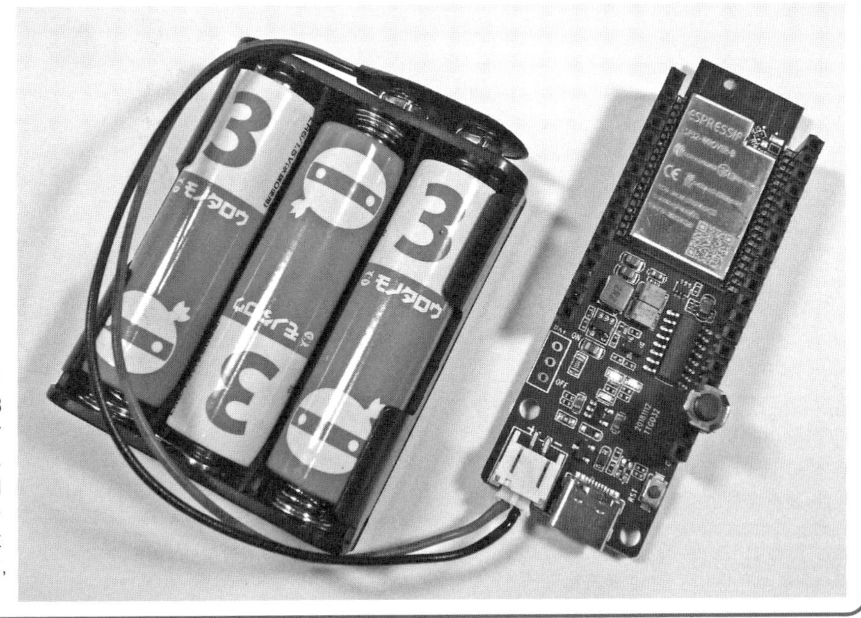

写真5-A
TTGO T-Koalaの電池用端子にアルカリ乾電池3本を接続したときのようす
TTGO T-Koalaに搭載されている電池用の端子を使用し，乾電池駆動のワイヤレス・センサを作成した．[注意]USBを使用するときは，必ず電池を外すこと

第6章 ラズベリー・パイでBluetooth LEを受信するPythonプログラム

本章では，Bluetooth LEのビーコン(アドバタイジング)送信に対応したIoTセンサを用い，センサ値データをラズベリー・パイ内蔵のBluetoothモジュールで受信して表示するプログラムや，CSV形式での保存方法，クラウド・サービスに転送してグラフ化表示する方法について紹介します(**図6-1**).

先にBLEの送信機を準備し，その後で受信側のラズベリー・パイのPythonプログラムを説明します.

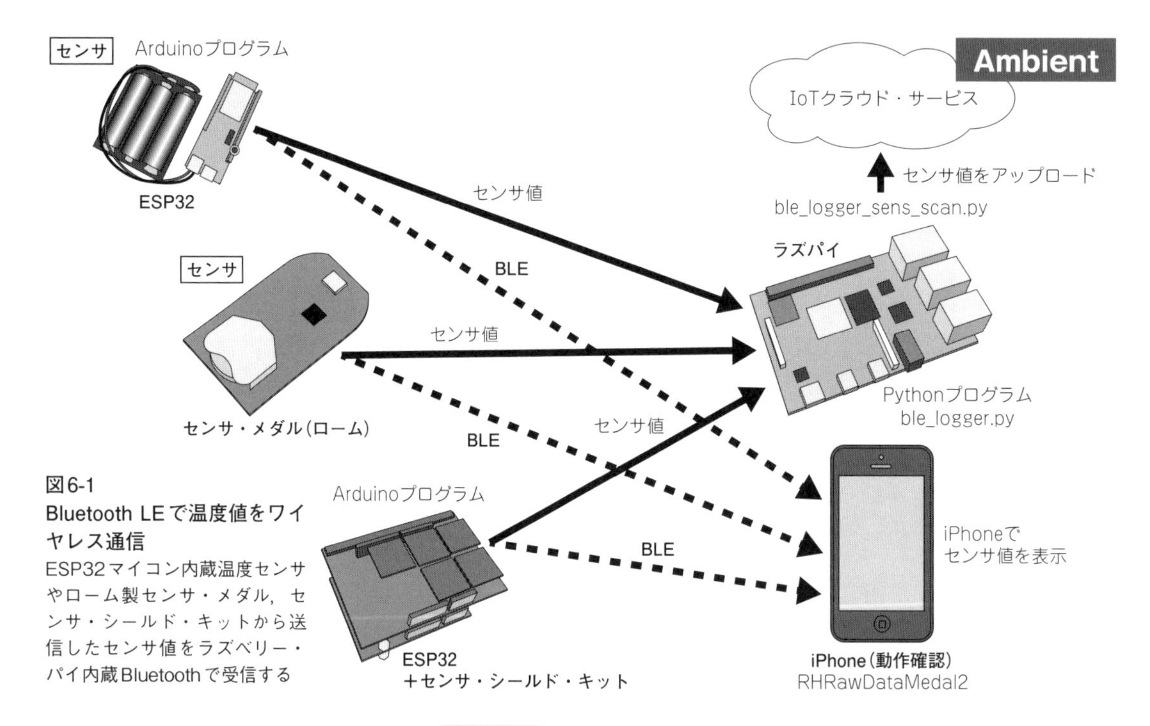

図6-1
Bluetooth LEで温度値をワイヤレス通信
ESP32マイコン内蔵温度センサやローム製センサ・メダル，センサ・シールド・キットから送信したセンサ値をラズベリー・パイ内蔵Bluetoothで受信する

ESP32 送信機の準備① ESP32マイコンでBLE送信

● BLE送信はESP32マイコン

Espressif Systems製ESP32-DevKit C，TTGO製T-Koala，CQ出版社製IoT ExpressなどESP32マイコンを搭載するマイコン・ボードに，プログラム(iot-temp-ble-esp32)を書き込むことで，温度センサ値をBLEで送信できます(**写真6-1**).

ESP32マイコンにプログラムを書き込むには，ESP32マイコン開発ボードをラズベリー・パイに接続し，フォルダiot/iot-temp-ble-esp32/target/内のiot-temp-ble-esp32.shを実行します.

※内蔵温度センサの測定精度は良くないので実験用として使用．できれば外付けセンサの利用がベター.

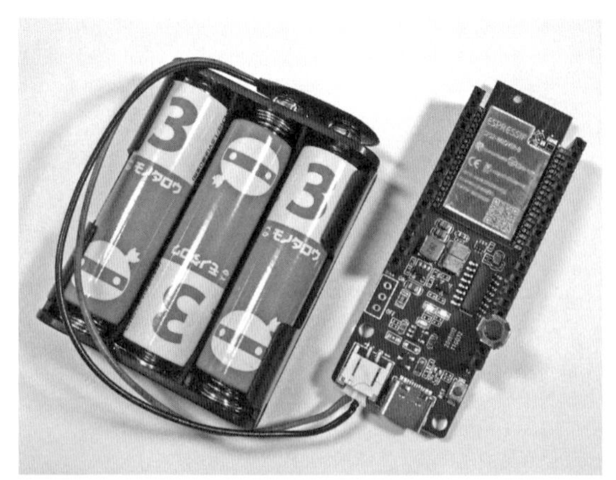

写真6-1　ESP32マイコン内蔵の温度センサを使いBluetooth LEで温度値を送信する
あらかじめ，プログラムiot_exp_temp_bleを書き込んだTTGO T-Koala

センサ付きBLEモジュール

送信機の準備 2 センサ・メダル

センサ・メダルSensorMedal-EVK-002(ローム)は，まるで万能ツールのように，6つのセンサ・モジュールとBluetooth LEモジュールを1枚の基板上に搭載しており，コイン電池1個で数か月間，13値のセンサ・データをワイヤレス送信し続けることができます(**写真6-2**).

基板上には，**図6-2**および**表6-1**の6個のセンサ・モジュールが実装されています．これらは，実験や通常の環境測定を行うのに十分な精度をもっています．しかし，測定結果をそのまま商品やサービスの性能表示に利用したり，環境管理用の測定に利用したりすることはできません．校正が必要です．

温湿度センサには，センシリオン製SHT31が使用されています．筆者が保有している中で，もっとも取得値の信頼性を感じることができるセンサ・デバイスです．このセンサだけでもセンサ・メダルの価値があるでしょう．

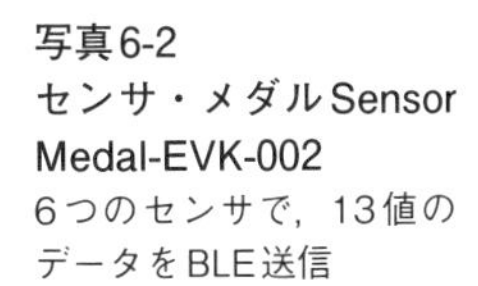

写真6-2
センサ・メダルSensorMedal-EVK-002
6つのセンサで，13値のデータをBLE送信

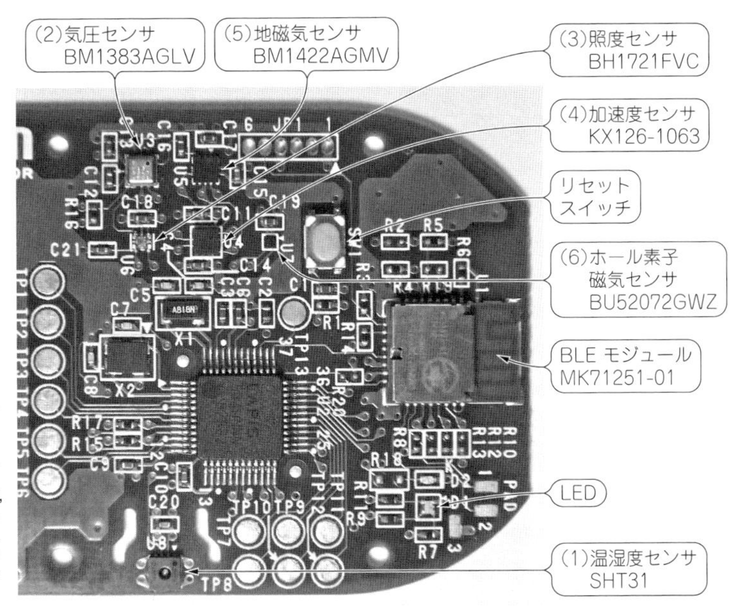

図6-2
センサ・メダルSensorMedal-EVK-002に実装された6個のセンサ・モジュールやBLEモジュール
(1)温湿度センサSHT31，(2)気圧センサBM1383AGLV，(3)照度センサBH1721FVC，(4)加速度センサKX126-1063，(5)地磁気センサBM1422AGMV，(6)ホール素子・磁気センサBU52072GWZおよびBLEモジュールMK71251-01などを搭載

表6-1　センサ・メダルSensorMedal-EVK-002が搭載する6つのセンサ

	センサ・モジュール	メーカ	型　番	備　考
(1)	温湿度センサ	SENSIRION	SHT31	高精度な温湿度センサ
(2)	気圧センサ	ローム	BM1383AGLV	ダイヤフラム構造とピエゾ抵抗を集積化した高精度なセンサ
(3)	照度センサ	ローム	BH1721FVC	高分解能16ビットのディジタル・インターフェース搭載のセンサ
(4)	加速度センサ	Kionix	KX126-1063	ロームが買収したMEMS加速度センサの先駆的メーカ品
(5)	地磁気センサ	ローム	BM1422AGMV	方位を検知できる3軸の磁気センサ
(6)	磁気センサ(ホール素子)	ローム	BU52072GWZ	開閉検知用の磁気センサ．磁石のN/Sの極性判断も可能

ESP32+ラズパイ

送信機の準備 3
ESP32 ＋センサ・シールド・キット

SensorShield-EVK-003(ローム)は，8つのセンサ・モジュールとArduino用シールド基板(部品実装済み)が付属するセンサ評価用キットです．センサ・モジュールは個別に仕切られた小さなケースに収納されており，まるで私たちが慣れ親しんだ日本の松花堂の弁当のように，いろいろなセンサを試用(味見)することができます(**写真6-3**)．

ここでは，5つのセンサ・モジュールを取り付けたセンサ・シールド基板を，Wi-FiとBluetooth内蔵ESP32マイコンを搭載したIoT Express(CQ出版社)に取り付け，スマートフォンやラズベリー・パイでセンサ値を表示する方法について紹介します(**写真6-4**)．

● ローム製センサ・シールド・キットの組み立て方

センサ・シールド・キットに付属するセンサ・モジュールの中から，加速度センサ KX224-1053，気圧センサBM1383AGLV，地磁気センサBM1422AGMV，近接センサRPR-0521RS，カラー・センサBH1749NUCの5個を選び，**写真6-5**のように取り付けました．こ

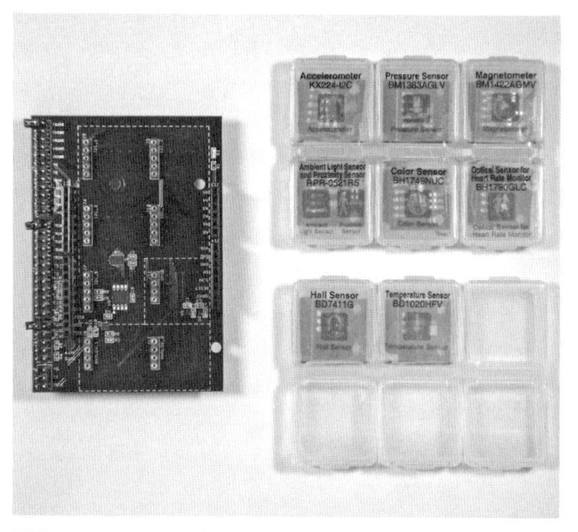

写真6-3　センサ・シールド・キットSensorShield-EVK-003に含まれるシールド基板(左・基板)**とセンサ・モジュール**(右・小型ケース)

電源回路などが実装されたArduino用シールド基板と8個のセンサ・モジュールのキット．センサ・モジュールは，個別に仕切られた小さなケースに収納されている

写真6-5　5つのセンサ・モジュールをセンサ・シールド基板に取り付けてIoT Expressに接続した

I²Cインターフェース搭載センサ・モジュールは，センサ・シールド基板上の端子J5，J6，J7，J9，J10のどこに接続してもかまわないが，GPIO接続用のJ11と，アナログセンサ用のJ8とJ12は空けておく

写真6-4　センサ・シールド基板(左)**とIoT Express**(右)

Arduino用シールドに対応したI/O端子を使って，センサ・シールド基板(左)とIoT Express(右)を接続することができる

表6-2　ローム製センサ・シールド・キットSensorShield-EVK-003に付属する8つのセンサ

センサ・モジュール		型　番	IF	1.8V	3V	5V	備　考
(1)	加速度センサ	KX224-1053	I²C	○	○	−	ロームが買収したMEMS加速度センサの先駆者メーカ品
(2)	気圧センサ	BM1383AGLV	I²C	○	○	−	ダイヤフラム構造とピエゾ抵抗を集積化した高精度なセンサ
(3)	地磁気センサ	BM1422AGMV	I²C	○	○	−	方位を検知できる3軸磁気センサ
(4)	近接センサ	RPR-0521RS	I²C	−	○	−	照度センサとしても利用可能な測距(10cm以内)センサ
(5)	カラー・センサ	BH1749NUC	I²C	−	○	−	光の色成分と赤外光を検出可能な輝度センサ
(6)	脈波センサ	BH1790GLC	I²C	−	○	−	指先で脈拍などを測るためのセンサ．LED点灯に5Vが必要
(7)	磁気センサ(ホール素子)	BU7411G	I/O	−	−	○	開閉検知用の磁気センサ．両極検出タイプ(N/S区別なし)
(8)	温度センサ	BD1020HFV	Analog	−	○	○	温度に応じた電圧を直線的に出力する高精度なセンサ

表6-3　筆者が作成したESP32マイコン用/IoT Express用/ラズベリー・パイ用プログラム一覧

ターゲット	プログラム名	Wi-Fi	Bluetooth	センサ数	センサ値数	内　容
ESP32	iot_exp_temp_ble	−	○	1個	1値	ESP32マイコン内蔵温度センサによるBluetooh動作確認用
IoT Express	iot_exp_press_ble	−	○	1個	2値	温度と気圧をBLE送信する基本動作確認用
IoT Express	iot_exp_sensorShield_ble	−	○	5個	13値	5個のセンサから取得した，全13値のデータをBLE送信
IoT Express	iot_exp_sensorShield_ble_rh	−	○	5個	9値	スマホ用アプリRHRawDataMedal2対応データをBLE送信
IoT Express	iot_exp_press_udp	○	−	1個	2値	温度と気圧をWi-Fi送信する基本動作確認用
IoT Express	iot_exp_sensorShield_udp	○	−	5個	14値	5個のセンサから取得した，14値のデータをWi-Fi送信
IoT Express	iot_exp_press_udp_ble	○	○	1個	2値	Wi-FiとBLEの両対応．コンパイル時Huge APPを選択(1.4MB以上)
IoT Express	iot_exp_sensorShield_udp_ble	○	○	5個	14値/13値	Wi-FiとBLEの両対応．コンパイル時Huge APPを選択(1.5MB以上)
ラズベリー・パイ	ble_logger_sens_scan_basic.py	−	○	−	−	Bluetooth LEビーコンを受信し，センサ値を表示する
ラズベリー・パイ	ble_logger_sens_scan.py	−	○	−	−	センサ値を受信し，ファイル保存とAmbientへの送信を行う
ラズベリー・パイ	udp_logger.py	−	○	−	−	UDP/IPデータを受信し，表示するPythonスクリプト

ダウンロード：https://github.com/bokunimowakaru/rohm_iot_sensor_shield

れら5個のセンサ・モジュールは，すべてI²Cインターフェースを搭載しており，センサ・シールド基板上の端子J5，J6，J7，J9，J10のどこに接続してもかまいません．

センサ・シールド基板上のジャンパ端子J15は，使用するセンサ・モジュールの電源電圧に合わせて，1.8V，3V，5Vのいずれかを設定するのに使用します．今回，使用するセンサ・モジュールは，**表3-2**のように3Vで動作するので，3Vと書かれた位置にジャンパ・ピンを接続してください．

センサ・シールド基板のI/O端子は，信号レベル変換ICによって5V動作仕様となっており，3.3V動作仕様のIoT Expressとは信号レベルに違いがあります．この記事の試作段階では，直接接続しても顕著な電流の増大や誤作動はありませんでしたが，製品設計に応用するときは，信号の電圧レベルを合わせる必要があります．

IoT Express用のスケッチは，下記からダウンロードし，[rohm_sensors]フォルダ内のiot_exp_sensorShield_ble_rhをArduino IDEで読み込み，IoT Expressへ書き込んでください．プログラムの一覧を**表6-3**に示します．

ESPモジュール用スケッチ(GitHub内の筆者ページ)：
https://github.com/bokunimowakaru/rohm_iot_sensor_shield

動作確認の準備
iPhone用アプリで動作確認

製作したBluetooth LE送信機の動作確認は，iOSを搭載したスマートフォンで行えます．Bluetooth LEに対応したスマートフォン用アプリRHRawDataMedal2(ローム)をApp Storeからダウンロードし，アプリを起動し，[BLE Devices Available]画面を表示しておきます．この状態で，ESP32マイコン内蔵温度センサや，センサ・メダル，センサ・シールド・キットを起動し，なるべく早めに次の操作を行ってください．

スマートフォンのアプリ起動時に表示される[BLE Devices Available]画面で，下方向にスワイプ(タッチした状態で下方向に指を動かす)すると，センサ・メダルの場合は[ROHMMedal2～]，センサ・シールド・キットの場合は[R]が表示されるので，タッチして選択してください．見つからなかった場合や，[No Name]と表示された場合は，目的のデバイス名が表示されるまで，何度か画面を下方向にスワイプしてください．

Bluetooth LEビーコン(アドバタイジング)情報に含まれたセンサ値の受信に成功すると，スマートフォン画面が**図6-3**や**図6-4**のような表示となり，各センサ値をグラフ上で確認することができます．

本スマートフォン用のアプリはローム製センサ・メダル用なので，センサ・シールド・キットの場合は，一部の項目と表示が異なるものがあります．

画面上のAccelerometerは加速度，Magnetometerは地磁気，Pressureは気圧，Temperatureは温度を示します．記事で試用したセンサ・シールド・キットに湿度センサが付属していない点や，アプリの右側がスマートフォンによって表示できない点などの事情から，項目Humidity(湿度)に照度の目安値を表示するようにしました．

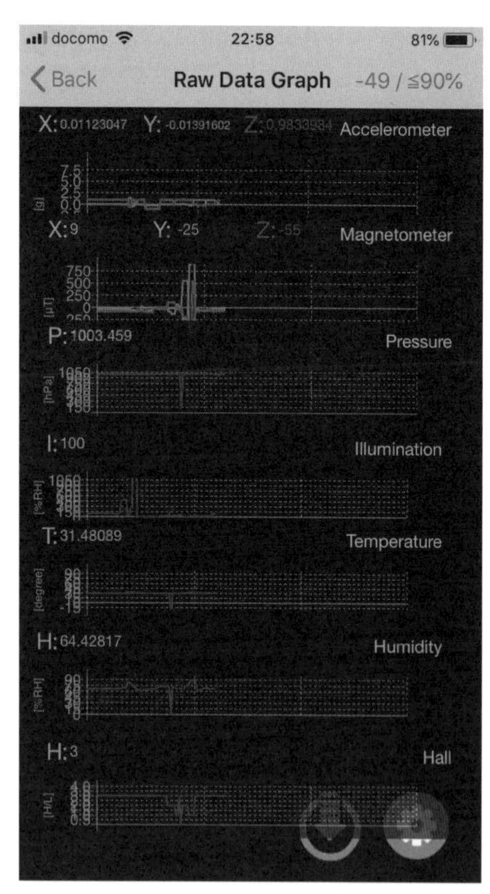

図6-3 スマホ用アプリRHRawDataMedal2でセンサ・メダルからのセンサ値を確認した
上から順に，加速度(3軸)，地磁気(3軸)，気圧，照度，温度，湿度，ホール素子による磁場の計11値がグラフ表示されている

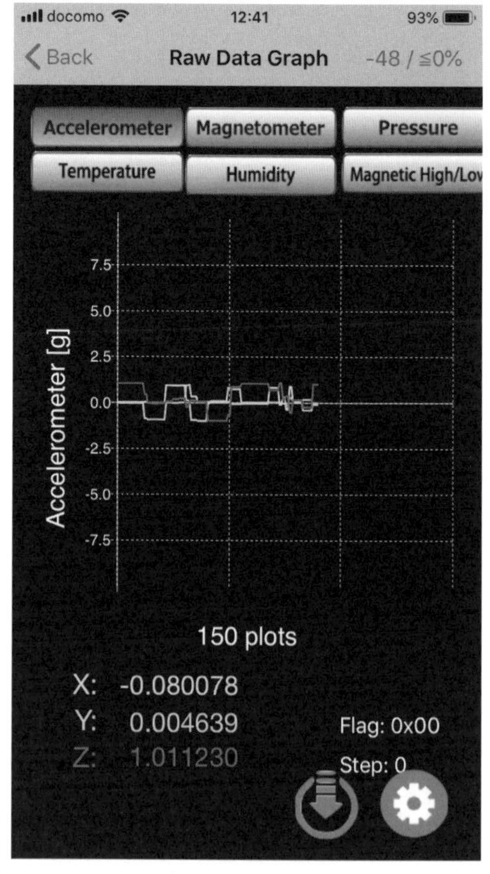

図6-4 スマホ用アプリRHRawDataMedal2でセンサ・シールド・キットからのセンサ値を確認した
画面上部のボタン操作により，加速度(3軸)，地磁気(3軸)，気圧，温度，照度の計9値をグラフ表示することができる．照度データは項目Humidityで代用した

Python プログラム 1
ラズベリー・パイで BLE のデータを受信

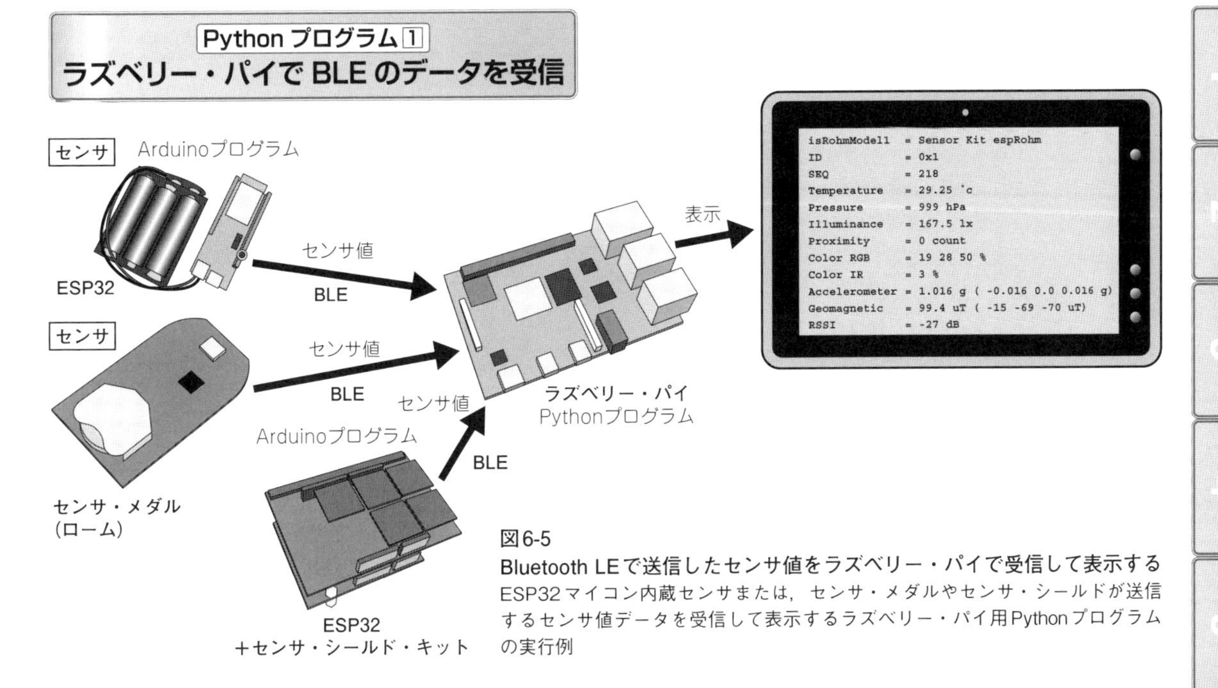

図6-5
Bluetooth LEで送信したセンサ値をラズベリー・パイで受信して表示する
ESP32マイコン内蔵センサまたは，センサ・メダルやセンサ・シールドが送信するセンサ値データを受信して表示するラズベリー・パイ用Pythonプログラムの実行例

今度は，ラズベリー・パイ上で動作するPythonプログラムble_logger_sens_scan.pyでBLE受信動作の確認を行います(**図6-5**)．このプログラムは後述の**リスト6-2**のセンサ値の受信部と**リスト6-3**のAmbient送信部を組み合わせたものです．プログラムの詳細は後述のPythonプログラム2と3をご覧ください．

このプログラムを実行するには，Bluetooth用のライブラリbluepyに含まれるBLE受信クラスが必要です．以下のpip3コマンドを使用してライブラリのダウンロードとインストールを行ってください．

Bluetooth用ライブラリblupyのインストール：
sudo apt-get update⏎
sudo pip3 install bluepy⏎

実行にはroot権限が必要です．下記のように，sudoを付与して実行してください．

プログラムの実行：
cd ~/iot/server/⏎
sudo ./ble_logger_sens_scan.py⏎

実行すると，**図6-6**のように各IoTセンサから送られてきた温度，湿度，気圧，照度などのセンサ値を表示し，CSV形式のファイルとして保存します(**図6-7**)．

センサ・シールドのIoT Express側にiot_exp_sensorShield_bleを書き込むと，5つのセンサ・モジュールから取得した13値のデータを受信することもできます．温度と気圧に加え，照度や，近接度，加速度，地磁気，カラーの割合を表示します．

```
(bluepyのダウンロードとインストール)
pi@raspberrypi:~ $ sudo apt-get update
pi@raspberrypi:~ $ sudo pip3 install bluepy

(プログラムの実行)
pi@raspberrypi:~ $ cd ~/iot/server/
pi@raspberrypi:~/iot/server $
                    sudo ./ble_logger_sens_scan.py

(気圧センサ受信例)
Device xx:xx:xx:xx:xx:xx (public), RSSI=-45 dB
    1 Flags = 06
    9 Complete Local Name = espRohmPress
  255 Manufacturer = 0100b76dc45e1f4c
    ID            = 0x1
    SEQ           = 76
    Temperature   = 30.0 ℃
    Pressure      = 1003.846 hPa
    RSSI          = -45 dB

(ローム製センサ・シールド受信例)
Device xx:xx:xx:xx:xx:xx (public), RSSI=-55 dB
    1 Flags = 06
    9 Complete Local Name = espRohm
  255 Manufacturer =
          0100b1e9c00001308147ff0041efbbabfa
    ID            = 0x1
    SEQ           = 250
    Temperature   = 29.25 ℃
    Pressure      = 1004 hPa
    Illuminance   = 160.0 lx
    Proximity     = 1 count
    Color RGB     = 19 28 50 %
    Color IR      = 3 %
    Accelerometer = 1.016 g
    Geomagnetic   = 110.8 uT
    RSSI          = -55 dB
```

図6-6 サンプル・プログラムの実行結果例
Bluetooth LE(BLE)ビーコンに含まれるセンサ値を受信し，表示した

ロガーとして継続的にバックグラウンドで実行する場合は，

```
sudo nohup ./ble_logger_sens_scan.py >& /dev/null &
```

のように，先頭にsudo nohupを，後方に>& /dev/null &を付与して実行してください．

Accelerometer.csv - Excel

A1 2019/7/22 21:49:00

	A	B	C	D	E	F	G
1	2019/7/22 21:49	1.028	-0.023	0.027	1.028		
2	2019/7/22 21:49	1.028	-0.023	0.027	1.028		
3	2019/7/22 21:49	1.028	-0.023	0.027	1.028		
4	2019/7/22 21:49	1.028	-0.023	0.027	1.028		
5	2019/7/22 21:49	1.028	-0.023	0.027	1.028		
6	2019/7/22 21:49	1.028	-0.023	0.027	1.028		
7	2019/7/22 21:49	1.027	-0.023	0.026	1.027		
8	2019/7/22 21:49	1.027	-0.023	0.026	1.027		
9	2019/7/22 21:49	1.027	-0.023	0.026	1.027		
10	2019/7/22 21:49	1.027	-0.023	0.026	1.027		
11	2019/7/22 21:49	1.027	-0.023	0.026	1.027		
12	2019/7/22 21:49	1.027	-0.023	0.026	1.027		

図6-7
CSV形式で保存した加速度センサのデータ
センサ値データは，時刻情報とともにプログラムと同じフォルダ内にCSV形式で保存され，表計算ソフトなどで開くことができる

Column 1 Bluetooth LEのビーコンと通信手順

Bluetooth LEが低消費電力で動作できる仕組みの1つが，ビーコン（アドバタイジング）です．子機（ペリフェラル）となるデバイスは，親機（セントラル）から発見してもらえるように，ビーコンを定期的に繰り返し送信します．Bluetooth LEのビーコンは，Bluetooth 4.0から利用できるようになった後発の方式ですが，ラズベリー・パイやスマートフォンなど，すでに多くの機器に標準搭載されているので，汎用システム向けとして活用できるでしょう．

親機が子機とのデータ通信を開始したいときは，**図6-A**のように定期的に送信されるビーコンを受信し，受信直後に接続要求を送信し，子機と接続します．通信が終わり通信を切断すると，再び子機はビーコンの定期的な繰り返し送信を行います．

子機は，ビーコン送信中と，送信直後の接続要求を待ち受ける時間以外は，スリープに移行することができます．このため，ビーコンの送信間隔を長くすることで，乾電池での長期間動作が可能になります．ただし，ビーコンの送信間隔は電池の持ちの長さと，親機から通信接続を行うときの遅延時間とのトレードオフになります．

IoTセンサのように，送信タイミングを子機側で決められる場合は，より長いビーコン送信間隔を設定することができます．また，本章で紹介したIoTセンサのように，ビーコンにセンサ値情報を含めることで，通信を確立せずにセンサ値を送信することもできます．

低消費電力なIoTセンサ向けの通信方式としては，ZigBeeが先行しており，古くからBluetooth LEのビーコンと同じような機能に対応しています．現在，すでに3億台ものZigBee機器が，ワイヤレス・メータ機器やワイヤレス・センサといったIoT機器で活用されていると言われています．近年もZigBee 3.0やZigbee PRO 2017といった，より省電力動作が可能なネットワーク仕様の策定が行われ，2018年には，Micro Pythonが動作するXBee 3シリーズが登場するなど，技術的には，今でも一歩先を進んでいます．しかし，ZigBeeには，子機となるセンサ側だけでなく，親機側にもZigBee方式に対応した無線機が必要です．スマートフォンやPCに標準搭載されているBluetoothに，ビーコン方式のBluetooth LEがサポートされた今となっては，今後，ZigBeeは，性能が重視される専用システム向けに使われるにとどまるかもしれません．

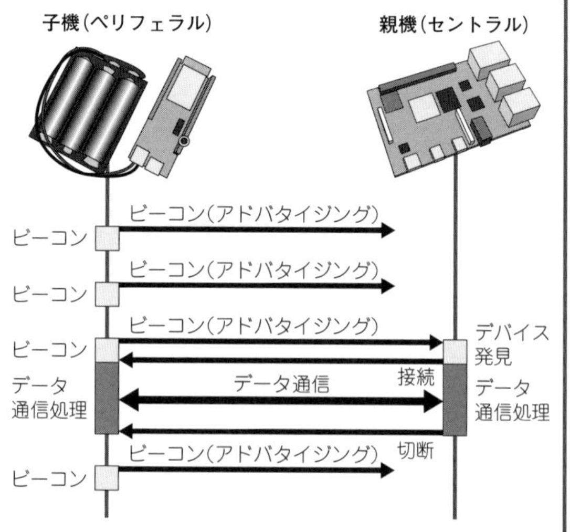

図6-A Bluetooth LEでのデータ通信処理
子機は，親機から発見してもらえるようにビーコンを送信し続け，親機はデバイスとの通信を行うときに子機への接続要求を送信する．子機はビーコン送信処理を行うとき以外はスリープに移行することができる

Python プログラム 2
ラズベリー・パイで BLE のビーコンを受信

Bluetooth LEが送信するビーコン(アドバタイジング)情報を受信するプログラムble_logger.pyを**リスト6-1**に，実行結果を**図6-8**に示します．以下は，これらのおもな処理内容の説明です．

① Bluetooth用のライブラリbluepyに含まれるBLEモジュールを組み込みます．あらかじめbluepyのインストールが必要です．
② ライブラリbluepyに含まれるBLEデバイス用スキャナのオブジェクトscannerを生成します．
③ スキャンを3秒間実行し，この間に発見したデバイスを変数devicesに代入します．
④ 前処理③の変数devicesに含まれる複数のデバイスから1つのデバイスを抽出し，変数devに代入し，for文で処理④～⑥を繰り返し実行します．
⑤ 発見したデバイスdevに含まれる変数(インスタンス変数)から，BLEのMACアドレスaddrとアドレスの種類addrType，受信したときの電波の強度rssiを**図6-8**処理⑤のように表示します．
⑥ 発見したデバイスdevからの受信データをgetScanData命令で取得します．
受信データは複数のデータ項目で構成されています．1つのデータ項目の中にはデータ項目名とデータ値が含まれており，データ項目の数だけ繰り返し処理を行います．
変数adtypeにはデータ項目の種別を示す番号が，変数descにはデータ項目名が，変数valにはデータ値が代入されます．
⑦ 前処理⑥で代入した各変数の内容を，**図6-8**処理⑦のように表示します．

リスト6-1　Bluetooth LEビーコン受信プログラム ble_logger.py

```
#!/usr/bin/env python3

# 【参考文献】 https://ianharvey.github.io/bluepy-doc/scanner.html

interval = 5 # 動作間隔

from bluepy import btle ◀—①BLE用ライブラリの組み込み(要bluepyのインストール)
from sys import argv
import getpass
from time import sleep

scanner = btle.Scanner() ◀—②BLEデバイス用スキャナのオブジェクトを生成する
while True:
    try:
        devices = scanner.scan(interval) ◀—③スキャンを3秒間実行し，発見したデバイスをdevicesへ代入する
    except Exception as e:
        print("ERROR",e)
        if getpass.getuser() != 'root':
            print('使用方法: sudo', argv[0])
            exit()
        sleep(interval)
        continue
    for dev in devices: ◀—④発見したデバイス毎の処理を行う(複数のデバイスから個々のデバイスを抽出)
        print("\nDevice %s (%s), RSSI=%d dB" % (dev.addr, dev.addrType, dev.rssi)) ◀—⑤発見したデバイスのアドレスなどを表示する
        for (adtype, desc, val) in dev.getScanData(): ◀—⑥発見したデバイスからの受信データを各変数へ代入する
            print(" %3d %s = %s" % (adtype, desc, val)) ◀—⑦代入された内容を表示する
```

```
pi@raspberrypi:~/iot/server $ sudo ./ble_logger.py

Device xx:xx:xx:xx:xx:xx (public), RSSI=-45 dB ◀—処理⑤
    1 Flags = 06                              ┐
    9 Complete Local Name = espRohmPress      ├処理⑦
  255 Manufacturer = 0100b76dc45e1f4c         ┘
```

図6-8　サンプル・プログラムの実行結果例
Bluetooth LE(BLE)ビーコンを受信して表示した

Python プログラム③ ラズベリー・パイでセンサ値を表示

ESP32マイコン内蔵温度センサまたはセンサ・シールド・キットで測定したセンサ・データをラズベリー・パイ内蔵のBluetoothモジュールで受信し，表示するプログラムを**リスト6-2**に示します．

このプログラムは，処理②の受信したデータの中からセンサ値を取り出す関数部と，処理③以降の受信処理部で構成されています．処理⑨では，受信データをセンサ値毎に辞書型変数sensorsに代入します．温度値であれば辞書型変数sensors['Temperature']の値を，気圧値であればsensors['Presure']を参照することで，センサ値を活用することができます．実行結果を**図6-9**に示します．

① Bluetooth用のライブラリbluepyに含まれるBLE

リスト6-2　センサ値の受信用プログラム ble_logger_sens_scan_basic.py（抜粋）

```
#!/usr/bin/env python3

#【参考文献】https://ianharvey.github.io/bluepy-doc/scanner.html

from bluepy import btle ←①BLE用ライブラリの組み込み（要bluepyのインストール）

def payval(num, bytes=1, sign=False): ←②受信データの指定位置から数値を取得する関数payvalの定義
    a = 0
    for i in range(0, bytes):
        a += (256 ** i) * int(val[(num - 2 + i) * 2 : (num - 1 + i) * 2],16)
    if sign:
        if a >= 2 ** (bytes * 8 - 1):
            a -= 2 ** (bytes * 8)
    return a

def printval(dict, name, n, unit):
    value = dict.get(name)
    if value == None:
        return
    if type(value) is not str:
        if n == 0:
            value = round(value)
        else:
            value = round(value,n)
    print('    ' + name + ' ' * (14 - len(name)) + '=', value, unit)

scanner = btle.Scanner() ←③BLEデバイス用スキャナのオブジェクトを生成する
while True:
    devices = scanner.scan(3) ←④スキャンを3秒間，実行し，発見したデバイスをdevicesに代入する
    sensors = dict()
    for dev in devices:
        print("\nDevice",dev.addr,"("+dev.addrType+"), RSSI="+str(dev.rssi)+" dB") ←⑤発見したデバイスの情報を表示する
                        （MACアドレス）  （アドレスのタイプ）   （受信レベル(RSSI)）
        isRohmMedal = ''
        val = ''
        for (adtype, desc, value) in dev.getScanData(): ←⑥発見したデバイスからの受信データを各変数に代入する
            print("  %3d %s = %s" % (adtype, desc, value))
            if adtype == 9 and value[0:7] == 'espRohm': ←⑦センサ・シールドからの受信時に，isRohmMedalにセンサ名を代入
                isRohmMedal = 'Sensor Kit espRohm'
            if desc == 'Manufacturer':                    ┐
                val = value                               │
            if isRohmMedal == '' or val == '':            ├⑧センサ値情報が得られていないときに，forへ戻る
                continue                                  ┘
            sensors = dict()

            if isRohmMedal == 'Sensor Kit espRohm' and len(val) < 17 * 2:
                sensors['ID'] = hex(payval(2,2))                              ┐
                sensors['Temperature'] = -45 + 175 * payval(4,2) / 65536      │
                sensors['Pressure'] = payval(6,3) / 2048                      ├⑨辞書型変数sensorsに取得した温度値，気圧値を代入する
                sensors['SEQ'] = payval(9)                                    │
                sensors['RSSI'] = dev.rssi                                    ┘
            if sensors:
                printval(sensors, 'ID', 0, '')                      ┐
                printval(sensors, 'SEQ', 0, '')                     │
                printval(sensors, 'Temperature', 2, '℃')           ├⑩変数sensorsに代入した値を表示
                printval(sensors, 'Pressure', 3, 'hPa')             │
                printval(sensors, 'RSSI', 0, 'dB')                  │
            isRohmMedal = ''                                        ┘
```

モジュールを組み込みます．あらかじめ，bluepyのインストールが必要です．

② 変数valに代入された受信データの中から数値を取得する関数payvalを定義します．定義だけなので起動時は実行されません．後述の処理⑨から呼び出されたときに実行します．

③ ライブラリbluepyに含まれるBLEデバイス用スキャナのオブジェクトscannerを生成します．

④ スキャンを3秒間実行し，発見したデバイスをdevicesに代入します．

⑤ 発見したデバイスの情報からBLEのMACアドレスaddrと，アドレスの種類addrType，受信したときの電波の強度rssiを取得し表示します．

⑥ 発見したデバイスからの受信データを変数adtype, descをvalに代入します．変数adtypeには受信データの種別，変数descにデータ項目名，変数valにデータ値が代入されます．

⑦ 発見したデバイスに応じた名前を変数isRohmMedalに代入します．ここではESP32マイコン内蔵温度センサまたは，センサ・シールド・キットからの受信時に，espRohmを代入します．

⑧ データ項目を示す変数descがManufacturerのときに，得られた値を変数valに代入します．変数valの内容はグローバル変数として，処理②の関数payval内で参照します．また，変数valに値が代入されていないときは，処理⑥に戻り，次の受信データに対する処理を行います．

⑨ 取得した温度値を得るために，変数val内のデータ位置と，データ・バイト数を関数payvalに渡し，結果を辞書型変数sensors['Temperature']に代入します．

⑩ 変数sensorsに代入した，それぞれのセンサ値を表示します．

```
pi@raspberrypi:~/iot/server $ sudo
            ./ble_logger_sens_scan_basic.py
Device xx:xx:xx:xx:xx:xx (public), RSSI=-45 dB
    1 Flags = 06
    9 Complete Local Name = espRohmPress
  255 Manufacturer = 0100b76dc45e1f4c
    ID              = 0x1
    SEQ             = 76
    Temperature     = 30.0 ℃
    Pressure        = 1003.846 hPa
    RSSI            = -45 dB
```

図6-9 サンプル・プログラムble_logger_sens_scan_basic.pyの実行結果例
Bluetooth LE(BLE)ビーコンを受信して表示した

Column 2 センサ・メダルの歩数測定機能

センサ・メダルSensorMedal-EVK-002を使ってみて，特にセンサの実験に役立つと感じた機能の1つが，歩数測定機能です．

歩数測定機能は，歩行時などの衝撃がセンサ・メダルに加わった回数を累積する機能で，最大255歩まで累積することができ，超過すると0に戻り再カウントします．図6-Bの照度値d4と歩数d7のグラフを見ると，さまざまな設置場所を確認しているようすや，測定点を変更したタイミングが一目瞭然です．

高精度なセンサ・モジュールで測定した結果をBLEでワイヤレス送信することで，メダルを取り付けた場所の環境情報をスマートフォンやラズベリー・パイで簡単に確認することができました．

センサ・メダルはコイン電池1個で数か月間動かすことができるので，特定の部屋の環境を測定する以外にも，例えば掃除機や工具箱，ガレージ用のキーホルダなどに取り付けて，作業や環境の監視などにも応用することができます．まさにワイヤレス・センサの万能ツールと言えるでしょう．

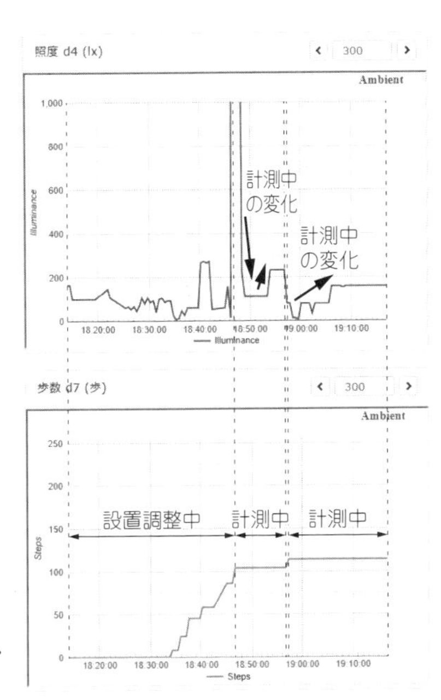

図6-B 歩数測定機能で計測中のタイミングを記録
センサ・メダルには歩数計測機能が搭載されており，センサ・メダルを動かしたタイミングを簡単に確認することができる

Pythonプログラム④ センサ値をAmbientに送信

図6-10のようにBluetooth LEで受信したセンサ値情報をAmbientに送信するには，クラウド・サービスAmbientでIDとライト・キーを取得し，それをプログラムble_logger_sens_scan.py内のambient_chidと，ambient_wkeyに記載してください．センサ値を受信すると，**図6-11**のようなグラフをAmbientを使って表示することができます．

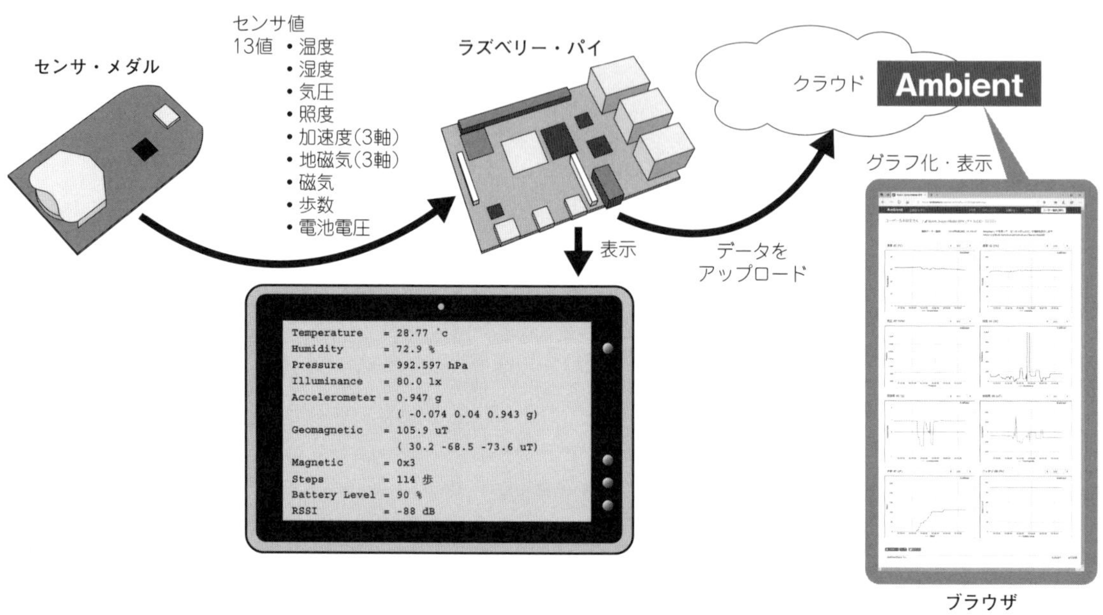

図6-10 万能センサ・メダル(SensorMedal-EVK-002)でワイヤレス環境測定
センサ・メダルSensorMedal-EVK-002が送信するセンサ値情報をラズベリー・パイで収集してクラウドに送信する実験

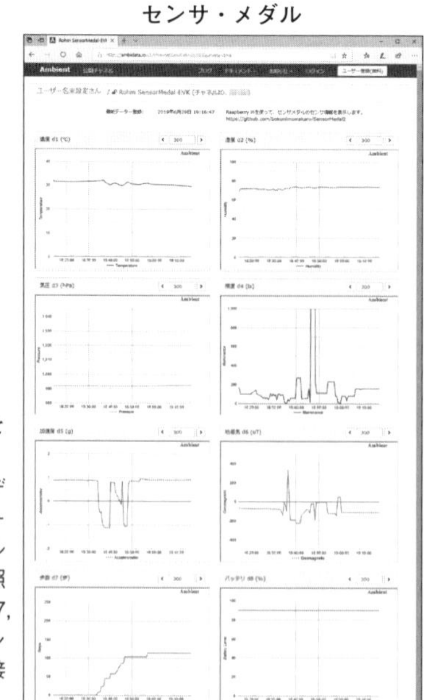

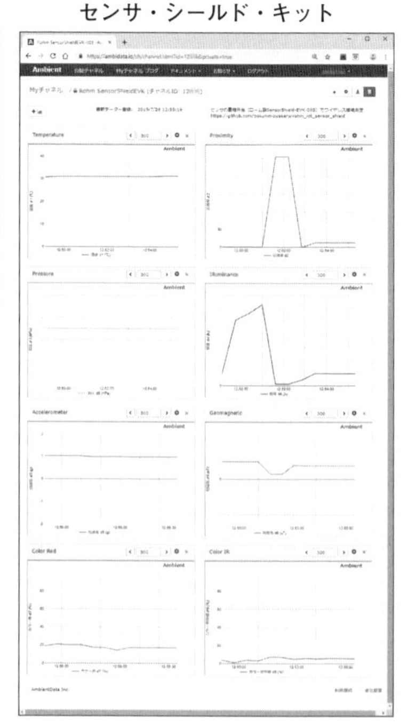

図6-11
Bluetooth LEで受信したセンサ値をAmbientで表示した
IoT用クラウド・サービスAmbientにデータ番号d1～d8の8値を送信したデータをグラフ化表示した．センサ・メダル(左)は，温度d1，湿度d2，気圧d3，照度d4，加速度d5，地磁気d6，歩数d7，バッテリ電圧d8を表示し，センサ・シールド・キット(右)は，温度d1，近接度d2，気圧d3，照度d4，加速度d5，地磁気d6，カラー・赤色d7，カラー・赤外線d8を表示した

リスト6-3　センサ値の受信用プログラムble_logger_sens_scan.pyのAmbient送信部（抜粋）

```
～～(一部省略)～～
ambient_chid='00000'                # ここにAmbientで取得したチャネルIDを入力
ambient_wkey='0123456789abcdef'     # ここにはライトキーを入力
ambient_interval = 30               # Ambientへの送信間隔
～～(一部省略)～～
url_s = 'https://ambidata.io/api/v2/channels/'+ambient_chid+'/data' # アクセス先
head_dict = {'Content-Type':'application/json'} # ヘッダを変数head_dictへ
body_dict = {'writeKey':ambient_wkey, \                                  ①Ambient送信用データ
      'd1':0, 'd2':0, 'd3':0, 'd4':0, 'd5':0, 'd6':0, 'd7':0, 'd8':0}
～～(一部省略)～～

while True:
    # BLE受信処理
    ～～(省略)～～
    # クラウドへの送信処理       ②Bluetooth受信処理の実行回数が，Ambientへの送信間隔よりも少ない場合
    if int(ambient_chid) == 0 or not sensors or time < ambient_interval / interval:
        time += 1
        continue  ←③Bluetooth受信処理へ戻る
    time = 0
    body_dict['d1'] = sensors.get('Temperature')
    body_dict['d2'] = sensors.get('Humidity')
    if not body_dict['d2']:
        body_dict['d2'] = sensors.get('Proximity')
    body_dict['d3'] = sensors.get('Pressure')
    body_dict['d4'] = sensors.get('Illuminance')
    body_dict['d5'] = sensors.get('Accelerometer')   ④受信したセンサ値をAmbient 送信用の変数に代入
    body_dict['d6'] = sensors.get('Geomagnetic')
    body_dict['d7'] = sensors.get('Steps')
    if not body_dict['d7']:
        body_dict['d7'] = sensors.get('Color R')
    body_dict['d8'] = sensors.get('Battery Level')
    if not body_dict['d8']:
        body_dict['d8'] = sensors.get('Color IR')

    print(head_dict)                                # 送信ヘッダhead_dictを表示
    print(body_dict)                                # 送信内容body_dictを表示
    post = urllib.request.Request(url_s, json.dumps(body_dict).encode(), head_dict)
                                                    # POSTリクエストデータを作成
    try:                                            # 例外処理の監視を開始
        res = urllib.request.urlopen(post)          # HTTPアクセスを実行        ⑤Ambient送信部
    except Exception as e:                          # 例外処理発生時
        print(e,url_s)                              # エラー内容と変数url_sを表示
    res_str = res.read().decode()                   # 受信テキストを変数res_strへ
    res.close()                                     # HTTPアクセスの終了
    if len(res_str):                                # 受信テキストがあれば
        print('Response:', res_str)                 # 変数res_strの内容を表示
    else:
        print('Done')                               # Doneを表示
```

プログラムのAmbientに送信する機能部分の抜粋を**リスト6-3**に，主要な処理内容を以下に示します．

① Ambientへの送信用データを保持するための変数を定義します．変数url_sにはアクセス先のURLを，head_dictにはHTTPヘッダを，body_dictにはAmbientに送信するセンサ値データなどを代入します．

② Bluetooth受信回数がAmbient送信間隔よりも少ないときに，Ambientへの送信を行わないための処理部です．Ambientへの送信回数は1日当たり3000回以下（送信間隔28.8秒以上）に制限されているので，以降の送信処理を間引きます．

③ 処理②の条件に一致，すなわちAmbient送信間隔に満たないときにwhile文の先頭に戻ります．

④ 受信したセンサ値データを辞書型の変数body_dictのデータ番号d1～d8に代入します．変数sensorsからセンサ値を取得するときにsensors['Temperature']のように記述することもできますが，データ項目Temperatureがなかったときにエラーが発生してしまいます．一方，getコマンドを使えばデータ項目がなかったとしてもエラーは発生せず，Noneが代入されます．

⑤ 処理④のセンサ値データd1～d8をAmbientに送信します．

第7章 MicroPythonプログラム (micro:bitで試す)

MicroPythonは，Pythonをベースにしつつ，ARM Cortex-Mシリーズ等のマイコン向けに開発されたプログラミング言語です．Pythonの主要な機能に加え，マイコンのハードウェアを制御する機能が搭載されており，IoT機器向け言語として注目されています．
本章では，BBC micro:bitV1またはV2を使ってMicroPythonによるワイヤレス通信を試します．

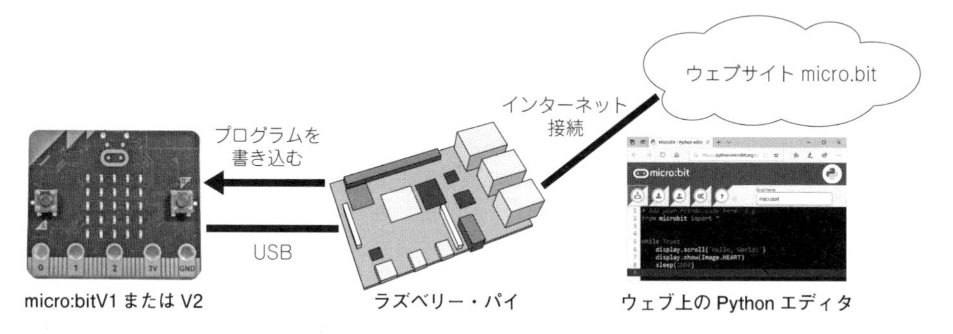

● micro:bitでMicroPythonをはじめる

マイコン・ボードBBC micro:bit（以下micro:bit）を使えば，とても簡単にMicroPythonによるプログラミングをはじめることができます（**写真7-1**）．micro:bitをラズベリー・パイ（またはWindows/macOS/Linuxを搭載したPC）のUSB端子に接続すると，USBメモリのようにドライブとして認識されます（**図7-1**①）．ドライブ名MICROBITを確認し，フォルダを開くとファームウェアの情報が書かれたDETAILS.TXTと，Webサイトへのリンク MICROBIT.HTM（**図7-1**②）の2つのファイルが入っています．リンクのほうを開きます．

Webサイトmicro:bitにアクセスするので，言語メニューで［日本語］を選んでから（**図7-1**③），［はじめよう］を選択すると，説明書が日本語で表示されます（**図7-1**④）．

MicroPythonを始めるには，**図7-2**の［ステップ2：プログラムする］で［Pythonエディタ］を選択してから（**図7-2**⑤），［プログラムする］を選択してください（**図7-2**⑥）．

Pythonエディタ（**図7-3**）には，機能アイコンとPythonプログラムのソースリストが表示されます．機能アイコンはPythonエディタのバージョンによって，表示が異なります．V1.1とV2.0のボタンの違いをp.98のコラムに記します．V2.0のほうが多機能ですが，基本的な使い方は同じです．プログラムを編集し，機能アイコンの一番左にある［download］をクリックすると（**図7-4**⑦），BBC micro:bit用のファイルmicrobit.hexをダウンロードすることができます．一度，ラズベリー・パイまたはPCにダウンロードしてから，ドライブMICROBITにコピーします．ブラウザの［名前を付けて保存］機能（**図7-4**⑧）でドライブMICROBITに直接ダウンロードすることもできます

写真7-1 プログラミング言語MicroPythonに対応したmicro:bit
micro:bitはイギリスの放送局BBCが教育用に開発したARM Cortex-M0を搭載するオープン・ソース・ハードウェア．イギリスの7年生（中等教育の初年度）の子供たちに無償で配布されている

(ブラウザの[設定]→[ダウンロード]の[ダウンロード時の動作を毎回確認する]が有効の場合).

ファイルの書き込みには少し時間を要するので，完了するまでUSBケーブルを抜かないように注意してください．書き込み中は黄色LEDが点滅し，書き込みが完了すると点灯に変わります．なお，ドライブMICROBIT内に保存したファイルmicrobit.hexは，再起動後に見えなくなりますが，BBC micro:bitのフラッシュ・メモリ内には保存されており，電源を切っても残っています．

図7-1
ラズベリー・パイを使ってWebサイトmicro:bitにアクセスする
ドライブ[MICROBIT](①)内のリンク(②)を開き，言語[日本語](③)を選択し，[はじめよう](④)を選択する

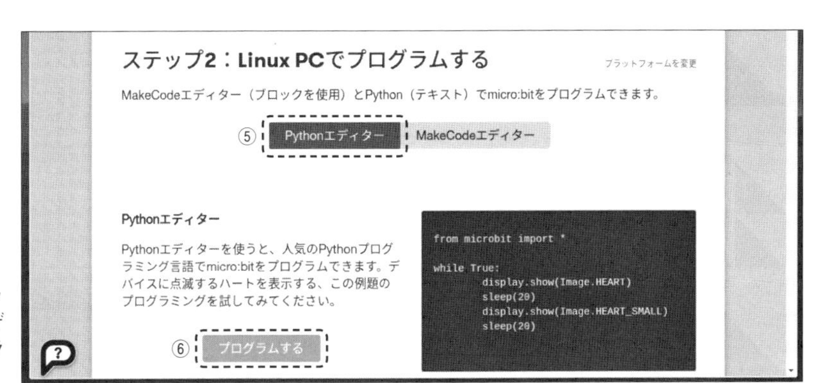

図7-2
エディタを選択する画面
MicroPythonを始めるには，[ステップ2：プログラムする]で[Pythonエディタ](⑤)を選択してから，[プログラムする](⑥)を選択する

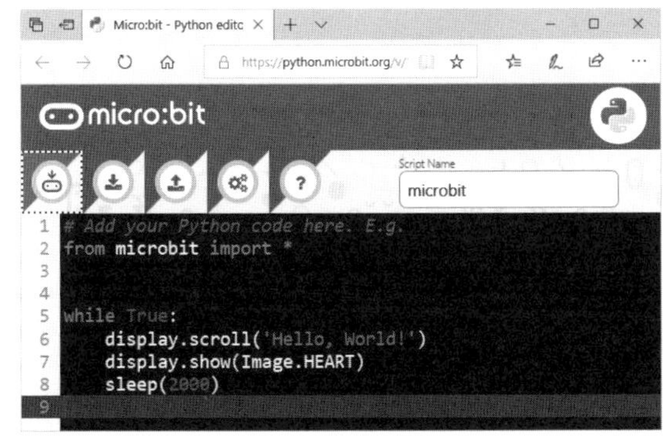

図7-3　Pythonエディタを開いたときのようす
Pythonエディタには，作成したプログラムをBBC micro:bitへ書き込む[download]や，Pythonのプログラム・ファイルをラズベリー・パイやPCに保存する機能などが備わっている

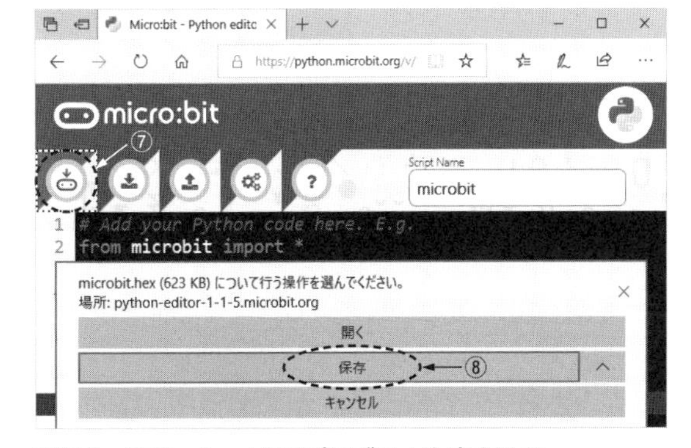

図7-4　BBC micro:bitにプログラムを書き込む
5つのアイコンの一番左側[download]をクリックすると，BBC micro:bit用のHEXファイルをラズベリー・パイやPCにダウンロードすることができる．ブラウザの[名前を付けて保存]機能でドライブMICROBITに直接ダウンロードすることもできる

MicroPython プログラム①
MicroPython で Hello World

Pythonエディタにプログラムを読み込むには，ファイルをブラウザ上のエディタ画面にドラッグ＆ドロップします．または，左から3番目のLoad(/Save)アイコンから読み込みます．筆者が作成したサンプル・プログラムは，ダウンロードしたZIP形式のフォルダiotから，[micropython]⇒[microbit]と進むと表示されます．まず，**リスト7-1**のexample01_hello.pyを読み込み，以下の動作を確認してください．

リスト7-1　Pythonエディタにexample01_hello.pyをロードする
左から3番目のLoadアイコンを押してファイルを読み込んだ

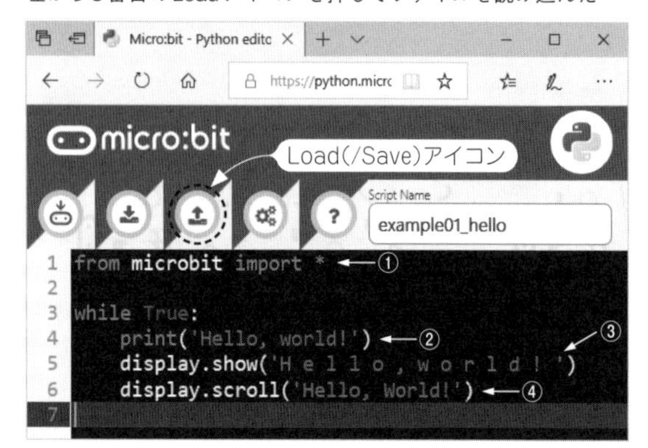

①BBC micro:bit用のライブラリをimport命令を使って組み込みます

②USB接続のシリアル出力には，print命令を使用します．この例では，[Hello, world!]を出力します．

③本体表面の5×5 LED表示画面へ文字を1字ずつ表示するには，display.show命令を使用します．文字と文字との間にスペース(空白)文字を挟むことで，文字の変化を明確にし，読みやすくしています．

④スクロール表示するにはdisplay.scroll命令を使用します．display.showとの違いを確認してください．

シリアル出力は，組み込み用ソフト開発時のデバッグ作業に必要な機能です．プログラムの動作状態がわかるような内容をシリアル出力するようにします．処理②のUSB接続のシリアル出力をラズベリー・パイで確認するには，PythonエディタのOpen Serialアイコンをクリックするか，**図7-5**のコマンドまたは**図7-6**のスクリプトserial_logger.shを実行します．

```
pi@raspberrypi:~ $
        stty -F /dev/ttyACM0 sane igncr 115200
pi@raspberrypi:~ $ cat /dev/ttyACM0
Hello, world!
^C (キーボードから[Ctrl]+[C]を入力)
```

図7-5　micro:bitに接続したラズベリー・パイからHello Worldを実行した

```
pi@raspberrypi: ~/iot/micropython/microbit
ファイル(F) 編集(E) タブ(T) ヘルプ(H)
pi@raspberrypi:~ $ cd iot/micropython/microbit/
pi@raspberrypi:~/iot/micropython/microbit $ cat serial_logger.sh
#!/bin/bash
stty -F /dev/ttyACM0 sane igncr 115200
cat /dev/ttyACM0
pi@raspberrypi:~/iot/micropython/microbit $ ./serial_logger.sh
Hello, world!
^C
pi@raspberrypi:~/iot/micropython/microbit $
```

図7-6　LXTerminalでの動作確認結果の一例
LXTerminal上でBBC micro:bitのシリアル出力を確認するためのスクリプトserial_logger.shの内容を表示して実行した

Column 1　BBC micro:bitの Bluetooth LE機能

BBC micro:bitは独自の通信プロトコルでのワイヤレス通信が可能ですが，RAMが16kBのmicro:bit V1では通信プロトコルにBluetooth LEをPythonで使うことにはできませんでした．

一方，Pycom製のWiPy 3.0やEspressif Systems製ESP32-WROOM-32モジュールであれば，MicroPython上でBluetooth LEによる通信を行うことができます．MicroPythonの制約ではなく，BBC micro:bitのハードウェアの制約，すなわちBBC micro:bitでPythonを使うための工夫であることがわかります．BBC micro:bitV2では，RAM容量が128kBに増大されたので，今後，Bluetooth LEによる通信ができるようになるでしょう．

MicroPython プログラム 2
micro:bitでワイヤレス通信を行うMicroPythonプログラム

micro:bitには，独自の通信プロトコルによるワイヤレス通信機能が内蔵されています．もちろん，国内の電波法に基づいた工事設計認証(技適)を取得済みなので，実際に電波を飛ばすことができます．

ここでは図7-7のように，micro:bitに搭載されているボタンAを押したときに文字[A]を，ボタンBを押したときに文字[B]を送信し，また他のBBC micro:bitが送信した文字を，5×5 LED表示画面にスクロール表示するプログラムを作成します．

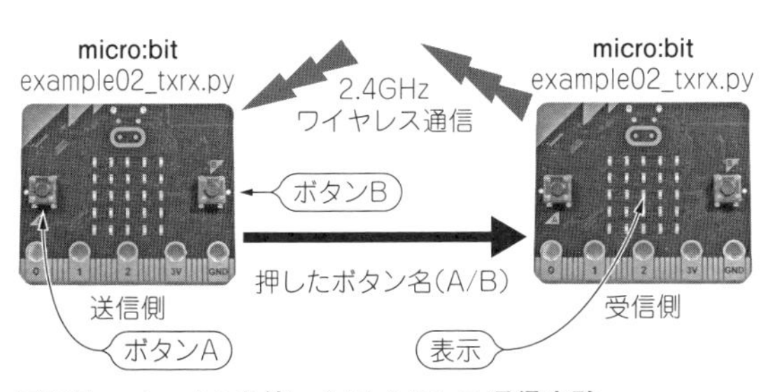

図7-7　micro:bitを使ったワイヤレス通信実験
ボタンAを押したときに文字[A]を，ボタンBを押したときに文字[B]を送信し，ボタン名を表示する

リスト7-2　ワイヤレス通信を行うプログラムexample02_txrx.py
本体LED表示画面に｢Rdy｣を表示し，ボタンの入力とワイヤレス通信を待ち受ける．ボタンを押すと，両方のmicro:bitにボタン名が表示される

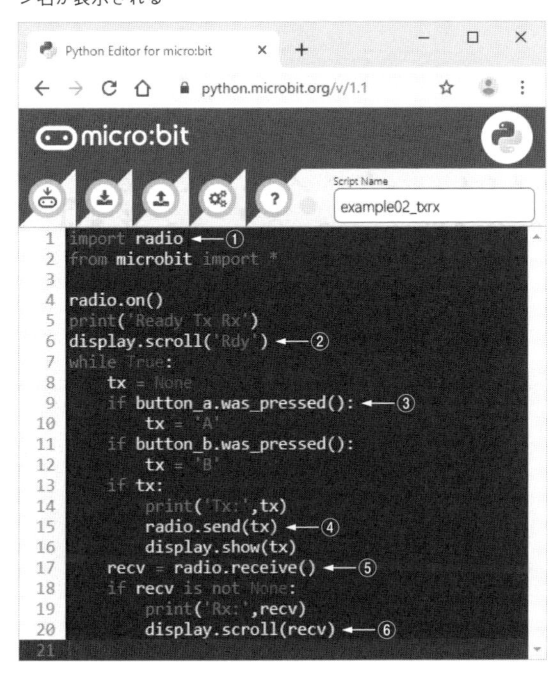

2台のBBC micro:bitを準備し，リスト7-2のプログラムを書き込むと，本体LED表示画面に[Rdy]が表示され，ボタンの入力とワイヤレス通信を待ち受けます．ボタンを押すと，ボタン名(AまたはB)を送信し，送信側と受信側の両方にボタン名を表示します．以下に，プログラムの主要な処理について説明します．

① ワイヤレス通信を行うためのライブラリradioを組み込みます．
② 本体の5×5 LED表示画面に準備完了を示す[Rdy]をスクロール表示します．
③ ボタン状態の変化を確認し，開放状態から押下状態に変化していた場合に，変数txに文字[A]を代入します．押下確認用の命令には，is_pressedとwas_pressedがあり，is_pressedは現在のボタン状態を取得するのに対し，was_pressedは過去の押下有無を取得します．押下有無は，was_pressedを実行するたびにリセットされます．
④ ワイヤレス送信を行うradio.send命令を使って変数tx内の文字を送信します．
⑤ 他のmicro:bitが送信したデータを受信するradio.receive命令を使って，受信した文字列を変数recvに代入します．
⑥ 変数recvに代入された文字列をスクロール表示します．

動作中の実行ログを確認するために，2台のMicro:bitをラズベリー・パイのUSBに接続すると，それぞれのUSBは，ttyACM0とttypACM1のように別々のシリアル・ポートとして認識されます．2つのLXTerminalを起動し，各シリアル・ポートを図7-8のように指定することで，両方のmicro:bitの動作を同時に確認することができます．

```
pi@raspberrypi:~ $
        stty -F /dev/ttyACM0 sane igncr 115200
pi@raspberrypi:~ $ cat /dev/ttyACM0
Ready Tx Rx
Tx: B
Tx: A
Tx: A
```

```
pi@raspberrypi:~ $
        stty -F /dev/ttyACM1 sane igncr 115200
pi@raspberrypi:~ $ cat /dev/ttyACM1
Ready Tx Rx
Rx: B
Rx: A
Rx: A
^C (キーボードから[Ctrl]+[C]を入力)
pi@raspberrypi:~ $
```

図7-8　サンプル・プログラムの実行ログ
2台のBBC micro:bitをUSB接続し，LXTerminalを2つ起動する．それぞれのシリアルは，ttyACM0とttyACM1のように別々に認識される

MicroPython プログラム③
micro:bit で温度センサ送信

今度は，温度センサ送信機のプログラムを制作します．**図7-9**のように，micro:bit内蔵の温度センサから値を読み取り，約5秒ごとにワイヤレスで送信します．送信された温度値は，前節の簡単ワイヤレス通信実験を行うPythonプログラムで受信します．

リスト7-3に示すワイヤレス温度センサのプログラムexample03_temp.pyの温度センサの処理内容を以下に示します．

① 構文whileを使って，以下の処理①～③を繰り返し実行します．

② 内蔵温度センサから温度値を取得するには，temperature命令を使用します．取得した数値をstr命令で文字列に変換し，変数txに代入します．

③ ワイヤレス送信を行うradio.send命令を使って変数txの内容を送信します．

④ 待ち時間処理を行う命令sleepを使って5秒間待機します．

他にも，明るさが変化したときに照度値を送信するプログラムexample03_illum.pyや，本体が傾いたときに重力加速度を送信するプログラムexample03_accem.py，マイクに音が入力されたときにその音量を送信するexample03_v2_mic.py(V2専用)も同じフォルダに収録しました．各プログラムの機能はp.101の**表7-1**を参照してください．

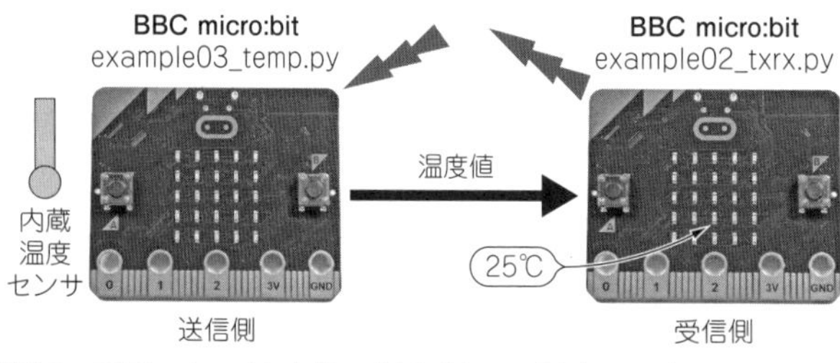

図7-9　BBC micro:bitを使ったワイヤレス温度センサ
送信側の内蔵温度センサから取得した温度値を送信し，受信側で表示する

リスト7-3　ワイヤレス通信を行うプログラム example03_temp.py
本体の5×5 LED表示画面に[Temp]を表示後，5秒ごとに温度値を送信する

```
1  import radio
2  from microbit import *
3
4  radio.on()
5  print('Ready Temp')
6  display.scroll('Temp')
7  while True: ←①
8      tx = str(temperature()) ←②
9      print('Tx:',tx)
10     radio.send(tx) ←③
11     display.scroll(tx)
12     sleep(5000) ←④
13
```

Column 2　micro:bit用Pythonエディタのバージョンの違い

micro:bit用Pythonエディタの機能アイコンは，バージョンによって表示が異なります．

バージョン1.1(**図7-A**)では，左から順にDownload，Save，Loadと続き，大小合わせて7個のアイコンでしたが，バージョン2.0(**図7-B**)では，Download，Connect，Load/Save，Open Serialの9個になりました．

micro:bitにプログラムを書き込むには，本稿で説明した使い方に加え，あらかじめConnectアイコンでmicro:bitに接続しておけば，Downloadアイコンがflashボタンに変わり，Flashボタンの押下で直接プログラムをmicro:bitに書き込むことができます．

バージョン2.0では，Open Serialのアイコンでシリアル通信用ターミナル・ソフトが開きます．

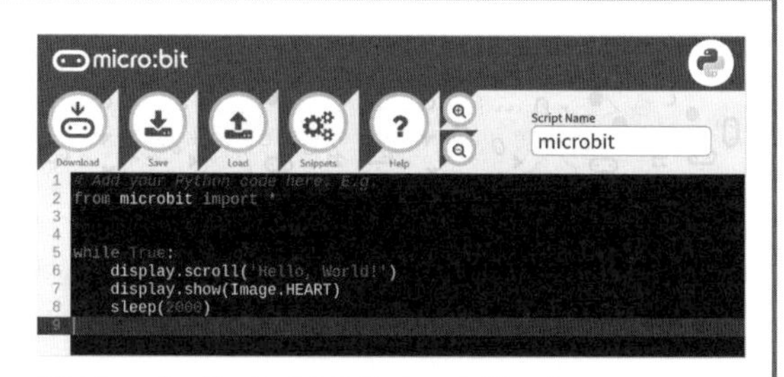

図7-A　バージョン1.1のPythonエディタ

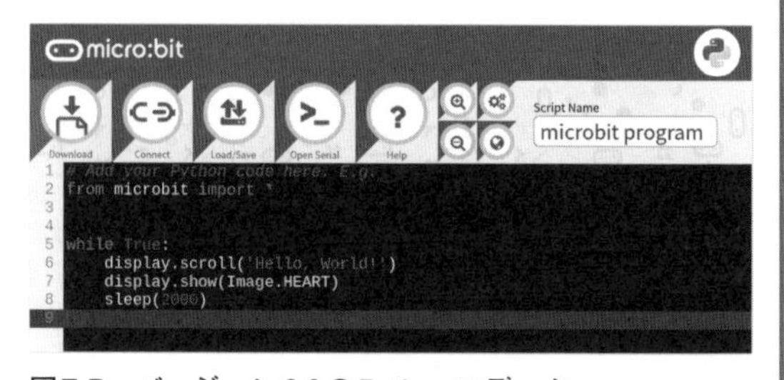

図7-B　バージョン2.0のPythonエディタ

MicroPythonプログラム④ micro:bitをIoT化するための基礎システム製作

micro:bitと通信するには，micro:bit独自の通信プロトコルを変換するルータが必要です．そこで，**図7-10**のように，micro:bitにUSB接続したラズベリー・パイでルータを作り，ラズベリー・パイから各micro:bitの5×5 LED表示画面にメッセージを送信するようにしてみました．

送信側のmicro:bitには，**リスト7-4**のプログラムexample04_router.pyを書き込みます．受信側のmicro:bitは，example04_router.pyまたはexample02_txrx.pyを書き込んでください．ラズベリー・パイからシリアル通信でメッセージをmicro:bitに送るには，ラズベリー・パイ内に保存した[iot]フォルダ内の[micropython]⇒[microbit]フォルダ内のserial_sender.shを実行してください．パラメータ(引き数)なしで実行すると[Hello!]をワイヤレス送信し，パラメータを付与した場合は第1引き数の内容をワイヤレス送信します．

図7-11にexample04_router.pyの実行ログを示します．

以下に，**リスト7-4**のプログラムexample04_router.pyのワイヤレス送信部の主要な動作を説明します．

① シリアル用コマンドuart.readlineは，シリアル通

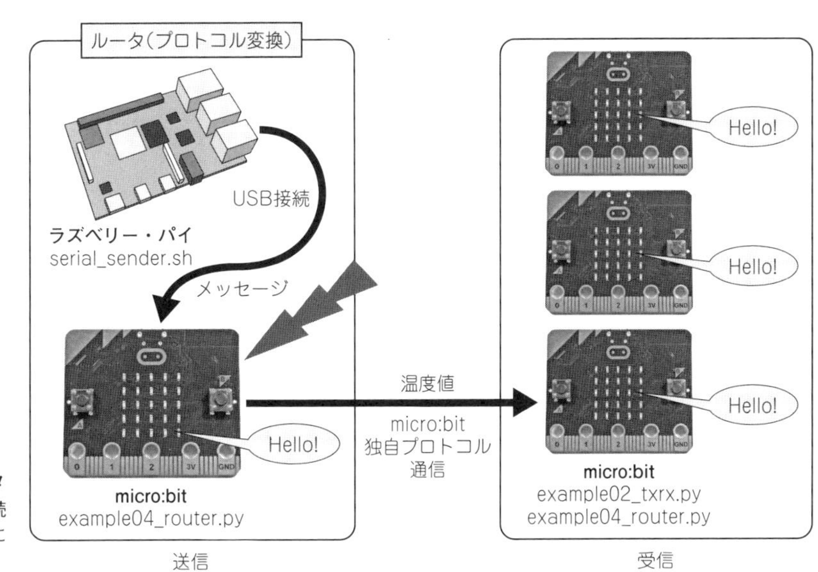

図7-10
micro:bit用プロトコル変換ルータ
ラズベリー・パイのUSB端子に接続したmicro:bitから，他のmicro:bitにメッセージを送信する

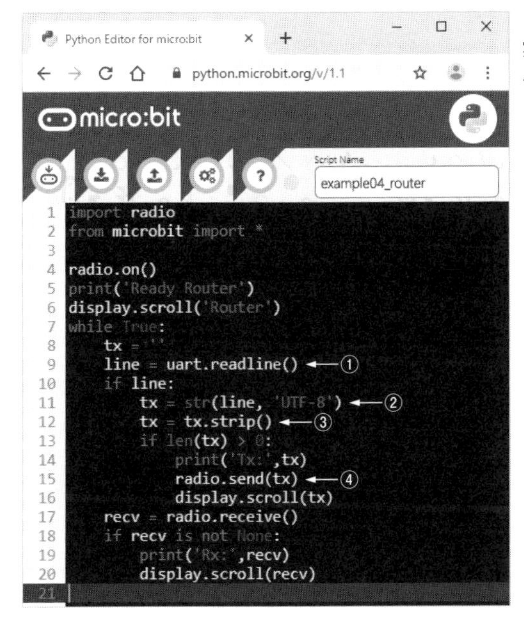


```
1  import radio
2  from microbit import *
3
4  radio.on()
5  print('Ready Router')
6  display.scroll('Router')
7  while True:
8      tx = ''
9      line = uart.readline() ←①
10     if line:
11         tx = str(line, 'UTF-8') ←②
12         tx = tx.strip() ←③
13         if len(tx) > 0:
14             print('Tx:',tx)
15             radio.send(tx) ←④
16             display.scroll(tx)
17     recv = radio.receive()
18     if recv is not None:
19         print('Rx:',recv)
20         display.scroll(recv)
21
```

リスト7-4　IoTワイヤレス通信を行うプログラムexample04_router.py
実行すると，本体の5×5 LED表示画面に[Router]を表示し，ラズベリー・パイのシリアルから受け取った文字列をワイヤレス送信する．またワイヤレス受信した文字列はラズベリー・パイのシリアルに出力する

```
microbit08.png pi@raspberrypi:
                ~ $ cd ~/iot/micropython/microbit
pi@raspberrypi:~/iot/micropython/microbit
                          $ ./serial_sender.sh
pi@raspberrypi:~/iot/micropython/microbit
                   $ ./serial_sender.sh Wataru
```

```
pi@raspberrypi:~
                  $ cd ~/iot/micropython/microbit
pi@raspberrypi:~/iot/micropython/microbit
                          $ ./serial_logger.py
Serial Logger (usage: ./serial_logger.py /dev/
ttyACMx)
Ready Router
Tx: Hello!
Tx: Wataru
```

図7-11　サンプル・プログラムexample04_router.pyの実行ログ
ラズベリー・パイにUSB接続したBBC micro:bitへ[Hello!]などのメッセージを送信した

信ポートから1行分のデータを受信するコマンドです．USB接続したラズベリー・パイからメッセージを受信し，変数lineにバイト列形式で代入します．

② 変数lineに格納されている受信データを文字列に変換し，変数txに代入します．MicroPythonはバイナリ列を変換するdecode命令が使えないので，str命令で変換する文字コード体系を指定して変換します．

③ 文字列操作コマンドstripは文字列の両端から空白や改行を削除する命令です．ここでは，末尾の改行文字を削除します．

④ 文字列変数tx内の文字列をradio.send命令を使ってワイヤレス送信します．

以上のようにmicro:bitにラズベリー・パイをつなぐことでmicro:bit同士が独自プロトコルで通信していることを意識することなしに使えるようになります．さらに以下の情報や機能を追加することも可能です．

- micro:bit側ネットワークの識別用の情報(他のネットワークとの干渉防止機能)
- 個々の受信用micro:bitを識別するための情報
- これらに応じた情報伝達経路の切り替え機能

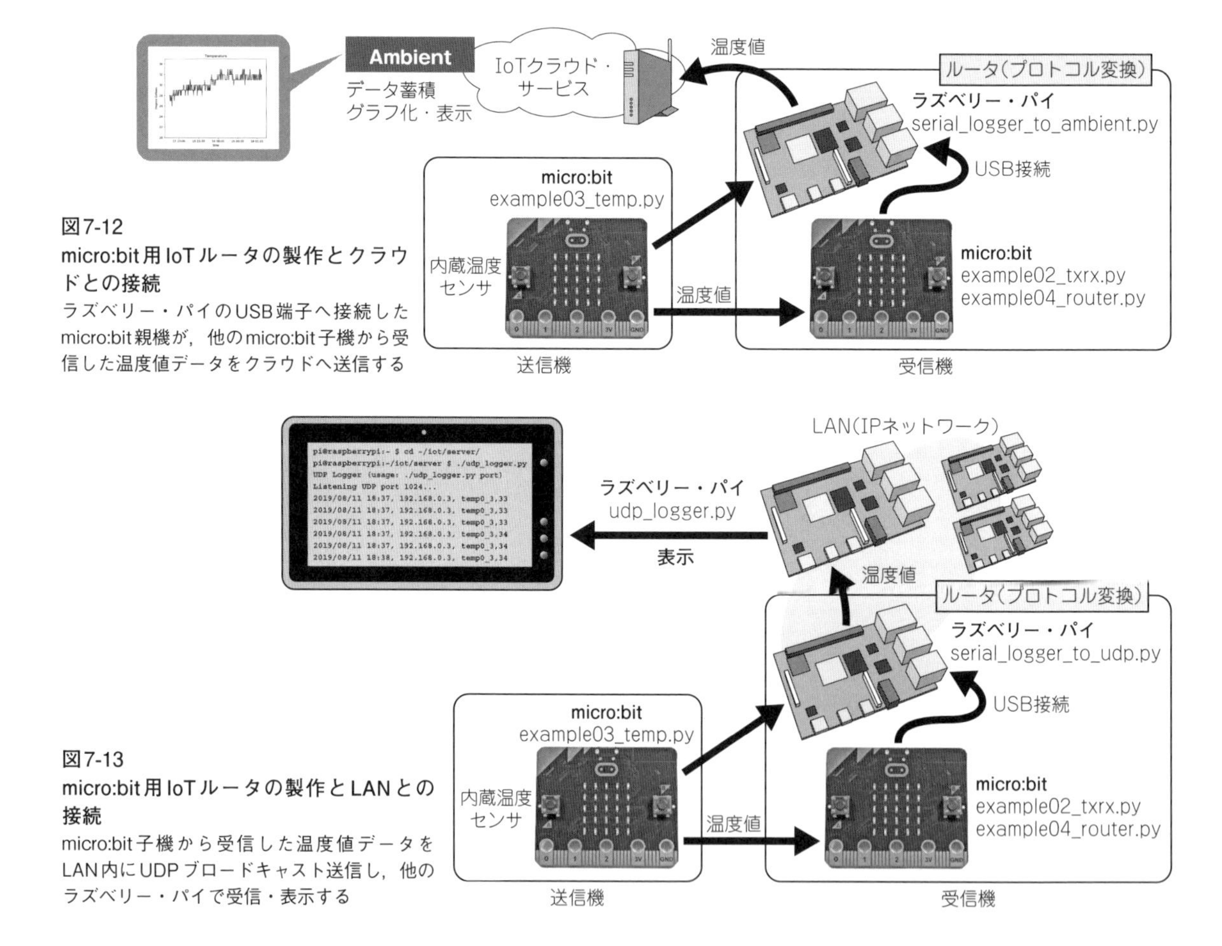

図7-12
micro:bit用IoTルータの製作とクラウドとの接続
ラズベリー・パイのUSB端子へ接続したmicro:bit親機が，他のmicro:bit子機から受信した温度値データをクラウドへ送信する

図7-13
micro:bit用IoTルータの製作とLANとの接続
micro:bit子機から受信した温度値データをLAN内にUDPブロードキャスト送信し，他のラズベリー・パイで受信・表示する

MicroPythonプログラム 5 ラズパイでクラウドに転送

micro:bitを使用した温度センサ送信機が送信した温度値をラズベリー・パイで受信し，そのラズベリー・パイで温度値をクラウドに転送します．

ハードウェアの構成を**図7-12**に示します．受信側のmicro:bitをラズベリー・パイのUSB端子に接続します．ラズベリー・パイ上では，プロトコルを変換するルータ機能ソフトserial_logger_to_ambient.pyを実行し，micro:bitが受信した温度値データをIoTクラウド・サービスAmbientに転送します．

ラズベリー・パイ側のLAN内にUDPでブロードキャスト送信し，他の複数のラズベリー・パイで受信することもできます．**図7-13**のように，ルータとなるラズベリー・パイ上でserial_logger_to_udp.pyを実行し，同じLAN内にあるラズベリー・パイ上でudp_logger(iot/server内)を実行すると受信できます．

補足 MicroPythonとPython

MicroPythonはPythonの機能から，組み込み用マイコンで使用する機能を切り出したものだと考えれば，良いでしょう．制約があるように感じられるかもしれませんが，これは，組み込み用マイコンのハードウェアやメモリの制約の観点から意図的に設けられたものです．組み込み用マイコンの少ないメモリでPythonを動作させるための工夫といったほうが適切です．

MicroPythonのライブラリや命令には，名前の先頭にμ(マイクロ)を意味するuが付与されているものがあります．例えば，IP(インターネット・プロトコル)のソケット通信スタックとしてμSocketライブラリ(usocket)が，また，JSON形式用にμJsonライブラリ(ujson)が準備されています．これらは，Pythonのsocketライブラリやjsonライブラリを簡略化したもので，マイコンのメモリ負荷などを減らすことができます．

同じMicroPythonであっても，マイコンの処理能力やメモリ容量によって機能に違いがあります．例えば，micro:bit用に製作したMicroPythonのサンプル・プログラムでは，バイト列から文字列に変換するdecode命令が使えず，str命令を使用しました．文字列をバイト列に変換する場合はencodeの代わりにbyte命令を使用します．また，ソケット通信やJSON用ライブラリも実装されていません．一方，SMT32マイコン用のMicroPythonでは，decode命令やencode，socket，usocket，json，ujsonを使用することができます．

ライブラリや命令だけではなく，パラメータやデータ構造などが簡略化されていることもあり，Pythonのプログラムがそのまま動くとは限りません．

こういった制約(工夫)は，マイコンの進化とともに緩和されていくと思いますが，MicroPythonを使うにあたっては，意識しておく必要があります．将来，仮にMicroPythonが現在のPythonに追いついたとしても，PCやサーバ上で動作するPythonは，さらに進化しています．また，ハードウェアの制約がPCと変わらないのであれば，そもそもMicroPythonの存在意義がなくなります．

MicroPythonは，潤沢なメモリを要しないことで，より低消費電力，より小型・軽量，より低価格な組み込みマイコン上で動作する点が最大の特長です．実際のところ制約と感じてしまって不便に感じることもありますが，特長を得るための工夫であり，むしろPythonと同じような記述でプログラムの制作が行える便利さを実感して欲しいと思います．

表7-1にこの章関連のmicro:bit/ラズベリー・パイ用Pythonプログラム一覧を示します．

表7-1　筆者が作成したBBC micro:bit / ラズベリー・パイ用プログラム

ターゲット	プログラム名	内　容
BBC micro:bit	example01_hello.py	BBC micro:bitのLED表示画面に「Hello, world!」を表示する
BBC micro:bit	example02_txrx.py	BBC micro:bit上のボタン操作情報をワイヤレス送信/受信する
BBC micro:bit	example03_temp.py	BBC micro:bit内蔵・温度センサの情報をワイヤレス送信する
BBC micro:bit	example03_accem.py	BBC micro:bit内蔵・加速度センサの情報をワイヤレス送信する
BBC micro:bit	example03_illum.py	BBC micro:bit内蔵・照度センサの情報をワイヤレス送信する
BBC micro:bit	example03_v2_mic.py	BBC micro:bit V2 内蔵・マイクの情報をワイヤレス送信する
BBC micro:bit	example02_v2_txrx.py	BBC micro:bit V2 のタッチセンサの情報をワイヤレス送信する
BBC micro:bit	example04_router.py	ワイヤレス送受信情報をUSB接続したラズベリー・パイへ中継する
ラズベリー・パイ	serial_logger.py	USB接続したBBC micro:bitのシリアル出力情報を表示する
ラズベリー・パイ	serial_logger.sh	BBC micro:bitシリアル出力を表示するserial_logger.pyの簡易版
ラズベリー・パイ	serial_logger_to_ambient.py	BBC micro:bitから数値を受信し，Ambientへの送信を行う
ラズベリー・パイ	serial_logger_to_udp.py	BBC micro:bitから数値を受信し，UDP/IP送信を行う
ラズベリー・パイ	serial_sender.sh	ラズベリー・パイからBBC micro:bitのシリアルへ送信する

● ワイヤレス照度センサ送信機

図7-9の温度センサ送信機と同じ構成で，プログラムをexample03_illum.pyに書き換えると，照度センサ送信機を製作することができます．

micro:bit内蔵の照度センサを使って1秒ごとに照度値を確認し，5以上変化したときに，照度値を送信します．照度値は明るさに応じた0～255の値です．

● ワイヤレス加速度センサ送信機

温度センサ，照度センサと同じ構成で，プログラムをexample03_accem.pyに書き換えると，重力加速度センサ送信機を製作することができます．micro:bit内蔵の重力加速度センサを使って1秒ごとに加速度を確認し，加速度が26mg以上変化したときに加速度値(10分の1mg)を送信します．

ダウンロード：https://github.com/bokunimowakaru/iot/tree/master/micropython/microbit
ラズベリー・パイ：git clone https://github.com/bokunimowakaru/iot; cd iot/micropython/microbit

第8章 STM32マイコン用MicroPythonプログラム

STマイクロエレクトロニクス製STM32F767ZIは，LAN接続が可能なEthernetインターフェースを内蔵した32ビットARM Cortex-M7ベースのSTM32マイコンです．LAN経由でインターネットに接続できるので，IoT搭載マイコンと言っても良いでしょう．また，同マイコンを搭載したSTM32マイコン開発ボードNUCLEO-F767ZIには，**写真8-1**のようにLAN接続用Ethernetコネクタが標準装備されているので，手軽にMicroPythonを使ったIoT機器を製作することができます．

1 NUCLEO-F767ZIへMicroPythonのファームウェアを書き込む

STM32マイコンのEthernet対応ファームウェアは，公式配布されているMicroPythonのソースに含まれています．しかし，今のところビルドしたものは配布されておらず，またビルド手順も複雑なので，筆者が準備したスクリプトを使用してインストールしてください．

ファームウェアをSTM32マイコン開発ボードNUCLEO-F767ZIに書き込むには，CN11の7番ピン(BOOT0)とCN8の7番ピン(3V3)をジャンパ・ワイヤで接続した状態で，CN13のMicro USBをラズベリー・パイのUSB端子に接続し，CN1の電源用Micro USB端子へ5Vを供給します(**写真8-2**)．

ダウンロードしたiotフォルダ内のmicropython/nucleo-f767zi/install.shを実行すると必要なファイル

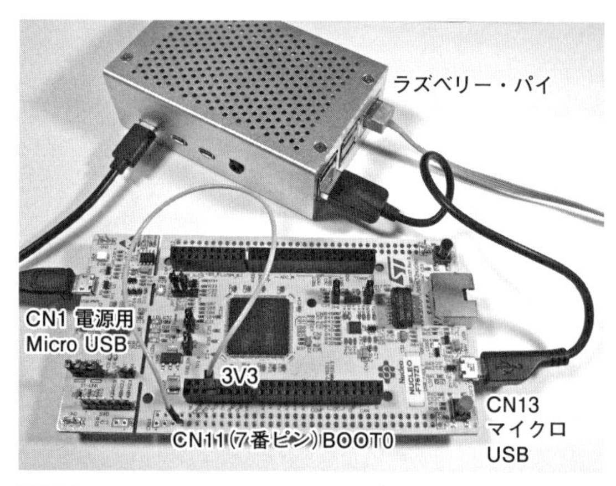

写真8-2　MicroPythonのファームウェアを書き込むための構成例
STM32マイコン開発ボードNUCLEO-F767ZIのBOOT0をHレベルに設定し，CN1から電源を供給するとSTM32マイコンがファームウェア書き換えモードで起動する

写真8-1　LAN接続用Ethernetインターフェース内蔵のSTM32マイコンを搭載したNUCLEO-F767ZI
LAN接続用Ethernetコネクタを装備しているので，手軽にMicro Pythonを使ったIoT機器が製作できる

写真8-3　ファームウェア書き換えモードに変更するためのBOOT0部の拡大図
STM32マイコンNUCLEO-F767ZIのCN11の7番ピン(BOOT0)のスルー・ホールから，CN8の7番ピン(3V3)をジャンパ・ワイヤで接続する

Column 1　ファームウェアが正しく書き込めないときは

　インストール用スクリプトinstall.shを使ったファームウェアの書き込みに失敗したときは，実行した画面の表示をスクロールさせて，エラーなどを探し，失敗箇所や原因を確認し，対策を検討します．

　MicroPythonのダウンロードやビルドに失敗した場合は，~/micropythonフォルダを削除してから，再実行してみてください．

　MicroPythonのファームウェアの書き込みに失敗した場合は，STM32マイコンがファームウェア書き換えモードになっていない可能性があります．BOOT0がHレベルになっていることを確認し，RESETボタン(黒色)を押して再実行してみます．ラズベリー・パイに複数のSTM32マイコン開発ボードなどが接続されていると，書き込めないことがあるので，書き込みに不要な機器を取り外してください．

```
pi@raspberrypi: $ git clone https://github.com/bokunimowakaru/iot ←未ダウンロード時のみ
                                        ～～省略～～
pi@raspberrypi: $ cd ~/iot/micropython/nucleo-f767zi/
pi@raspberrypi:~/iot/micropython/nucleo-f767zi $ ./install.sh
NUCLEO-F767ZI 用 MicroPython のファームウェアを作成し，書き込みます
参考文献：https://blog.boochow.com/article/459702269.html
ご注意：動作保証はありません
Crtl + C で中止します.

gcc-arm-none-eabi をインストールします
                                        ～～省略～～
MicroPython をダウンロードします
                                        ～～省略～～
MicroPython をビルド(コンパイル)します
                                        ～～省略～～
/home/pi/micropython/ports/stm32/build-NUCLEO_F767ZI
-rw-r--r-- 1 pi pi  356945 8月 24 22:54 firmware.dfu ←ビルドしたファームウェア
-rwxr-xr-x 1 pi pi  785852 8月 24 22:54 firmware.elf
-rw-r--r-- 1 pi pi 1004109 8月 24 22:54 firmware.hex
-rw-r--r-- 1 pi pi 1449299 8月 24 22:54 firmware.map

dfu-util をインストールします
                                        ～～省略～～
NUCLEO-F767ZI へ MicroPython のファームウェアを書き込みます
「no」を入力すると終了します
yes/no >yes
                                        ～～省略～～
done parsing DfuSe file
書き込みを完了しました.

終了します
Done
pi@raspberrypi:~/iot/micropython/nucleo-f767zi $
```

図8-1　MicroPythonのファームウェアを書き込むようす
GitHubから筆者が作成したiotフォルダをラズベリー・パイにダウンロードし，iotフォルダ内のmicropython/nucleo-f767zi/install.shを実行した

のダウンロード，ビルドが行われます．各種のツールやMicroPythonなどのダウンロードとビルドには，5～10分程度の時間を要します．

　MicroPythonのビルドに成功すると，マイコンへの書き込み待ち状態になるので，[Enter]キーを押し，ビルドしたファームウェアをNUCLEO-F767ZIへ書き込みます(**図5-1**)．書き込み後，CN11の7番ピン(BOOT0)のジャンパ・ワイヤを取り外し，RESETボタン(黒色)を押してください．

　これでSTM32マイコンでMicroPythonを使用する準備ができました．

2 NUCLEO-F767ZIで製作するSTM32マイコン版IoTボタン

　MicroPythonのファームウェアを書き込んだSTM32マイコン開発ボードNUCLEO-F767ZI上のUSERボタン(青色)を押したときに，UDPでブロードキャスト送信を行うIoTボタンを製作してみましょう(**図8-2**)．

　プログラムの書き込みはUSB経由で行います．STM32マイコン開発ボードNUCLEO-F767ZIのCN13のMicro USBをラズベリー・パイのUSB端子へ接続すると，ストレージ・デバイスPYBFLASHとして認識されるので，**図8-3**のように，LXTerminalからコピー・コマンドcpでファイル名main.pyとしてコピーします．

　IoTボタンのサンプル・プログラムはiot_btn.pyです．コピー中は緑色のLED(LD1)が点灯し，コピー完了後に消灯します(**写真8-4**)．消灯後5秒ほど待ってから黒色のRESETボタンを押すとプログラムが起動し，緑色のLED(LD1)が点灯します．点灯しない場合や，複数のLEDが点滅する場合は，再度，プログラムを書き込んでください．

　動作ログを確認するには，**図8-3**のようにmicro:bit用のフォルダ内のserial_logger.pyまたは，シリアル通信用ターミナル・ソフトcu，screen，minicom，

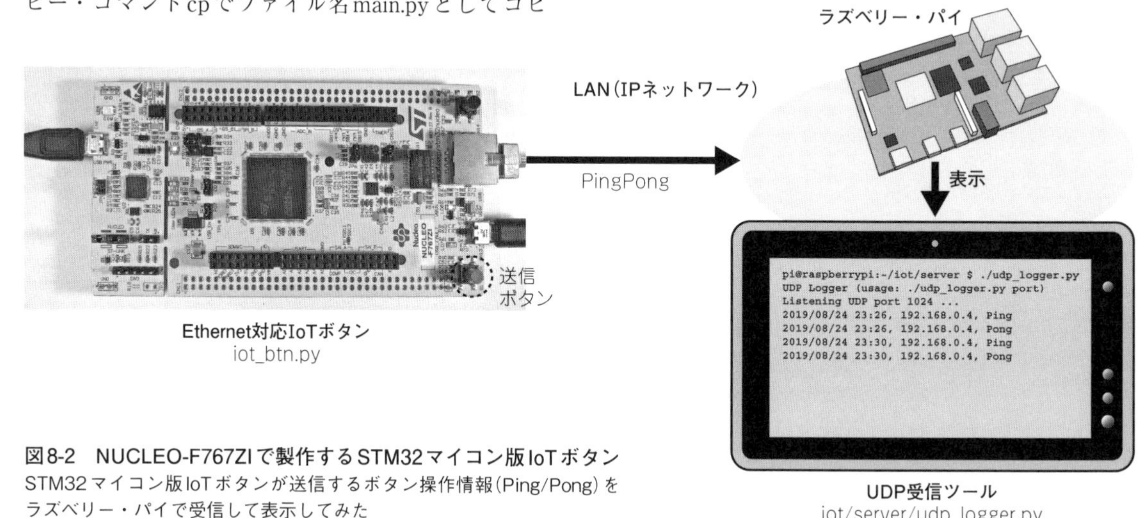

図8-2　NUCLEO-F767ZIで製作するSTM32マイコン版IoTボタン
STM32マイコン版IoTボタンが送信するボタン操作情報(Ping/Pong)をラズベリー・パイで受信して表示してみた

```
pi@raspberrypi:~ $
          cd ~/iot/micropython/nucleo-f767zi
pi@raspberrypi:~/iot/micropython/nucleo-f767zi $
      cp iot_btn.py /media/pi/PYBFLASH/main.py

pi@raspberrypi:~/iot/micropython/nucleo-f767zi $
                       ../microbit/serial_logger.py
Serial Logger (usage: ./microbit/serial_logger.
py /dev/ttyACMx)
B1 User = 1 Ping
B1 User = 0 Pong
B1 User = 1 Ping
B1 User = 0 Pong
```

```
pi@raspberrypi:~ $ cd ~/iot/server
pi@raspberrypi:~/iot/server $ ./udp_logger.py
UDP Logger (usage: ./udp_logger.py port)
Listening UDP port 1024 ...
2019/08/24 23:26, 192.168.0.4, Ping
2019/08/24 23:26, 192.168.0.4, Pong
2019/08/24 23:30, 192.168.0.4, Ping
2019/08/24 23:30, 192.168.0.4, Pong
```

図8-3　サンプル・プログラムをSTM32マイコンに書き込み，実行したときの例
コピー・コマンドでサンプル・プログラムiot_temp.pyを書き込み，動作ログをserial_logger.pyで確認しながら，UDP通信をラズベリー・パイ用udp_loggerで確認した

写真8-4　NUCLEO-F767ZIの3つのユーザLED(LD1～LD3)
STM32マイコン開発ボードNUCLEO-F767ZIには緑色に点灯するLD1，青色のLD2，赤色のLD3，この3つのLEDが実装されている．プログラム書き込み中は緑色のLD1が点灯する

リスト8-1　STM32マイコン版IoTボタン用サンプル・プログラムiot_btn.py
ネットワーク通信用のライブラリnetworkを組み込み，active命令で起動，ifconfig命令でDHCPクライアント機能を設定する

```
udp_to = '255.255.255.255'                  # UDPブロードキャストアドレス
udp_port = 1024                              # UDPポート番号

import network ←①                            # ネットワーク通信ライブラリ
import socket                                # ソケット通信ライブラリ

pyb.LED(1).on() ←②                           # LED(緑色)を点灯
eth = network.Ethernet() ←③                  # Ethernetのインスタンスethを生成
try:                                         # 例外処理の監視を開始
    eth.active(True) ←④                      # Ethernetを起動
    eth.ifconfig('dhcp') ←⑤                  # DHCPクライアントを設定
except Exception as e:  ┐                    # 例外処理発生時
    pyb.LED(3).on()     │                    # LED(赤色)を点灯
    while True:         ├⑥
        print(e)        │                    # エラー内容を表示
        pyb.delay(3000) ┘                    # 3秒の待ち時間処理

b = 0                                        # ボタン状態を保持する変数bの定義
sw = pyb.Switch() ←⑦
while True:                                  # 繰り返し処理
    while b == sw(): ←⑧                      # キーの変化待ち
        pyb.delay(100)                       # 0.1秒間の待ち時間処理
    b = int(not(b))                          # 変数bの値を論理反転
    if b == 1:                               # b=0:ボタン押下時
        pyb.LED(2).on()                      # LED(青色)を点灯
        udp_s = 'Ping'                       # 変数udp_sへ文字列「Ping」を代入
    else:                                    # b=1:ボタン開放時
        pyb.LED(2).off()                     # LED(青色)を消灯
        udp_s = 'Pong'                       # 変数udp_sへ文字列「Pong」を代入
    print('B1 User', '=', b, udp_s)          # 変数b, udp_sの値を表示
    sock = socket.socket(socket.AF_INET, socket.SOCK_DGRAM)    # ソケット作成
    udp_bytes = (udp_s + '\n').encode()                  # バイト列に変換

    try:
        sock.sendto(udp_bytes,(udp_to,udp_port))         # UDPブロードキャスト送信
    except Exception as e:
        print(e)                                         # エラー内容を表示
    sock.close()                                         # ソケットの切断
```

TeraTermなどを使用します．

STM32マイコン開発ボード上のUSERボタン(青色)を押すと，青色のLED(LD2)が点灯し，シリアルに「B1 User = 1 Ping」が，ボタンを放すと消灯し，シリアルに「B1 User = 0 Pong」が表示されます．LANやDHCPサーバが見つからないときは，赤色のLED(LD3)が点灯します．

ラズベリー・パイでのUDP受信には，別のLX Terminalを開き，iot/server/udp_logger.pyを実行してください．ボード上のUSERボタン(青色)操作が表示されれば，IoTボタンの動作確認の完了です．

以下に，**リスト8-1**のIoTボタンのサンプル・プログラムiot_btn.pyのEthernet部の動作について説明します．UDPの設定部や送信部については，p.50の**リスト4-3**のexample14_iot_btn.pyなどの説明を参考にしてください．

① ネットワーク通信用のライブラリnetworkを組み込みます．

② ハードウェアへアクセスするためのオブジェクトpybを使って緑色のLED(LD1)を点灯します．シリアル・ターミナルがなくても，プログラムの起動を確認できます．

③ Ethernetにアクセスするための変数(オブジェクト)ethを定義(生成)します．

④ 処理③で定義した変数ethにactive命令を付与してEthernetを起動します．TrueはEthernetを有効するための引き数です．

⑤ Ethernetの設定を行うifconfigコマンドを使って，DHCPクライアントを設定します．

⑥ 処理④または⑤の処理を失敗したときに例外処理を行います．赤色のLED(LD3)を点灯し，エラー内容を繰り返し表示します．待ち時間処理には，pyb.delayコマンドを用い，3000ミリ秒間，待機します．

⑦ ボタン状態を取得するための変数(オブジェクト)swを，pyb.Switch()コマンドを用いて，定義します．

⑧ 処理⑦で定義した変数swを実行して，ボタン状態を取得します．

3 NUCLEO-F767ZIで製作するSTM32マイコン版IoT温度センサ

今度は，STM32マイコン版のIoT温度センサを製作します(**図8-4**)．ハードウェアやネットワークの構成はIoTボタンと同じです．ソフトウェアは，**リスト8-2**のIoT温度センサ用サンプル・プログラムiot_temp.pyをNUCLEO-F767ZIに転送します．IoTボタ

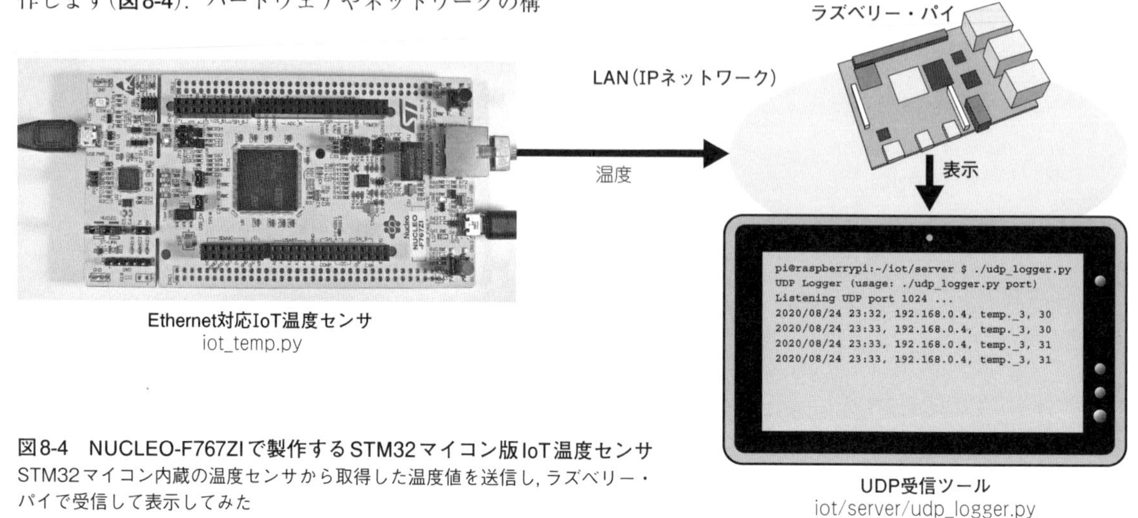

図8-4　NUCLEO-F767ZIで製作するSTM32マイコン版IoT温度センサ
STM32マイコン内蔵の温度センサから取得した温度値を送信し，ラズベリー・パイで受信して表示してみた

リスト8-2　STM32マイコン版IoT温度センサ用サンプル・プログラムiot_temp.py
STM32マイコン内蔵の温度センサの値を読み込み，UDP送信を行う

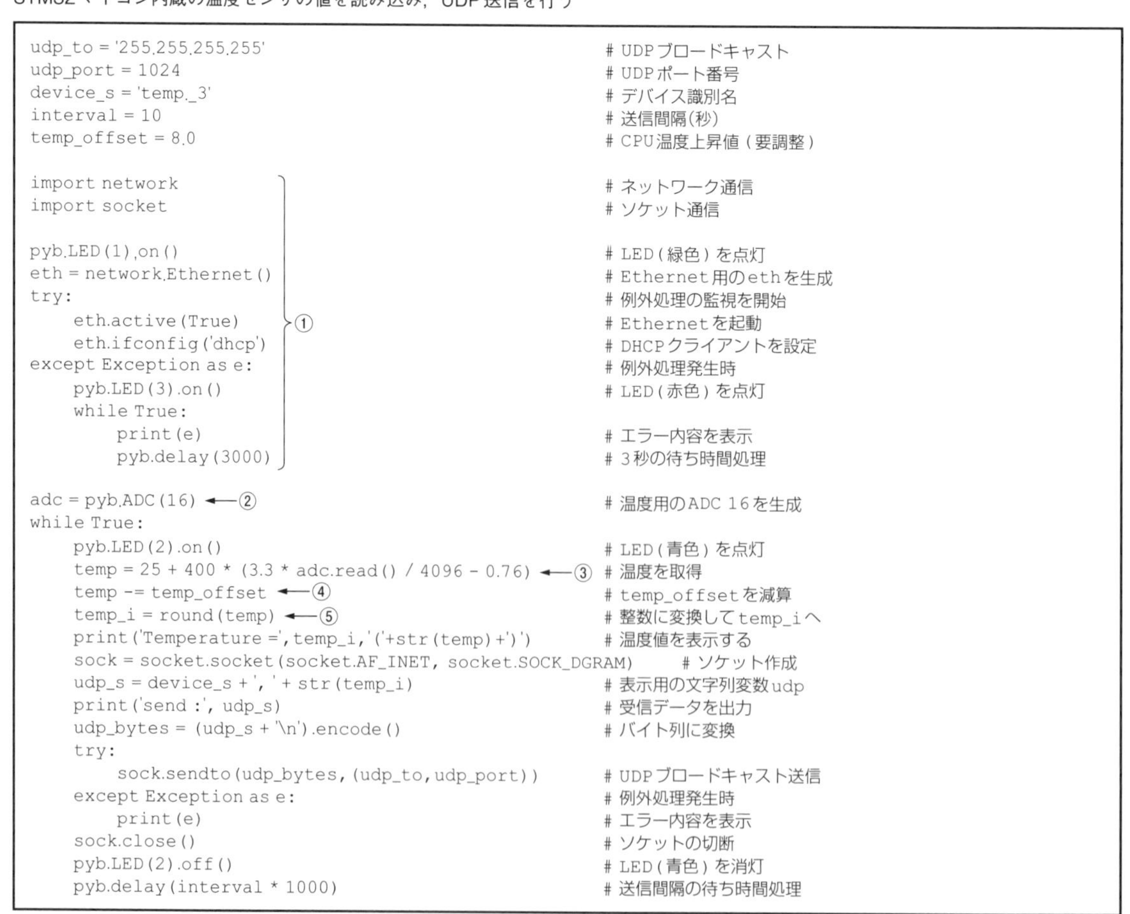

```
udp_to = '255.255.255.255'                                   # UDPブロードキャスト
udp_port = 1024                                              # UDPポート番号
device_s = 'temp._3'                                         # デバイス識別名
interval = 10                                                # 送信間隔(秒)
temp_offset = 8.0                                            # CPU温度上昇値(要調整)

import network           ┐                                   # ネットワーク通信
import socket            │                                   # ソケット通信
                         │
pyb.LED(1).on()          │                                   # LED(緑色)を点灯
eth = network.Ethernet() │                                   # Ethernet用のethを生成
try:                     │                                   # 例外処理の監視を開始
    eth.active(True)     ├①                                  # Ethernetを起動
    eth.ifconfig('dhcp') │                                   # DHCPクライアントを設定
except Exception as e:   │                                   # 例外処理発生時
    pyb.LED(3).on()      │                                   # LED(赤色)を点灯
    while True:          │
        print(e)         │                                   # エラー内容を表示
        pyb.delay(3000)  ┘                                   # 3秒の待ち時間処理

adc = pyb.ADC(16) ←②                                        # 温度用のADC 16を生成
while True:
    pyb.LED(2).on()                                          # LED(青色)を点灯
    temp = 25 + 400 * (3.3 * adc.read() / 4096 - 0.76) ←③  # 温度を取得
    temp -= temp_offset ←④                                  # temp_offsetを減算
    temp_i = round(temp) ←⑤                                 # 整数に変換してtemp_iへ
    print('Temperature =',temp_i,'('+str(temp)+')')          # 温度値を表示する
    sock = socket.socket(socket.AF_INET, socket.SOCK_DGRAM)  # ソケット作成
    udp_s = device_s + ', ' + str(temp_i)                    # 表示用の文字列変数udp
    print('send :', udp_s)                                   # 受信データを出力
    udp_bytes = (udp_s + '\n').encode()                      # バイト列に変換
    try:
        sock.sendto(udp_bytes, (udp_to,udp_port))            # UDPブロードキャスト送信
    except Exception as e:                                   # 例外処理発生時
        print(e)                                             # エラー内容を表示
    sock.close()                                             # ソケットの切断
    pyb.LED(2).off()                                         # LED(青色)を消灯
    pyb.delay(interval * 1000)                               # 送信間隔の待ち時間処理
```

```
pi@raspberrypi:~ $ cd ~/iot/micropython/nucleo-f767zi
pi@raspberrypi:~/iot/micropython/nucleo-f767zi $ cp iot_temp.py /media/pi/PYBFLASH/main.py

pi@raspberrypi:~/iot/micropython/nucleo-f767zi $ sudo apt-get install cu
                                    ～～シリアル通信ターミナルcuのインストール～～
pi@raspberrypi:~/iot/micropython/nucleo-f767zi $ cu -s 115200 -l /dev/ttyACM0
Connected.
Temperature = 29 (28.82031250000004)
send : temp._3, 29
Temperature = 29 (29.14257812500002)
send : temp._3, 29
Temperature = 30 (29.78710937500001)
send : temp._3, 30
^C (キーボードから[Ctrl]+[C]を入力)
Traceback (most recent call last):
 File "main.py", line 51, in <module>
KeyboardInterrupt:
MicroPython v1.9.4-133-g78c51a917 on 2019-08-24; NUCLEO-F767ZI with STM32F767
Type "help()" for more information.
>>>
^D (キーボードから[Ctrl]+[D]を入力)
PYB: sync filesystems
PYB: soft reboot
Temperature = 30 (30.10937500000002)
send : temp._3, 30
~. (キーボードからチルダ[~]とピリオド[.]を入力)
Disconnected.
pi@raspberrypi:~ $
```

```
pi@raspberrypi:~ $ cd ~/iot/server
pi@raspberrypi:~/iot/server $ ./udp_logger.py
UDP Logger (usage: ./udp_logger.py port)
Listening UDP port 1024 ...
2019/08/24 23:40, 192.168.0.4, temp._3, 29
2019/08/24 23:40, 192.168.0.4, temp._3, 29
2019/08/24 23:40, 192.168.0.4, temp._3, 30
2019/08/24 23:40, 192.168.0.4, temp._3, 30
```

図8-5　サンプル・プログラムをSTM32マイコンに書き込み，実行したときの例
コピー・コマンドでサンプル・プログラムiot_temp.pyを書き込み，動作ログをserial_logger.pyで確認しながら，UDP通信をラズベリー・パイ用udp_loggerで確認した

ンとの違いとなるアナログ値の入力を行う処理については，以下で説明します．

① IoTボタンと同じLAN接続処理を行います．
② 温度センサはA-Dコンバータのポート16に接続されているので，pyb.ADC(16)で変数(温度用A-Dコンバータのオブジェクト)adcを定義(生成)します．
③ 定義したadcに対してread命令を実行し，取得した値から温度値を計算し，数値変数tempに代入します．
④ 数値変数tempに代入された温度値から，プログラムの冒頭で定義したCPU温度上昇値を減算します．
⑤ 丸め計算用の関数roundを使って，数値変数tempに代入された温度値の小数点以下を丸め，整数値に変換します．整数変換用の関数intの場合は，小数点以下を切り捨てますが，roundの場合は丸め誤差が少なくなるように切り捨てまたは切り上げを行います．

動作ログの確認には，micro:bit用のフォルダにあるserial_logger.pyが利用できますが，ここではシリアル通信用ターミナル・ソフトcuを使った例を図5-5に示します．初めて使用するときは，sudo apt-getでcuをインストールしてください．実行時は，オプション「-s」で通信速度115200bpsと，「-l」でシリアル・ポート名/dev/ttyACM0を指定します．

```
$ cu -s 115200 -l /dev/ttyACM0
```

シリアル通信用ターミナル・ソフトcuを使った場合，[Ctrl]＋[C]で実行中のプログラムを止めたり，[Ctrl]＋[D]でソフトウェア・リセットの実行を行ったり，Pythonコマンドを直接入力(補足「MicroPythonのREPLモードの操作方法」を参照)したりすることができます．

シリアル接続を切断するには，チルダ「～」とピリオド「.」を入力します．

他にも，screen，minicom，Tera Termをなどが使用できます．

4 NUCLEO-F767ZIで製作する STM32マイコン版UDPモニタ

これまでに製作した各種IoTボタンが送信するボタン操作情報や，IoT温度センサが送信する温度値を受信し，Arduino用LCDシールドに表示する「UDPモニタ」を，STM32マイコン開発ボードNUCLEO-F767ZIで製作します(**図8-6**).

ラズベリー・パイ用のudp_logger.pyを基に，STM32マイコン版udp_logger.py(LCD不要)と，LCD表示機能を追加した**リスト8-3**のudp_logger_lcd.py(要LCDシールド)を作成しました(**写真8-5**).

STM32マイコン開発ボードNUCLEO-F767ZIにはArduino用シールドと同じピン配列の拡張端子が搭載されているので，Arduino用LCD Keypad Shield(DF ROBOT製，SainSmart製など)を取り付けることができます．LCD Keypad Shieldの動作電圧は5Vで，開発ボードの信号レベルは3.3Vのため，本来は信号レベル変換が必要ですが，実力的には装着するだけで使用できます.

LCD制御用ドライバlcd.pyは，MicroPythonのファームウェアを書き込むinstall.shを実行したときに，ラズベリー・パイ内にダウンロードされています．**図8-7**のようにコピー・コマンドを使い，ファイル名を変更せずに，STM32マイコンへ書き込み，続けてサンプル・プログラムudp_logger_lcd.pyを書き込みます．両方のファイルの書き込みが完了(緑色のLEDが消えてから5秒以上)してから，黒色のRESETボタンを押してください.

製作したUDPモニタを起動後，IoTボタンやIoT温度センサなどからUDPデータを受信すると，LCDの1行目に送信元IPアドレスが，2行目に受信データが表示されます．LCDなしのudp_logger.pyの場合は，動作ログとして受信データをシリアル出力します．serial_logger.pyなどでシリアル・データを確認できます.

以下に，**リスト8-3**のudp_logger_lcd.pyのおもにLCD表示部の処理内容について説明します.

① LCD制御用ドライバ(ライブラリ)lcd.py内のHD44780を組み込みます.
② 処理①で組み込んだHD44780の変数(オブジェクト)lcdを生成します.
③ 処理②で生成した変数lcd内で使用される配列変数PINSに，LCDのピン割り当て番号を代入します.
④ LCDを初期化する命令initを実行します.
⑤ 表示位置を指定する命令set_lineを使い，1行目の位置0を指定します．2行目の場合は，1です.
⑥ LCDへ文字列を表示する命令set_stringを使って，「UDP Logger LCD」を表示します.

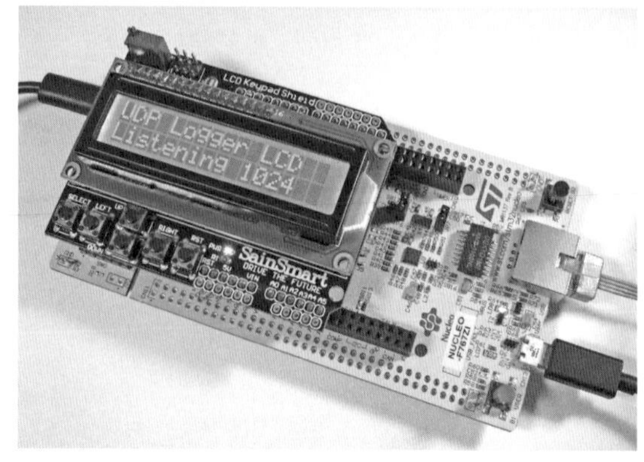

写真8-5　NUCLEO-F767ZIにArduino用LCDシールドを装着したときのようす
Arduino用シールドと同じピン配列の拡張端子が搭載されているので，Arduino用LCD Keypad Shield(DF ROBOT製，SainSmart製など)を取り付けることができる

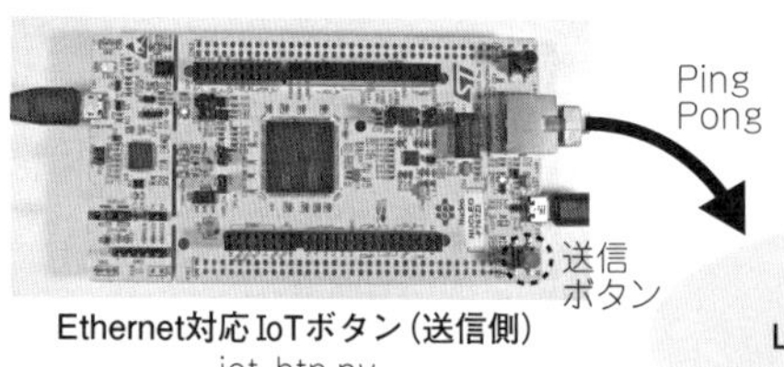

図8-6　NUCLEO-F767ZIで製作するSTM32マイコン版UDPモニタ
製作したSTM32マイコン版IoTボタンとIoT温度センサが送信するボタン操作情報や温度値を受信してLCDに表示する

リスト8-3　STM32マイコン版UDPモニタ用サンプル・プログラムudp_logger_lcd.py
ラズベリー・パイ用のUDPモニタudp_logger.pyを基にLCDシールドへの表示機能を追加した

```
P1060910.JPG port = 1024                                    # UDPポート番号
buf_n= 128                                                  # 受信バッファ容量(バイト)

import network                                              # ネットワーク通信
import socket                                               # ソケット通信
from lcd import HD44780 ←①                                  # LCD表示用ライブラリ

pyb.LED(1).on()                                             # LED(緑色)を点灯
lcd = HD44780() ←②                                          # LCD用インスタンス生成
lcd.PINS = ['D8','D9','D4','D5','D6','D7'] ←③               # LCDのピン番号の割り当て
lcd.init() ←④                                               # LCD初期化
pyb.delay(100)                                              # LCD初期化の完了待ち
lcd.set_line(0) ←⑤                                           # LCDの1行目に移動
lcd.set_string("UDP Logger LCD") ←⑥                          # Send a string

eth = network.Ethernet()                                    # Ethernet用のethを生成
try:
  eth.active(True)                                          # Ethernetを起動
  eth.ifconfig('dhcp')                                      # DHCPクライアントを設定
  sock=socket.socket(socket.AF_INET,socket.SOCK_DGRAM)      # ソケットを作成
  sock.setsockopt(socket.SOL_SOCKET,socket.SO_REUSEADDR,1)    # オプション
  sock.bind(('',port))                                      # ソケットに接続
  print('Listening UDP port', port, '...')                  # ポート番号表示
  lcd.set_line(1)                                           # LCDの2行目に移動
  lcd.set_string('Listening ' + str(port))                  # LCDにポート番号表示
except Exception as e:                                      # 例外処理発生時
  pyb.LED(3).on()                                           # LED(赤色)を点灯
  lcd.set_line(1)                                           # LCDの2行目に移動
  lcd.set_string(str(e))                                    # LCDにエラー内容表示
  while True:
    print(e)                                                # エラー内容を表示
    pyb.delay(3000)                                         # 3秒の待ち時間処理

while sock:                                                 # 永遠に繰り返す
  udp, udp_from = sock.recvfrom(buf_n)                      # UDPパケットを取得
  udp = udp.decode()                                        # UDPデータを文字列に変換
  pyb.LED(2).on()                                           # LED(青色)を点灯
  s=''                                                      # 表示用の文字列変数s
  for c in udp:                                             # UDPパケット内
    if ord(c) >= ord(' ') and ord(c) <= ord('~'):           # 表示可能文字
      s += c                                                # 文字列sへ追加
  if s == 'Ping':                                           # 受信データがPingの時
    pyb.LED(1).off()                                        # LED(緑色)を消灯
    pyb.LED(3).on()                                         # LED(赤色)を点灯
  if s == 'Pong':                                           # 受信データがPongの時
    pyb.LED(1).on()                                         # LED(緑色)を点灯
    pyb.LED(3).off()                                        # LED(赤色)を消灯
  print(udp_from[0] + ', ' + s)                             # 受信データを出力
  lcd.set_line(0)                                           # LCDの1行目に移動
  lcd.set_string(udp_from[0])                               # 送信元を表示
  lcd.set_line(1)                                           # LCDの1行目に移動
  lcd.set_string(s)                                         # 受信データを表示
  pyb.LED(2).off()
sock.close()                                                # ソケットの切断
pyb.LED(1).off()
lcd.clear()
```

```
pi@raspberrypi:~ $ cd ~/iot/micropython/nucleo-f767zi
pi@raspberrypi:~/iot/micropython/nucleo-f767zi $ ls lcd.py
lcd.py ←無い場合:wget https://raw.githubusercontent.com/wjdp/micropython-lcd/master/lcd.py

(LCDドライバの書き込み)
pi@raspberrypi:~/iot/micropython/nucleo-f767zi $ cp lcd.py /media/pi/PYBFLASH/

(サンプル・プログラムの書き込み)
pi@raspberrypi:~/iot/micropython/nucleo-f767zi $ cp udp_logger_lcd.py /media/pi/PYBFLASH/main.py
```

図8-7　LCD用ドライバlcd.pyとサンプル・プログラムudp_logger_lcdをSTM32マイコンに書き込む

5 NUCLEO-F767ZIから インターネットへHTTP通信実験

LAN内でのIPネットワーク送受信ができることがわかったところで，今度はインターネットの世界へ飛び出してみます．ラズベリー・パイやPCがインターネットに接続できても何の驚きもありませんが，基板むき出しのマイコン・ボードがインターネットにつながるとIoT時代の到来を実感し，さらなる応用への期待が高まるでしょう．構成を**図8-8**に示します．

リスト8-4のサンプル・プログラムtcp_htget_basic.pyは，ラズベリー・パイ用example07_htget.pyをNUCLEO-F767ZI用に移植したものです．プログラムの行数が2倍以上になっているのは，使用したSTM32用MicroPythonにurllibライブラリやrequestライブラリが組み込まれておらず，簡易的なHTTP GET処理部を実装したためです．本サンプルのHTTP GETリクエストの主要な処理部についてを以下に示します．

① 文字列変数host_sにインターネット上のHTTPサーバのドメイン名「bokunimo.net」を代入します．
② 取得するファイルのパス「/iot/cq/test.json」を文字列変数path_sに代入します．

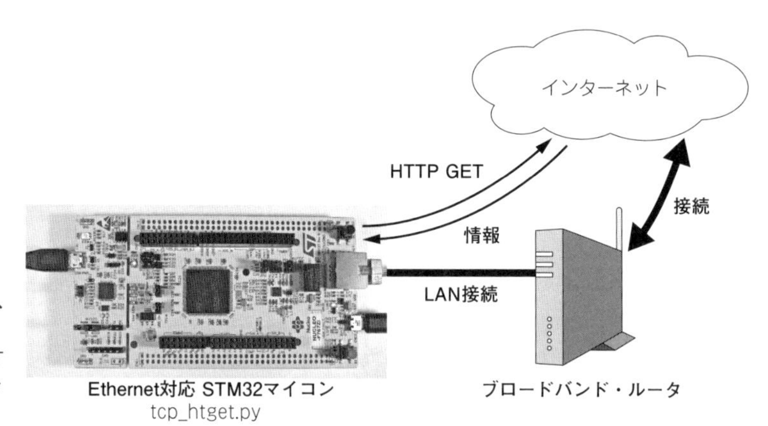

図8-8 NUCLEO-F767ZIからインターネットへHTTP通信実験
Ethernet対応STM32マイコンがHTTP GETでインターネット上の情報を取得する実験を行う

リスト8-4 STM32マイコン版HTTP GETサンプル・プログラムtcp_htget_basic
インターネット上のWebサイトからHTTP GETでJSON形式のデータを受信する

```
import network                                       # ネットワーク通信ライブラリ
import socket                                        # ソケット通信ライブラリ
import json                                          # JSON変換ライブラリを組み込む
from sys import exit                                 # ライブラリsysからexitを組み込む

host_s = 'bokunimo.net' ←①                           # アクセス先のホスト名
path_s = '/iot/cq/test.json' ←②                      # アクセスするファイルパス

pyb.LED(1).on()                                      # LED(緑色)を点灯
eth = network.Ethernet()                             # Ethernetのインスタンスethを生成
try:                                                 # 例外処理の監視を開始
    eth.active(True)                                 # Ethernetを起動
    eth.ifconfig('dhcp')                             # DHCPクライアントを設定
except Exception as e:                               # 例外処理発生時
    print(e)                                         # エラー内容を表示
    exit()

addr = socket.getaddrinfo(host_s,80)[0][-1] ←③       # ホストのIPアドレスとポートを取得
sock = socket.socket() ←④                            # ソケットのインスタンスを生成
sock.connect(addr) ←⑤                                # ホストへのTCP接続を実行
req = 'GET ' + path_s + ' HTTP/1.0\r\n'  }⑥          # HTTP GET命令を文字列変数reqへ代入
req += 'Host: ' + host_s + '\r\n\r\n'    }           # ホスト名を追記
sock.send(req.encode()) ←⑦                           # 変数reqをバイト列に変換してTCP送信

while True:                                          # HTTPヘッダ受信の繰り返し処理
    res = sock.readline().decode() ←⑧                # 1行分の受信データを変数resへ代入
    print(res.strip())                               # 改行を削除して表示
    if res == '\n' or res == '\r\n':                 # ヘッダの終了を検出
        break                                        # ヘッダ終了時にwhileを抜ける
```

```
body = ''                                            # 文字列変数bodyの初期化
while True:                                          # HTTPコンテンツ部の受信処理
    res = sock.readline().decode().strip()  # 1行分の受信データを変数resへ代入
    if len(res) <= 0:                                # 受信データがないときに
        break                                        #           whileループを抜ける
    body += res                                      # コンテンツを変数bodyへ追記

print(body)                                          # 受信コンテンツを表示
res_dict = json.loads(body)                          # JSON形式のデータを辞書型に変換

print('--------------------------------------')     # -----------------------------
print('title :', res_dict.get('title'))              # 項目'title'の内容を取得・表示
print('descr :', res_dict.get('descr'))              # 項目'descr'の内容を取得・表示
print('state :', res_dict.get('state'))              # 項目'state'の内容を取得・表示
print('url   :', res_dict.get('url'))                # 項目'url'内容を取得・表示
print('date  :', res_dict.get('date'))               # 項目'date'内容を取得・表示

sock.close()                                         # ソケットの終了
pyb.LED(1).off()                                     # LED(緑色)を消灯
```

```
MicroPython v1.9.4-133-g78c51a917 on 2019-08-24; NUCLEO-F767ZI with STM32F767
Type "help()" for more information.
>>> HTTP/1.1 200 OK
Server: nginx
Date: Mon, 26 Aug 2019 14:30:39 GMT
Content-Type: application/json
Content-Length: 212
Connection: close
Last-Modified: Sun, 07 Apr 2019 00:14:00 GMT
ETag: "d4-585e598bbc200"
Accept-Ranges: bytes

{"title" : "テスト用ファイル","descr" : "HTTP GET の動作確認に使用します","info" :
                "","state" : "執筆中です","url"  : "https://bokunimo.net/cq/iot/","date"  : "2019/04/01"}
--------------------------------------
title : テスト用ファイル
descr : HTTP GET の動作確認に使用します
state : 執筆中です
url   : https://bokunimo.net/cq/iot/
date  : 2019/04/01
MicroPython v1.9.4-133-g78c51a917 on 2019-08-24; NUCLEO-F767ZI with STM32F767
Type "help()" for more information.
>>>
```

図8-9　STM32マイコンでインターネット上のWebサイトからHTTP GETで取得したJSON形式のデータを表示した

③ ソケット通信ライブラリsocketに含まれるgetaddrinfo関数を使って，ドメインのIPアドレスを得ます．

④ ソケット通信を行うための変数(オブジェクト)を生成します．

⑤ 変数addrへ処理③で取得したIPアドレスを代入します．この変数はタプル型で，文字列型のIPアドレスと整数型のポート番号で構成されます．

⑥ 文字列変数reqにHTTPリクエスト用の電文を代入します．電文には，HTTP Ver 1.0を用いた，HTTP GET命令，処理①のホスト名，処理②のアクセス先パスが含まれます．

⑦ 処理⑥の電文をバイト列に変換し，処理⑤で指定した宛て先に，HTTPリクエストを送信します．

⑧ HTTPリクエストに対する応答を，命令readlineを使って1行だけ受信し，decode命令で文字列に変換し，文字列変数resに代入します．

本サンプル・プログラムは，さまざまなHTTPリクエストに応用することができます．応用例を**図8-9**に示します．例外処理やログを充実させたサンプルtcp_htget.pyも同じフォルダに収録しました．

⑥ NUCLEO-F767ZI版 インターネットてるてる坊主

HTTP GETによるインターネットからの情報取得が利用できるようになったので，**図8-10**のようにインターネットから天気情報を取得し，取得した結果に応じてLEDの色を変えて点灯するプログラムを制作します．

日々の天気の変化は，私たちの生活や活動に影響を与えやすい情報の1つで，普段からスマートフォンやテレビなどで，確認しながら過ごしている人も多いでしょう．LEDの色で天気情報を表示する「インターネットてるてる坊主」は，リビングルームなどに設置することで，家事をしながら，テレビを見ながら，ふと気づいたときに天気情報が得られるIoT機器です．

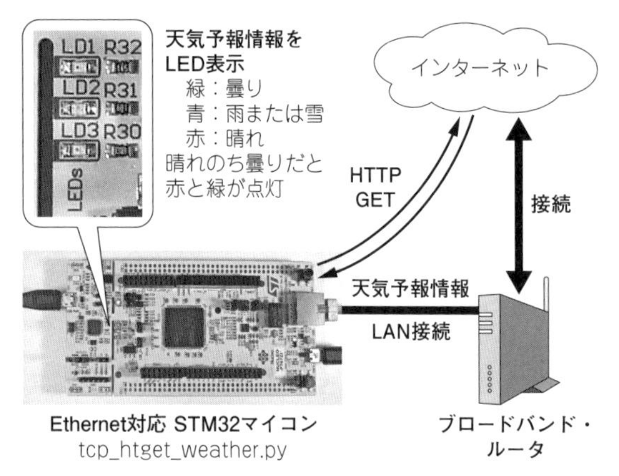

図8-10　NUCLEO-F767ZI版インターネットてるてる坊主
Ethernet対応STM32マイコンが天気情報をインターネットから取得し，LEDで表示する

STM32開発ボードNUCLEO-F767ZI上に実装された3つのLEDに対して，天気情報が晴れのときは赤色のLED，曇りのときは緑色のLED，雨のときは青色のLEDを点灯する制御を行います．晴れのち曇りの場合は，赤色と緑色のLEDを点灯させることで表現力を広げました．

筆者が作成したプログラムは，tcp_htget_weather.pyとしてtcp_htget.pyと同じフォルダに収録しました．理解を深めるために自分で作成する場合は，tcp_htget.pyおよびラズベリー・パイ版のexample08_htget_wea.py(iot/learningフォルダ内)，**リスト8-5**の天気判定・制御部を参考すると良いでしょう．さらに，20分ごとに繰り返し実行する機能や，天気が変化したときに0.5秒間隔でLEDを点滅表示する機能，雷雨の時は青色LEDを高速点滅する機能など，より利便性や表現力を高めることも可能だと思います．

自然界の天候を制御することはできませんが，天気情報の表示法を自分で設計し，具現化することは可能です．iot/voiceフォルダに収録したラズベリー・パイ用のサンプルを使用すれば，すれば，「てるてる坊主，明日，天気になれ」と音声で話すと，赤色LEDが点滅するといった応用も可能です．

リスト5-5　インターネットてるてる坊主のサンプル・プログラムtcp_htget_weather.pyの天気判定・制御部
取得した天気情報に応じてLEDの点灯を制御する

```
forecasts = res_dict.get('forecasts')          # res_dict内のforecastsを取得
telop = forecasts[0].get('telop')              # forecasts内のtelopを取得
print('telop =', telop)                        # telopの内容を表示

if telop.find('晴') >= 0:
  pyb.LED(3).on()                              # LED(赤色)を点灯
if telop.find('曇') >= 0:
  pyb.LED(1).on()                              # LED(緑色)を点灯
if telop.find('雨') >= 0 or telop.find('雪') >= 0:
  pyb.LED(2).on()                              # LED(青色)を点灯
```

Column 2　STM32マイコン内のプログラムを直接，編集する

STM32マイコンへ書き込んだプログラムは，USBストレージ内の/media/pi/PYBFLASH/main.pyに保存されています．

ファイルmain.pyをテキスト・エディタMousepadなどで直接編集した後に，シリアル通信用ターミナル・ソフトで[Ctrl]+[C]と[Ctrl]+[D]を実行すると，編集したプログラムをすぐに実行することができます．

ただし，[Ctrl]+[D]ではEthernetのハードウェアのリセットが行えません．Ethernet接続でエラーが出た場合は，「machine.reset()」を入力してハードウェア・リセットを行います．

補足 MicroPython REPLモード（インタプリタ・モード）の操作方法

MicroPythonのコマンドを直接実行できるREPLモードの使い方について説明します．

MicroPythonが動作するデバイスをラズベリー・パイやPCにUSBで接続し，シリアル通信用ターミナル・ソフトを通信速度115,200bpsで起動すると，MicroPythonの実行環境にアクセスすることができます．

プログラム動作中の場合は，[Ctrl]＋[C]で停止すれば，プロンプト「>>>」が表示され，ここで入力したコマンドは，MicroPython上で実行されます．

図8-11にREPLモードでコマンドを実行したようすを示します．

以下に入力したコマンドについて説明します．

① 変数sに文字列「test」を，変数xに数値123を代入し，print命令で変数の内容を表示します．

② REPLモードでは，print命令を省略することができます．変数名を入力するだけで内容を応答します．

③ 変数の型を確認するにはtype関数を使用します．Pythonでは，プログラム中に変数の型が明示されないうえ，ライブラリを使用することが多いので，プログラミング時の確認に欠かせない命令です．

④ 整数型変数(int)の内容を除算すると，浮動小数点数型(float)になります．

⑤ ライブラリpybを組み込み，pyb.LED(1).on()を実行すると緑色のLEDが点灯します．

条件文ifや繰り返し文whileなど，「:」で終わる構文の場合はプロンプトが「...」に変わり，自動でインデントが入力されます．インデントを戻すには何も書かずに[Enter]を入力します．インデントがなくなると構文を実行します．

```
pi@raspberrypi:~ $ sudo apt-get install cu ←cu未インストール時
pi@raspberrypi:~ $ stty -F /dev/ttyACM0 sane 115200
pi@raspberrypi:~ $ cu -s 115200 -l /dev/ttyACM0
Connected.
MicroPython v1.9.4-133-g78c51a917 on 2019-08-24; NUCLEO-F767ZI with STM32F767
Type "help()" for more information.
>>> s='test'        ┐          # 変数sに文字列「test」を代入する
>>> x=123           │          # 変数xに数値123を代入する
>>> print(s,x)      ├①         # 変数sとxの内容を表示する
test 123            ┘
>>> s,x ←②                    # REPLモードで変数を入力すると内容を応答する
('test', 123)
>>> type(s)         ┐          # 変数の型を確認するにはtype関数を使用する
<class 'str'>       │            → strは文字列変数を示す
>>> type(x)         ├③
<class 'int'>       ┘            → intは整数型変数を示す
>>> x=x/2           ┐          # 変数xの値を2で割って，変数xへ代入する
>>> x               │          # 変数xの値を表示する
61.5                ├④
>>> type(x)         │          # 変数の型を表示する
<class 'float'>     ┘            → 整数型のintから浮動小数点数型のfloatに変わった
>>> import pyb      ┐
>>> pyb.LED(1).on() ┘⑤
>>>
(キーボードからチルダ[~]とピリオド[.]を入力)
Disconnected.
pi@raspberrypi:~ $
```

図8-11　MicroPythonのREPLモードでコマンドを実行したときのようす
変数sに文字列「test」を変数xに数値123を代入した

Column 3　ソケット通信ライブラリsocketの簡略版usocketを使ってみる

MicroPython版のソケット通信ライブラリsocketやJSON形式のライブラリjsonは，通常のPythonライブラリとの互換性を保ちつつ，一部の機能が省略されています．さらによく使う機能だけに絞り込んだライブラリが，usocketやujsonです．

基本的な使い方は，通常のsocketやjsonと変わらないので，まず初めは置換で置き換えてみると良いでしょう．

本章で紹介したサンプル・プログラムのいくつかを置き換えてみたところ，修正なしで動作しました．一般的な使用方法であれば，メモリをより効率的に使用することができるようになるでしょう．例えば，プログラムに機能を追加しすぎて，メモリが不足してきたときにも活躍しそうです．

第9章 ラズベリー・パイPicoで BLEワイヤレス・センサを作る

本章では，BLE通信でセンサ・データを送信するプログラムをMicroPythonで作成します．
ラズベリー・パイPicoに内蔵された温度センサや温湿度センサ・モジュールから取得したセンサ値をBLEモジュールRN4020で送信します．
プログラム開発やBLEの受信には従来のラズベリー・パイ4(または，400，3+，3)を使用します．
ラズベリー・パイPicoでBLE送信した測定値をラズベリー・パイ4で受信して表示します．

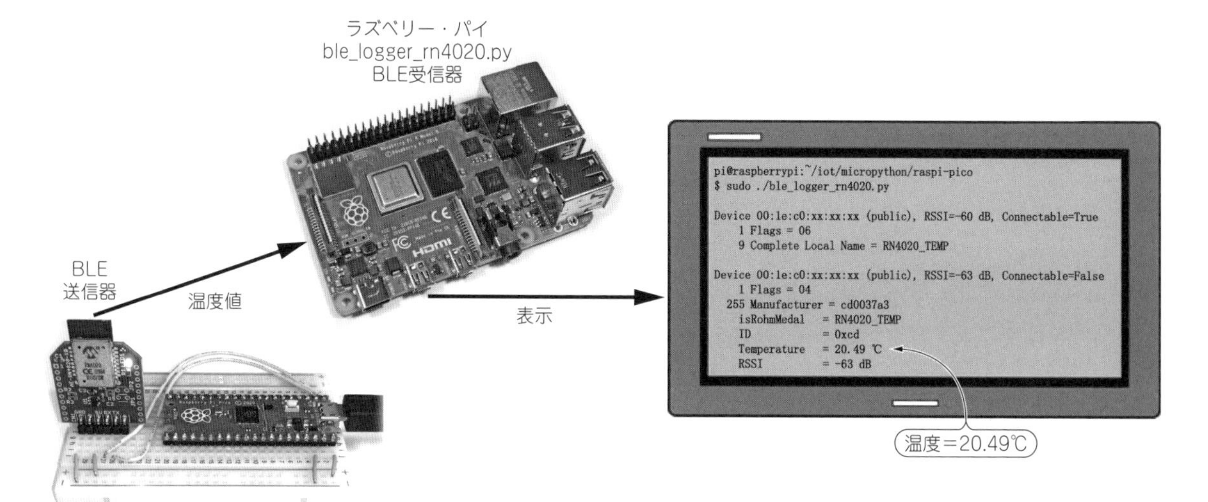

図9-1　本章で製作するBLEワイヤレス・センサの一例
ラズベリー・パイPicoで測定した温度値をBLEで送信し，ラズベリー・パイで受信・表示する

ラズベリー・パイ Pico RP2040

2021年に発売されたラズベリー・パイPicoは，従来のシングルボード・コンピュータのラズベリー・パイとは異なり，ユーザ・インターフェースやモニタ出力を使ったOS機能に対応していない組み込み用のマイコン・ボードです．より小型化，低価格化，省電力化が求められる組み込み向けに，ラズベリー・パイ財団が独自に開発したデュアルコアARM Cortex M0+マイコンRP2040を搭載しています．

同じラズベリー・パイのシリーズですが，使い方は大きく異なります．プログラムを作成するには従来の通常のラズベリー・パイ4(または，400，3+，3，2，1)またはパソコンが必要です．

BLEモジュールRN4020

本章で製作するBLE通信部には，マイクロチップ・テクノロジー社(Microchip Technology Inc.・米国)のRN4020を搭載したBluetooth(BLE)モジュールAE-RN4020-XB(秋月電子通商製)を使用し，**図9-2**のようにUARTと電源をラズベリー・パイPicoに接続します．

必要な機器

表9-1にワイヤレス・センサの実験に必要な機器を示します．細ピンヘッダは，ラズベリー・パイPicoをブレッドボードに接続するのに使用します．

BLEモジュール用のピンヘッダは，AE-RN4020-XBに付属しています．マイクロUSBケーブル(microBタイプ)は，ラズベリー・パイPicoをプログラム作成用のラズベリー・パイ(またはパソコン)に接続するのに使用します．ピンヘッダの取り付けにはハンダ付け作業が必要です．

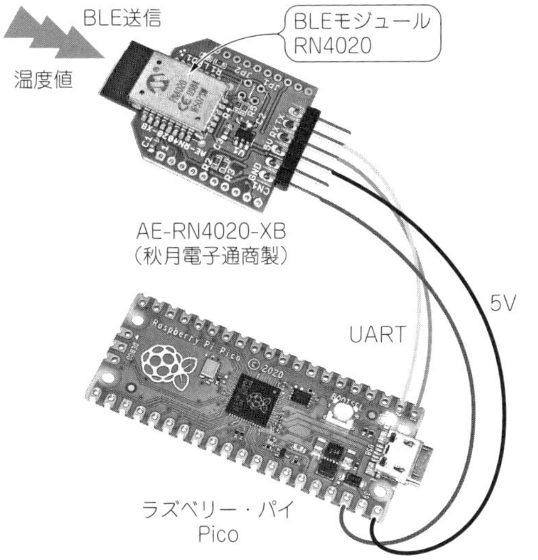

図9-2　RN4020を接続する
マイクロチップ・テクノロジー製RN4020を搭載したBluetooth(BLE)モジュールAE-RN4020-XB(秋月電子通商製)のUARTと電源をラズベリー・パイPicoに接続する

本章では，プログラムの作成にはラズベリー・パイ4を使用しますが，WindowsやmacOSを搭載したパソコンを使用することもできます．

Thonny Python IDE

プログラム作成には，ラズベリー・パイ4でThonny Python IDEバージョン3.3以上を使用します(3.3.7で動作確認済み)．バージョン3.2以下の場合は，Raspberry Pi OSをアップデートするか，新規インストールする必要があります．

Raspberry Pi OS画面の左上隅のメニュー・アイコンから[プログラミング]→[Thonny Python IDE]の順に選択すると**図9-3**のようなウィンドウが起動します．

MicroPythonファームウェアを書き込む

ラズベリー・パイPicoにMicroPythonファームウェアを書き込む手順を以下に示します．

(1) Raspberry Pi OS画面のメニュー・アイコンからThonny Python IDEを起動します．
(2) ラズベリー・パイPico基板上のBOOTSELボタンを押しながら，USBケーブルを使って，ラズベリー・パイのUSB端子にラズベリー・パイPicoを接続してください．
(3) デスクトップに**図9-4(a)**のようなドライブ名RPI-RP2と，ポップアップ画面が表示されます．表示されなかった場合は，(2)のUSB接続をやり直してください．
(4) Thonny Python IDEの画面右下の**図9-4(b)**の[Python 3.X.X]表示をクリックし，プログラミング環境[MicroPython(Raspberry Pi Pico)]を選択してください．
(5) **図9-5**のようなポップアップ画面が開くので，[Install]ボタンをクリックしてください．
(6) [Done]が表示され，ドライブRPI-RP2が消えれば，書き込み完了です．
(7) USBケーブルを一度，抜いて，挿しなおしてください(BOOTSELボタンは押さない)．

表9-1　ワイヤレス・センサの実験に必要な機器

機器名	数量	備　考
Raspberry Pi Pico (RP2040)	1台	ラズベリー・パイPico本体
AE-RN4020-XB (秋月電子通商製)	1個	マイクロチップ製RN4020搭載 BLEモジュール
AE-SHT31 (秋月電子通商製)	1個	センシリオン製 SHT31 搭載 温度センサ・モジュール
細ピンヘッダ 1×40 PHA-1x40SG	1本	40ピン(中央で分断し，20ピンずつ使用)※要ハンダ付け
ブレッドボード EIC-801	1個	400穴 タイプ
マイクロUSBケーブル	1本	USB microB - USB Aタイプ
ラズベリー・パイまたはパソコン	1式	プログラム作成用(マウス，キーボード，モニタなどを含む)

サンプル・プログラムをダウンロードする

筆者が作成したサンプル・プログラムはGitHub上のiotフォルダに含まれています．未ダウンロードの場合は，Raspberry Pi OS 上でLXTerminalを起動して，以下の手順でダウンロードしてください．

Bashコマンドを入力したり実行するために，ラズベリー・パイでターミナル・ソフトLXTerminalを起動します(**図9-6**)

プロンプト pi@raspberrypi:~ $が表示されたらコマンド入力待ち状態です．LXTerminal上で，次のコマンドをキーボードから入力し，サンプル・プログラムをダウンロードします．

プログラム集のダウンロード：
```
$ git clone https://bokunimo.net/git/iot⏎
```

実行したフォルダ内にiotフォルダが作られ，その中のmicropythonフォルダ→raspi-picoフォルダ内に**図9-7**のようなファイルが格納されます．

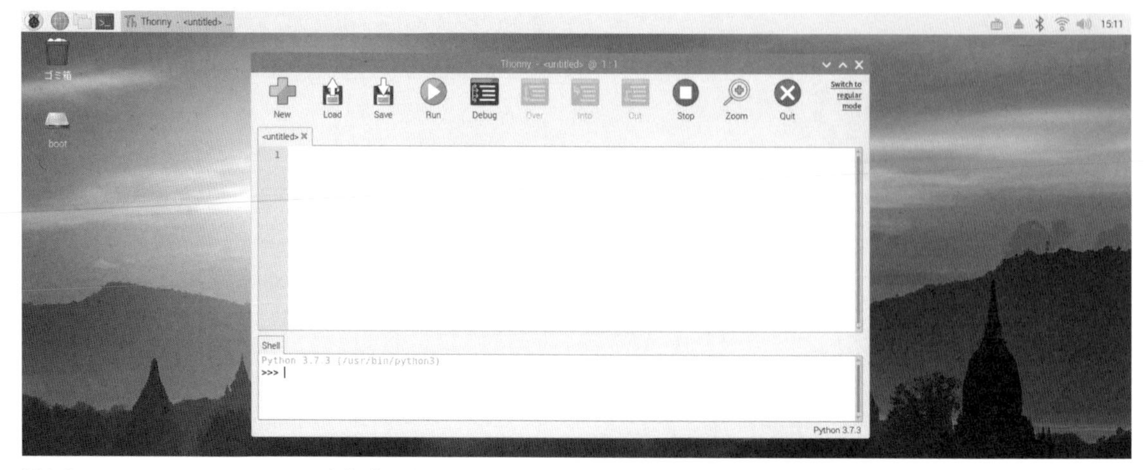

図9-3　Thonny Python IDE 3.3.7を起動した
Raspberry Pi OS 画面左上のメニュー・アイコンから[プログラミング]→[Thonny Python IDE]の順に選択する

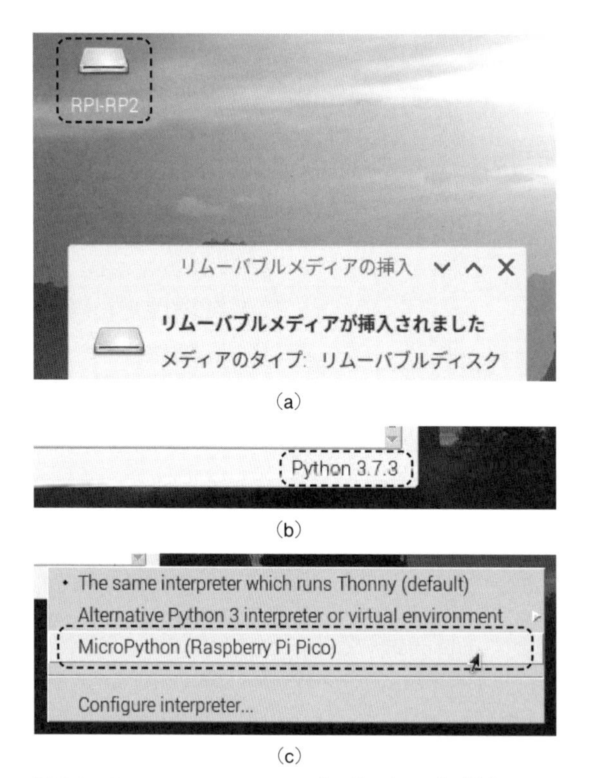

図9-4　Thonny Python IDE のプログラミング環境をMicro Pythonに切り替える
Pico基板上のBOOTSELボタンを押しながら, USBをラズベリー・パイに接続し, ドライブ名RPI-RP2とポップアップ画面(a)を確認してから, Thonny Pythonの右下(b)の[Python 3.X.X]の表示部をクリックし, [MicroPython(Raspberry Pi Pico)]を選択する

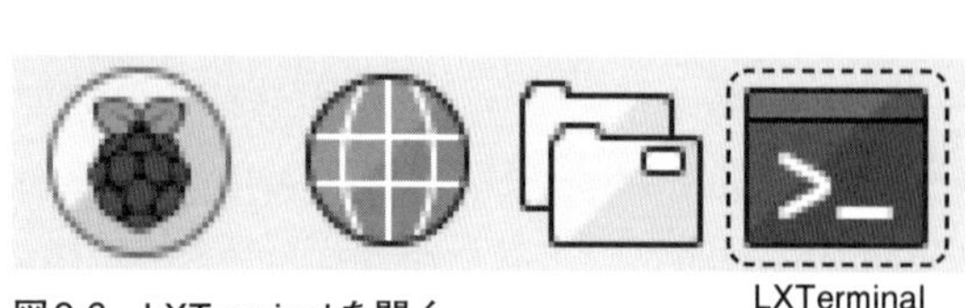

図9-6　LXTerminalを開く

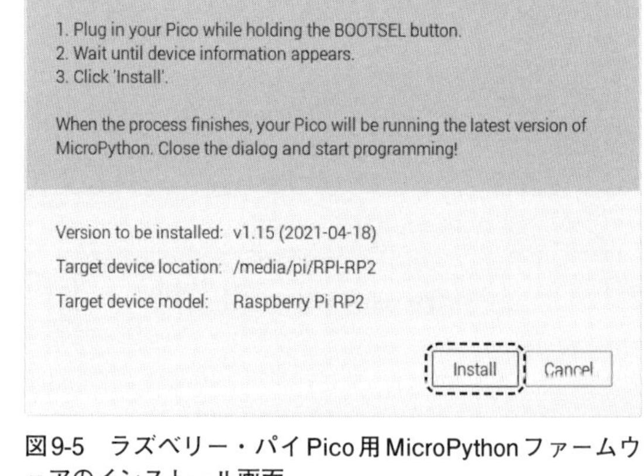

図9-5　ラズベリー・パイ Pico用MicroPythonファームウェアのインストール画面
ポップアップ画面の右下の[Install]を押すとファームウェアの書き込みが開始される

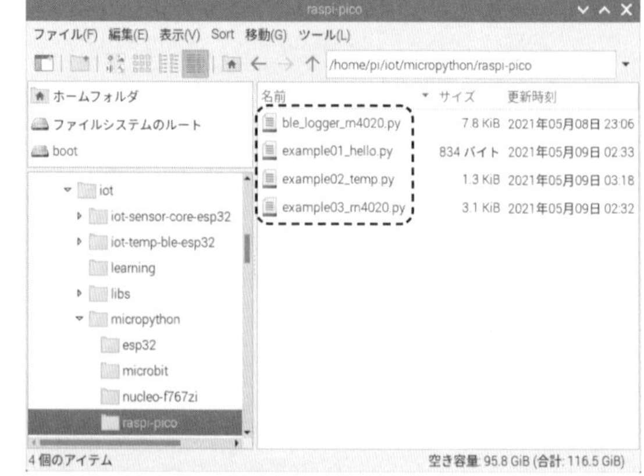

図9-7　サンプル・プログラムの一覧
https://bokunimo.net/git/iotからダウンロードすると, iot→micropython→raspi-picoフォルダ内にサンプル・プラグラムが格納される

サンプル1 Lチカ＋ログ出力表示プログラム example01_hello.py システムの動作確認（その1）

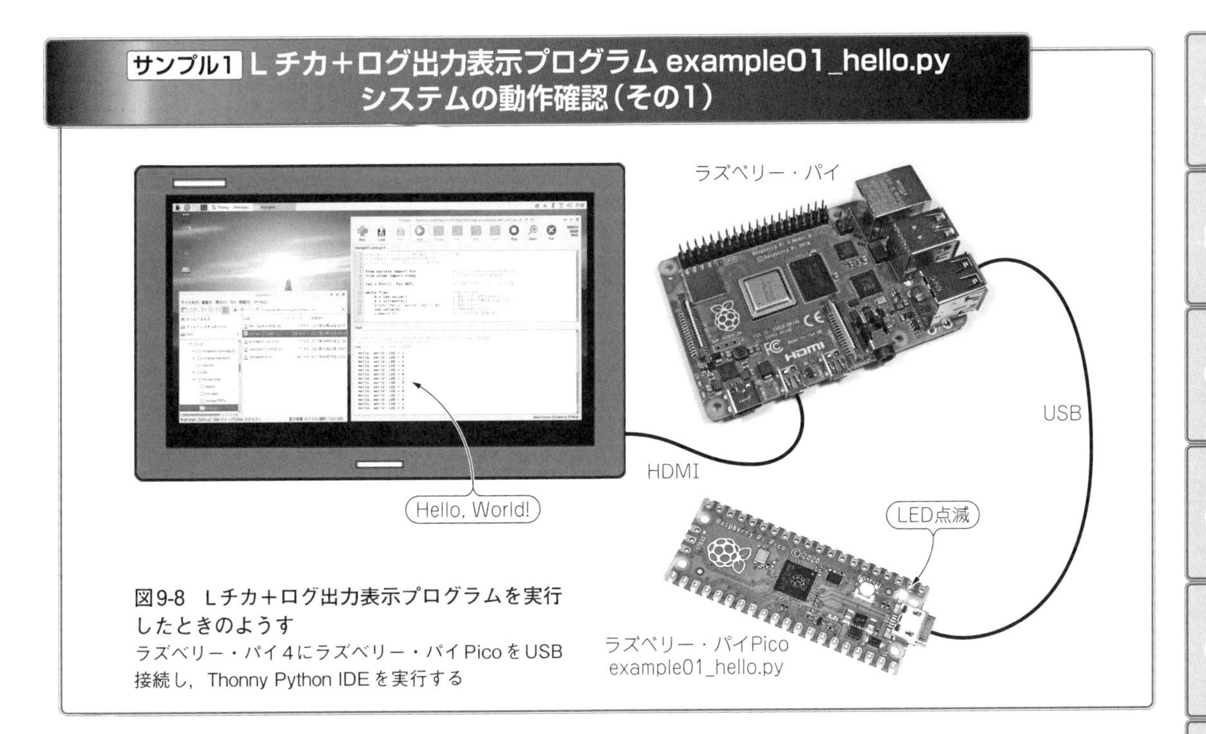

図9-8　Lチカ＋ログ出力表示プログラムを実行したときのようす
ラズベリー・パイ4にラズベリー・パイPicoをUSB接続し，Thonny Python IDEを実行する

example01_hello.pyを実行してラズベリー・パイPicoの動作確認を行います．**図9-7**のプログラムをダブルクリックすると，Thonny Python IDEに**リスト1**の内容が表示されます．

プログラムを実行させるには，**図9-9**(**a**)の[Run]ボタンをクリックします．ラズベリー・パイPico基板上のLEDが点滅し，Thonny Python IDEの画面下のShell部(**b**)に[Hello, World! LED = 1]や[LED =0]のログ出力が表示されるので，確認してください．

動作確認を終えたら，(**c**)の[Stop]ボタンをクリックし，プログラムを停止させます．

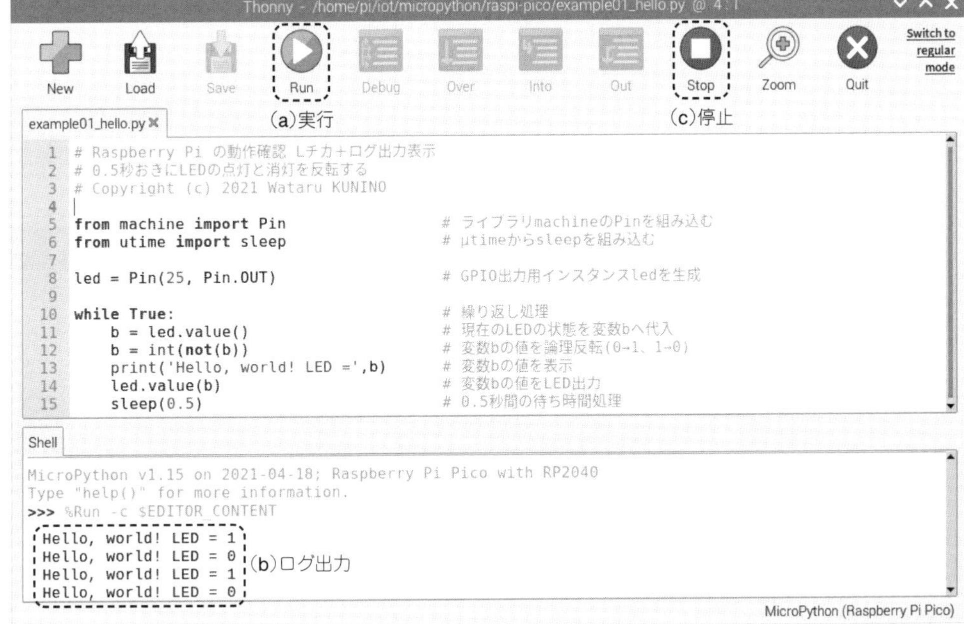

図9-9 Thonny Python IDEの使い方
プログラムを実行するには，(a)の[Run]ボタンを押す．ログ出力はShell部(b)に表示される．(c)の[Stop]ボタンで停止する

サンプル1 example01_hello.pyの内容

以下にリスト1のサンプル・プログラムexample01_hello.pyの処理の流れについて説明します．

① ラズベリー・パイPicoのハードウェア用デバイス・ドライバmachineモジュールの中からGPIOを制御するPinクラスを本プログラム内に組み込みます．

② 同様に，時間に関するライブラリutimeモジュール内のsleepクラスを組み込みます．MicroPython用のutimeモジュールは，通常のCPython用のtimeモジュールとの互換性を（ある程度）保ちつつ，少ないハードウェア資源で実行できるようにしたものです．

③ ラズベリー・パイPicoのGPIOポート25の出力用のオブジェクト（インスタンス）ledを生成します．以降，ledオブジェクトを使ったLED制御ができるようになります．

④ [Hello, World! LED =]とLED制御値を表示します．0がOFFで，1がONです．

⑤ 処理④で表示した制御値0と1で，LEDのON/OFFを制御します．

⑥ 0.5秒間，何もしない待ち時間処理を行います．

リスト9-1　Lチカ＋ログ出力表示プログラムexample01_hello.py
0.5秒おきにLEDの点灯と消灯を繰り返す

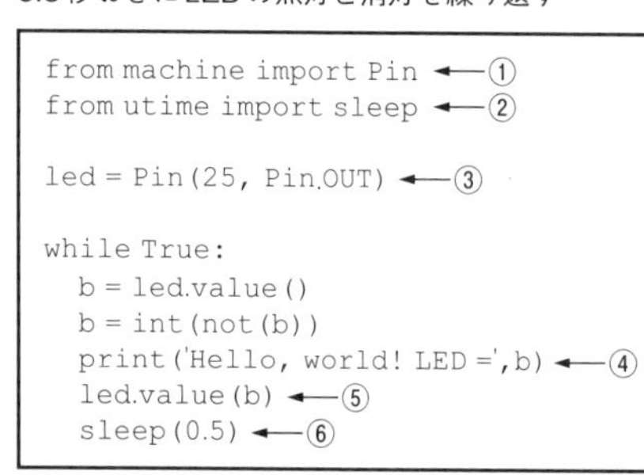

```
from machine import Pin ←①                # ライブラリmachineのPinを組み込む
from utime import sleep ←②                # μtimeからsleepを組み込む

led = Pin(25, Pin.OUT) ←③                 # GPIO出力用インスタンスledを生成

while True:                               # 繰り返し処理
  b = led.value()                         # 現在のLEDの状態を変数bへ代入
  b = int(not(b))                         # 変数bの値を論理反転(0→1, 1→0)
  print('Hello, world! LED =',b) ←④       # 変数bの値を表示
  led.value(b) ←⑤                         # 変数bの値をLED出力
  sleep(0.5) ←⑥                           # 0.5秒間の待ち時間処理
```

Column 1　BLEで送られてきたセンサ値をAmbientに転送する

第6章で紹介したble_logger_sens_scan.py（iotフォルダのserverフォルダ内に収録）をラズベリー・パイ4で実行すれば，サンプル3と4で製作したワイヤレス・センサが送信する情報をIoTセンサ用クラウド・サービスAmbientに転送することができます．

ウェブサイトAmbient（https://ambidata.io/）でIDとライトキーを取得し，プログラムble_logger_sens_scan.py内のambient_chidと，ambient_wkeyに記載してください．BLEで送られてきたセンサ値を受信すると，データ番号d1に温度値，データ番号d2に湿度値を代入してAmbientに送信します．

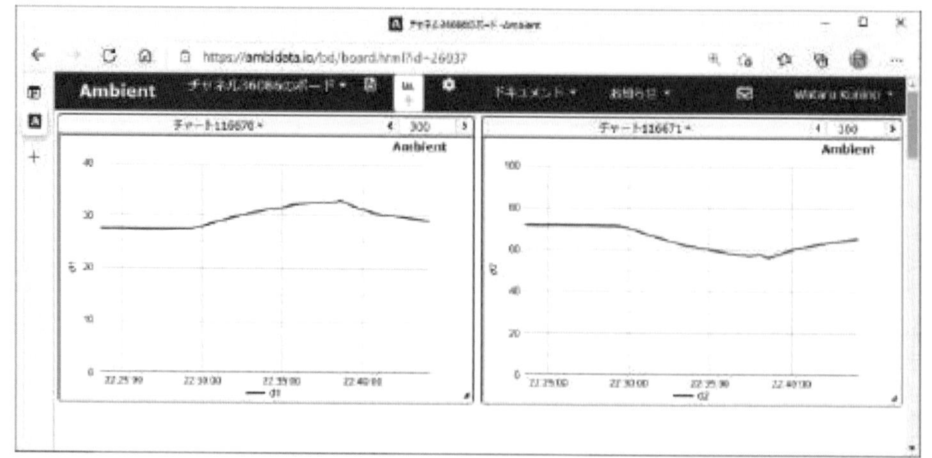

図9-A Ambientでの表示例
ワイヤレス・センサが送信する温度値（左・d1）と湿度値（右・d2）をAmbientに送信し，表示した

サンプル2 温度測定・表示プログラム example02_temp.py システムの動作確認（その2）

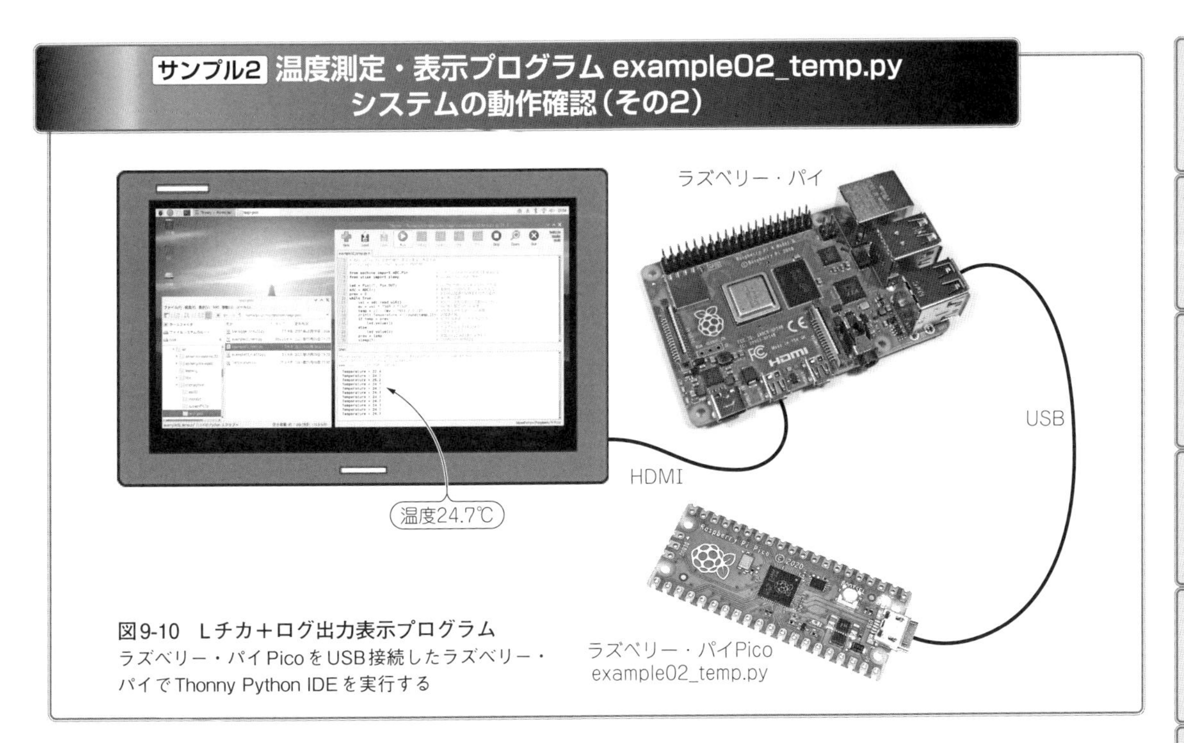

図9-10　Lチカ＋ログ出力表示プログラム
ラズベリー・パイ Pico をUSB接続したラズベリー・パイで Thonny Python IDE を実行する

今度は，ラズベリー・パイ Picoに内蔵されている温度センサから温度値を取得して表示するプログラム example02_temp.py（**リスト9-2**）を実行してみましょう．

23 ℃の室内環境で実行してみたところ，**図9-11**のように19.6 ℃が得られました．ラズベリー・パイ 4に内蔵された温度センサでは，マイコン動作時の温度上昇の影響を受けやすい課題がありましたが，消費電力が少なく内部発熱の小さなラズベリー・パイ Picoの内蔵温度センサで測定した場合は，実際の室温との差が小さくなりました．とはいえ，室温測定用のセンサではないので，誤差が影響しない用途でしか使えないことに変わりはありません．

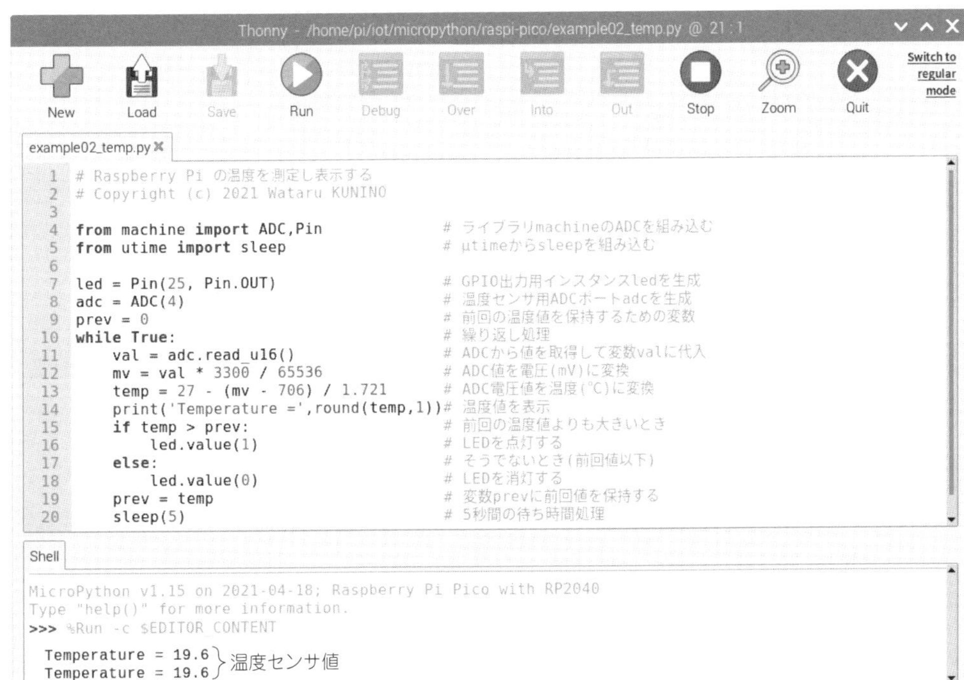

図9-11 温度測定・表示プログラムの実行例
ラズベリー・パイ Picoに内蔵された温度センサから温度値を取得して表示した

サンプル2 example02_temp.pyの内容

以下にリスト9-2のサンプル・プログラムexample02_temp.pyの処理の流れについて説明します.

① machineモジュール内のPinクラスとA-D変換器用のADCクラスを，組み込みます.

② マイコン内蔵の温度センサ用A-D変換器ポート4のオブジェクトadcを生成します.

③ A-D変換器の変換値を16ビット(0から65535の値)で取得し，変数valに代入します.

④ 温度センサの電圧出力値を求めます．A-D変換器の最大値は3.3Vのときに65535なので，下式で電圧値[mV]を求めることができます.

電圧値[mV] = 3300 × val ÷ 65535

⑤ ラズベリー・パイPico内蔵の温度センサの特性から温度値[℃]を算出します.

温度[℃] = 27 −(電圧値 − 706) ÷ 1.721

⑥ 処理⑤で得られた温度値の小数点第1位で丸めて，表示します.

⑦ 温度値が前回よりも高かったときにLEDを点灯，前回以下のときに消灯する制御を行います.

リスト9-2 温度測定・表示プログラムexample02_temp.py
5秒おきにラズベリー・パイPico内蔵された温度センサの値を取得して表示する

```
from machine import ADC,Pin ←①          # ライブラリmachineのADCを組み込む
from utime import sleep                 # μtimeからsleepを組み込む

led = Pin(25, Pin.OUT)                  # GPIO出力用インスタンスledを生成
adc = ADC(4) ←②                         # 温度センサ用ADCポートadcを生成
prev = 0                                # 前回の温度値を保持するための変数
while True:                             # 繰り返し処理
  val = adc.read_u16() ←③               # ADCから値を取得して変数valに代入
  mv = val * 3300 / 65535 ←④            # ADC値を電圧(mV)に変換
  temp = 27 - (mv - 706) / 1.721 ←⑤     # ADC電圧値を温度(℃)に変換
  print('Temperature =',round(temp,1)) ←⑥  # 温度値を表示
  if temp > prev:  ┐                    # 前回の温度値よりも大きいとき
    led.value(1)   │                    # LEDを点灯する
  else:            ├⑦                   # そうでないとき(前回値以下)
    led.value(0)   ┘                    # LEDを消灯する
  prev = temp                           # 変数prevに前回値を保持する
  sleep(5)                              # 5秒間の待ち時間処理
```

Column 2 Linuxコマンドの履歴情報

過去に入力した履歴情報を使ってコマンド入力を支援するhistory機能について説明します.

試しに，LXTerminalを開いて[history]と入力し，[Enter]を押下してみて下さい．過去に入力したコマンド行の履歴が表示されると思います．この履歴情報をもとにコマンド入力の手間を減らすことができます.

最も頻繁に使用するのはコマンドの入力誤りを修正する時です．カーソル・キーの[↑]を押下すると，直前のコマンド行が表示されます．この状態で左右キーを使って修正個所にカーソルを移動してから修正し，[Enter]キーで修正後のコマンドを実行することができます.

また，過去とまったく同じコマンド行を実行することもできます.

表9-A 基本的なhistory機能と補助機能

コマンド	機　能
history	履歴情報を一覧表示する
カーソル[↑]キー	履歴の新しいものから順に呼び出す
[Ctrl]を押しながら[A]	コマンド行の先頭へカーソルを移動する
[Ctrl]を押しながら[E]	コマンド行の末尾へカーソルを移動する
!!	直前のコマンドを実行する
!文字列	指定文字から始まる最新のコマンドを実行する

サンプル3 ワイヤレス温度センサ用プログラム example03_rn4020.py
BLE でラズパイ Pico 内蔵センサの値を送信する

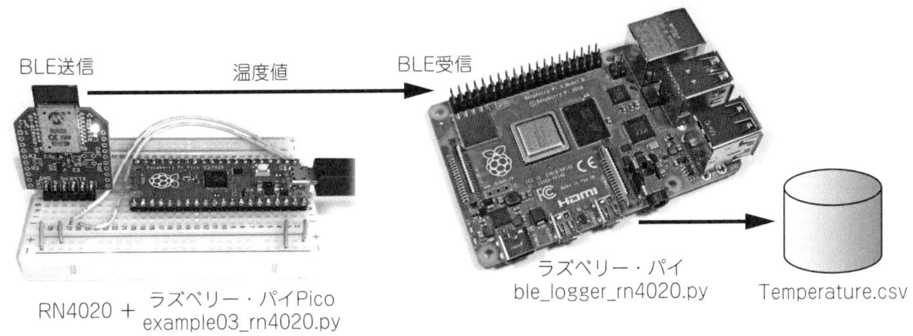

図9-12　ワイヤレス温度センサの通信例
ラズベリー・パイ Picoの内の温度センサから取得した温度値をBLE送信する実験を行う

ラズベリー・パイ Picoに内蔵された温度センサから取得した温度値をBLE送信する実験を行います．**図9-13**は，BLEモジュール AE-RN4020-XB(秋月電子通商製)と，ラズベリー・パイ Picoをブレッドボード上に実装したワイヤレス温度センサ(送信機)の製作例です．

ラズベリー・パイ PicoとBLEモジュール AE-RN4020-XBとの接続回路を**図9-14**に示します．BLEモジュールのUART送信TX端子をラズベリー・パイ PicoのUART受信RXD端子に，RX端子をTXD端子に接続し，電源5VとGNDを供給しました．製作するときはブレッドボードの実装図を見ながら配線してください．

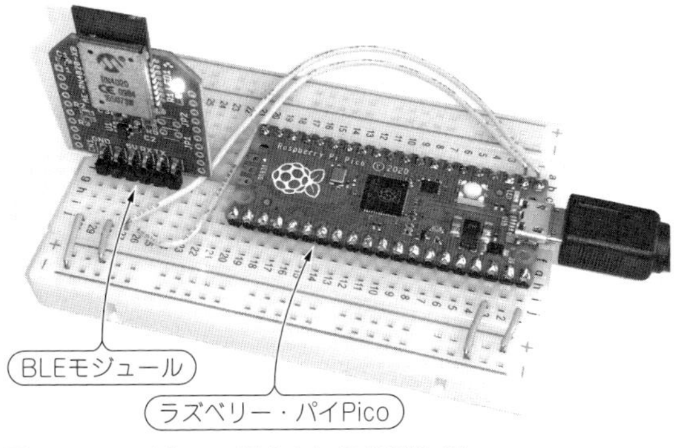

BLEモジュール
ラズベリー・パイPico

図9-13　ワイヤレス温度センサの製作例
BLEモジュールAE-RN4020-XB(秋月電子通商)と，ラズベリー・パイ Picoをブレッドボード上に実装した

ワイヤレス通信の実験方法

ワイヤレス通信の実験を行うには，BLE送信を受信するための受信機が必要です．ここでは，ラズベリー・パイ4に内蔵されたBluetooth機能で受信する方法について説明します．

受信用のプログラムは同じフォルダ内のble_logger_rn4020.pyです．実行にはbluepyのインストールとルート権限が必要です．ラズベリー・パイ4上でLXTerminalを起動し，以下のように，pip3でbluepyをインストールしてからプログラムをsudoで実行してください．

ラズベリー・パイ用BLE受信機：

```
$ sudo pip3 install bluepy⏎
$ cd ~/iot/micropython/raspi-pico⏎
$ sudo ./ble_logger_sens_scan.py⏎
```

受信用のble_logger_rn4020.pyを実行した状態で，送信用のラズベリー・パイ Pico(Thonny Python IDE)でサンプル・プログラム example03_rn4020.pyで実行すると，**図9-15**の(**d**)ようにLXTerminal上に受信結果が表示されます．温度値はファイル名Temperature.csvで保存されます．

ワイヤレス・センサのプログラムは，実行してから約3秒後にセンサ名としてRN4020_TEMPを送信します．受信側のラズベリー・パイは，受信したセンサ名を図中(**a**)のように表示し，送信側のデバイスのアドレスを保持し，以降，同アドレスからの温度値の送信を待ち受けます．ワイヤレス・センサからセンサ名を送信するのは起動時だけなので，既にセンサ側のプロ

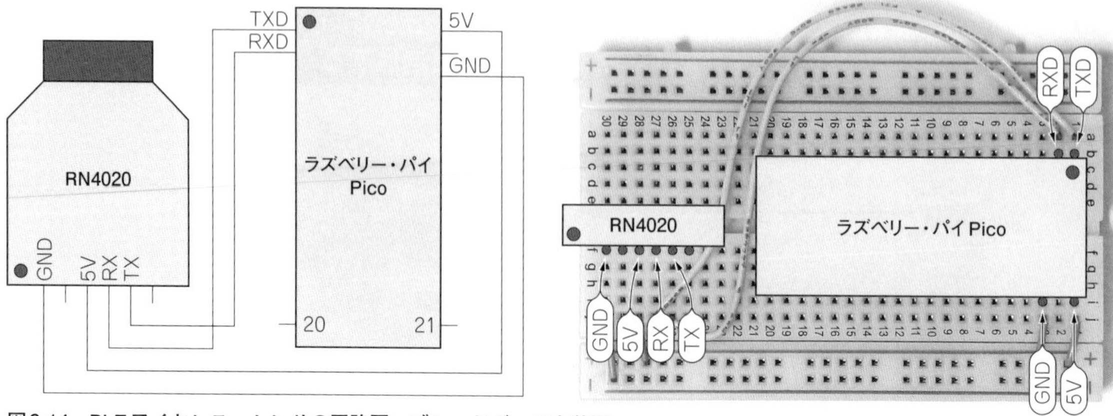

図9-14　BLEワイヤレス・センサの回路図・ブレッドボード実装図

BLEモジュールAE-RN4020-XB(秋月電子通商製)のTXとRXをラズベリー・パイ PicoのRXDとTXDに接続する(TX→RXD, RX→TXD)

```
pi@raspberrypi:~/iot/micropython/raspi-pico $ sudo ./ble_logger_rn4020.py

Device 00:1e:c0:xx:xx:xx (public), RSSI=-60 dB, Connectable=True  ┐
  1 Flags = 06                                                     ├(a)
  9 Complete Local Name = RN4020_TEMP                              ┘

Device 00:1e:c0:xx:xx:xx (public), RSSI=-63 dB, Connectable=False ┐
  1 Flags = 04                                                     │
255 Manufacturer = cd0037a3 ←(c)                                   │
  isTargetDev  = RN4020_TEMP                                       ├(b)
  ID           = 0xcd                                              │
  Temperature  = 20.49 ℃ ←(d)                                      │
  RSSI         = -63 dB                                            ┘
```

図9-15　BLE受信用プログラムble_logger_rn4020.pyの実行結果の例

ワイヤレス・センサが送信する温度値を受信して表示した．また，ファイル名Temperature.csvとして保存される

図9-16　受信側と送信側の操作を1台のラズベリー・パイで行う

受信用のLXTerminal(左下)と，送信用のThonney Python IDE(右側)を1台のラズベリー・パイで操作したときの画面例

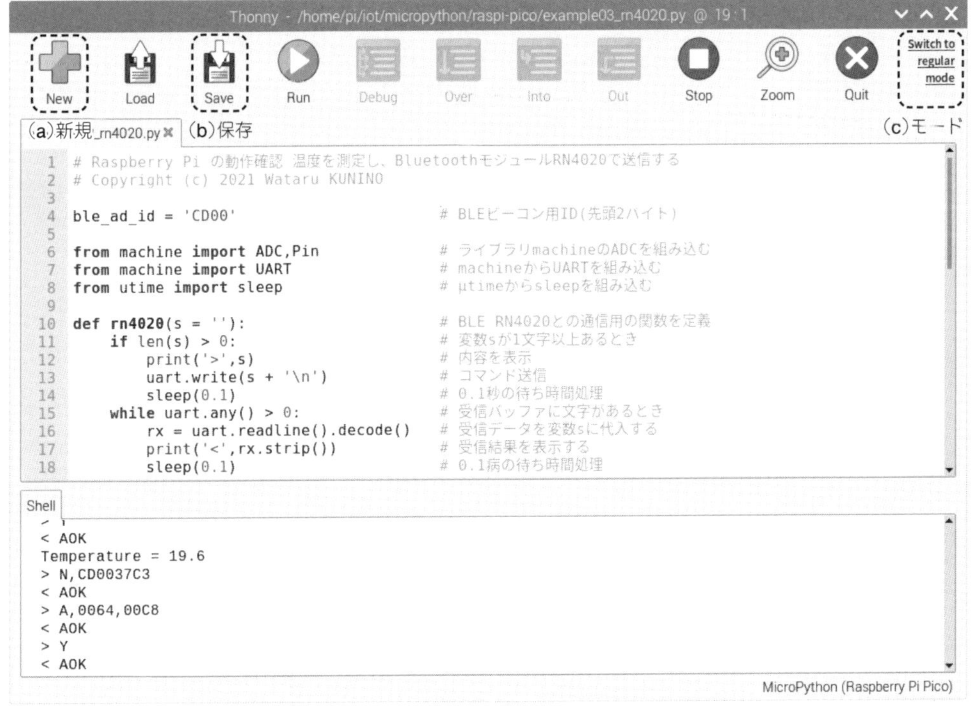

図9-17 Thonny Python IDEのUI画面のSimpleモード
Simpleモードでラズベリー点パイPicoにプログラムを書き込むには，(a)Newで開いたタブにプログラムをコピーし，(b)Saveで保存する．(c)Regularモードに切り替えると，Fileメニューの Save copy機能が使える

グラムが動作していたときは，一度，Thonny Python IDEの[Stop]ボタンで停止し，[Run]で再起動してください．

実験時は，**図9-16**のように，受信用のLXTerminal(図・左下)と，送信用のThonny Python IDE(図・右側)を1台のラズベリー・パイで操作することができます．それぞれのウィンドウが別々の機器を制御している点を想像しながら実験してください．

ラズベリー・パイ Pico単体でプログラムを実行する方法

プログラムをラズベリー・パイPicoのフラッシュ・メモリに書き込めば，ラズベリー・パイのUSBを切断し，ACアダプタからラズベリー・パイ Picoのマイクロ USB端子に電源を供給して単体で動かすことができます．

Thonny Python IDEのUI画面には，Simpleモード，Regularモードと Expertモードがあり，初期状態は Simpleモードです．この場合は，一度，**図9-17**の(**a**)[New]ボタンで新しいタブを開き，プログラムの内容を新しいタブにコピーしてから，(**b**)[Save]ボタンを押し，[Where to save to?]ダイヤログで[Raspberry Pi Pico]を選択し，ファイル名をmain.pyに変更して保存します．

Regularモードや Expertモードだと，より簡単です．Simpleモードから Regularモードに切り替えるには，Simpleモード画面の右上の(**c**)[Switch to regular mode]の文字をクリックし，Thonny Python IDE画面の閉じるボタン[×]をクリック後，Thonny Python IDEを起動し直してください．Thonny Python IDE画面上部に，メニューが表示されるので，[File]メニューから[Save copy...]を選択すれば，表示中のプログラムを，直接，ラズベリー・パイ Picoに保存することができます．

サンプル3 example03_rn4020.pyの内容

以下に**リスト9-3**のラズベリー・パイ Pico用サンプル・プログラム example03_rn4020.pyの処理の流れについて説明します．

① BLEビーコン(アドバタイジング情報)に含める2バイトの識別用IDです．RN4020からの送信であることを受信側に伝えるために使用します．ここではCD00 hに設定しました．

② RN4020とのUART通信(シリアル通信)を行うためのUARTクラスをmachineモジュールから組み込みます．

③ UARTによるRN4020との送受信用の関数rn4020の定義部です．引き数で渡された文字列を変数sに代入し，処理④の送信を行い，その応答の受信処理⑤～⑥を行います．引き数を省略した場合は，空の文字列を変数sに代入し，処理⑤～⑥の受信処

リスト9-3　ワイヤレス温度センサ用プログラムexample03_rn4020.py
5秒おきにラズベリー・パイPicoに内蔵された温度センサ値をBLE送信する

```
ble_ad_id = 'CD00' ←①                                          # BLEビーコン用ID(先頭2バイト)

from machine import ADC,Pin                                     # ライブラリmachineのADCを組み込む
from machine import UART ←②                                     # machineからUARTを組み込む
from utime import sleep                                         # μtimeからsleepを組み込む

def rn4020(s = ''): ←③                                          # BLE RN4020との通信用の関数を定義
  if len(s) > 0:                                                # 変数sが1文字以上あるとき
    print('>',s)                                                # 内容を表示
    uart.write(s + '\n') ←④                                     # コマンド送信
    sleep(0.1)                                                  # 0.1秒の待ち時間処理
  while uart.any() > 0:                                         # 受信バッファに文字があるとき
    rx = uart.readline().decode() ←⑤                            # 受信データを変数sに代入する
    print('<',rx.strip()) ←⑥                                    # 受信結果を表示する
    sleep(0.1)                                                  # 0.1病の待ち時間処理

led = Pin(25, Pin.OUT)                                          # GPIO出力用インスタンスledを生成
adc = ADC(4)                                                    # 温度センサ用ADCポートadcを生成
uart = UART(0, 115200, bits=8, parity=None, stop=1) ←⑦          # シリアルuartを生成
rn4020('V')              ┐                                      # バージョン情報表示
rn4020('SF,2')           │                                      # 全設定の初期化
sleep(0.5)               │                                      # リセット待ち(1秒)
rn4020()                 │                                      # 応答表示
rn4020('SR,20000000')    │                                      # 機能設定:アドバタイジング
rn4020('SS,00000001')    ├⑧                                     # サービス設定:ユーザ定義
rn4020('SN,RN4020_TEMP') │                                      # デバイス名:RN4020_TEMP
rn4020('R,1')            │                                      # RN4020を再起動
sleep(3)                 │                                      # リセット後にアドバタイジング開始
rn4020('D')              │                                      # 情報表示
rn4020('Y')              ┘                                      # アドバタイジング停止
while True:                                                     # 繰り返し処理
  val = adc.read_u16()                                          # ADCから値を取得して変数valに代入
  mv = val * 3300 / 65535                                       # ADC値を電圧(mV)に変換
  temp = 27 - (mv - 706) / 1.721                                # ADC電圧値を温度(℃)に変換
  s = str(round(temp,1))                                        # 小数点第1位で丸めた結果を文字列に
  print('Temperature =',s)                                      # 温度値を表示
  s = ble_ad_id + '{:04X}'.format(val) ←⑨                       # BLE送信データの生成(16進数に変換)
  led.value(1)                                                  # LEDをONにする
  rn4020('N,' + s) ←⑩                                           # データをブロードキャスト情報に設定
  rn4020('A,0064,00C8') ←⑪                                      # 0.1秒間隔で0.2秒間のアドバタイズ
  sleep(0.1)                                                    # 0.1秒間の待ち時間処理
  rn4020('Y') ←⑫                                                # アドバタイジング停止
  led.value(0)                                                  # LEDをOFFにする
  sleep(5)                                                      # 5秒間の待ち時間処理
```

理のみを行います．

④ 変数sの文字列に改行(＼n)を付与し，RN4020に送信します．

⑤ RN4020の応答を変数rxに代入します．

⑥ 変数rxに代入された受信結果を表示します．

⑦ UART通信を行うためのオブジェクトuartを生成します．引き数は，UART通信用の設定パラメータです．RN4020の初期値115200bps，パリティなし，ストップビット1を設定します．

⑧ RN4020の初期化処理部です．処理③の関数rn4020を使って，それぞれの丸括弧内の文字列をRN4020に送信します．それぞれのコマンドの役割は，各行のコメント欄をご覧ください．

⑨ 処理①のIDとA-Dコンバータからの取得値valを文字列に変換して，変数sに代入します．

[.format]は，文字列に丸括弧内の値を埋め込む処理を行う文字列クラスのformatメソッドです．ここでは数値変数valの内容を4桁の16進数の文字列に変換します．IDも4桁なので，合計8桁の16進数の文字列(例：'CD0037A3')が変数sに代入されます．**図9-15**の(**c**)の受信例[255 Manufacturer = cd0037a3]の下位2バイトの37A3hが温度の受信結果です．本例では上位バイトを先に配置しましたが，BLEでは下位バイトから配置するのが一般的です．

⑩ 処理⑨で作成したBLE送信データをRN4020にセットします(まだ送信はしません)．

⑪ RN4020から処理⑨のデータを含むアドバタイズ情報の送信を開始します．

⑫ アドバタイズ情報の送信を停止します．

サンプル4 ワイヤレス温度＋湿度センサ用プログラム example04_humid.py 外付けの温湿度センサの値を BLE 送信する

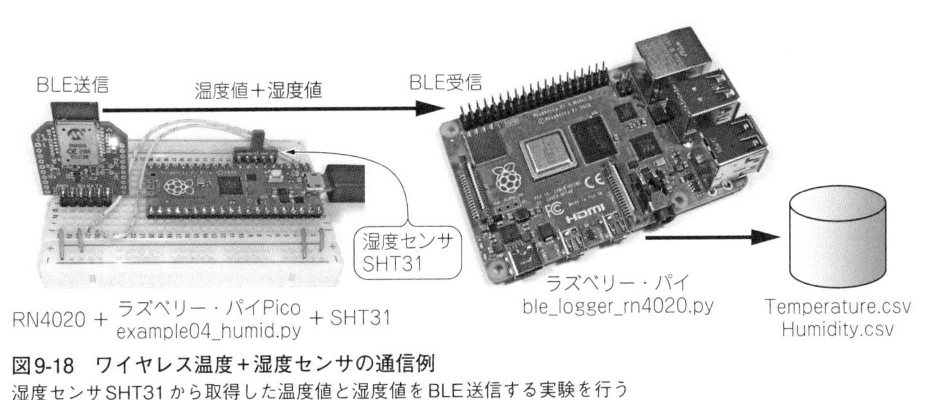

図9-18　ワイヤレス温度＋湿度センサの通信例
湿度センサSHT31から取得した温度値と湿度値をBLE送信する実験を行う

より高精度なセンシリオン製の湿度センサSHT31から取得した温度値と湿度値を，BLE送信するワイヤレス・センサを製作します．ラズベリー・パイ Picoに内蔵されている温度センサよりも正確な温度を取得できるうえ，高精度な湿度値も取得できるようになります．

ラズベリー・パイ Picoに湿度センサ・モジュールAE-SHT31(秋月電子通商)と，BLEモジュールAE-RN4020-XB(秋月電子通商)を接続したワイヤレス温度＋湿度センサ(送信機)の製作例を**図9-19**に示します．

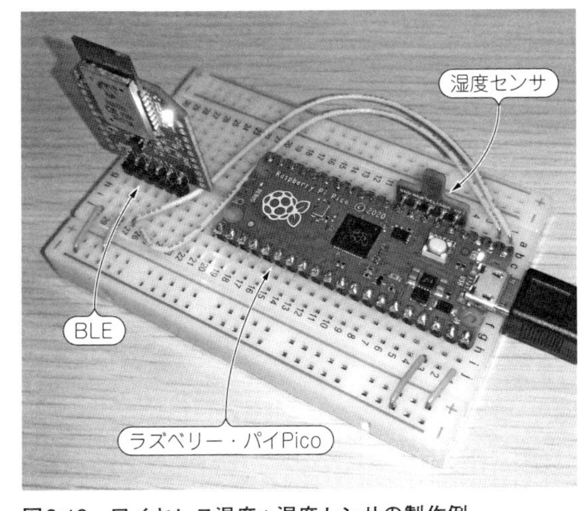

図9-19　ワイヤレス温度＋湿度センサの製作例
ラズベリー・パイPicoに湿度センサ・モジュールAE-SHT31(秋月電子通商製)と，BLEモジュールAE-RN4020-XB(秋月電子通商製)を接続して製作した

ワイヤレス通信の受信結果

ラズベリー・パイ4上でLXTerminalを起動し，受信用のプログラムble_logger_rn4020.pyをsudoで実行したときの一例を**図9-21**に示します．

受信用のプログラムを実行した状態で，ラズベリー・パイ Pico側で送信用のexample04_humid.pyを実行すると，約3秒後に図中(**a**)のセンサ名RN4020_HUMIDを受信し，同アドレスのラズベリー・パイ Picoからのセンサ値を待ち受け，センサ値を受信すると結果(**b**)を表示します．

本例では，図中(**c**)と(**d**)のように温度27.81 ℃，湿度64.47%が表示されました．それぞれの値は，ファイルTemperature.csv，Humidity.csvとしてプログラムと同じフォルダに保存されます．

サンプル4 example04_humid.py の内容

リスト4のラズベリー・パイ Pico用サンプル・プログラムexample04_humid.pyの温湿度センサSHT31からセンサ値を取得する処理の流れを以下に説明します．

① 変数sht31に温湿度センサSHT31のI^2Cアドレスを代入します．

② SHT31とI^2C通信を行うためのI^2Cクラスをmachineモジュールから組み込みます．

③ 温湿度センサSHT31を接続するラズベリー・パイpicoのGPIOの設定を行います．GP6をGND(0V出力)に，GP3をV+(3.3V出力)に設定し，SHT31に

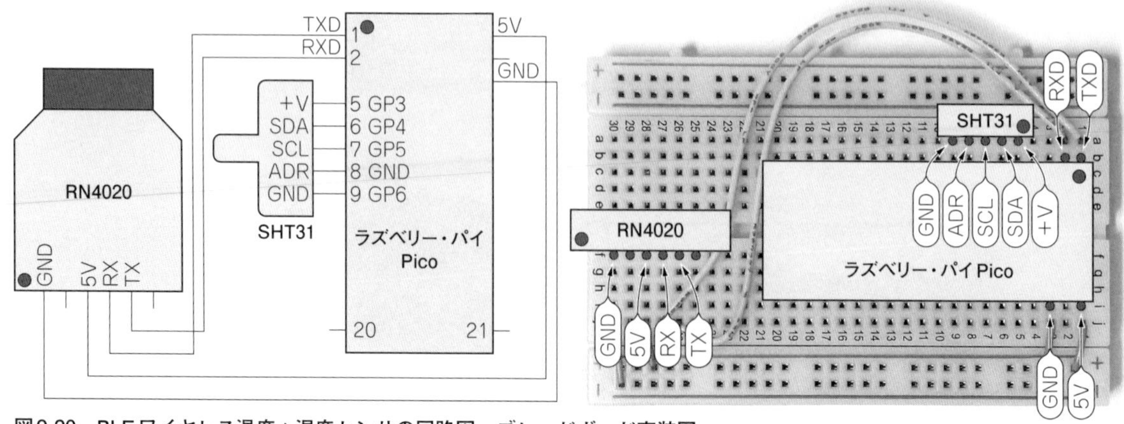

図9-20　BLEワイヤレス温度＋湿度センサの回路図・ブレッドボード実装図
温湿度センサSHT31の電源+VとGNDは，それぞれラズベリー・パイPicoのGP3とGP6に接続し，I2CのSDAとSCLはGP4とGP5に接続する

```
pi@raspberrypi:~/iot/micropython/raspi-pico $ sudo ./ble_logger_rn4020.py

Device 00:1e:c0:xx:xx:xx (public), RSSI=-62 dB, Connectable=True  ┐
    1 Flags = 06                                                    ├(a)
    9 Complete Local Name = RN4020_HUMID                            ┘

Device 00:1e:c0:xx:xx:xx (public), RSSI=-64 dB, Connectable=False ┐
    1 Flags = 04                                                    │
  255 Manufacturer = cd00826a0da5                                   │
    isTargetDev    = RN4020_HUMID                                   │
    ID             = 0xcd                                           ├(b)
    Temperature    = 27.81 ℃ ←(c)                                   │
    Humidity       = 64.47 % ←(d)                                   │
    RSSI           = -63 dB                                         ┘
```

図9-21　BLE受信用プログラムble_logger_rn4020.pyの実行結果
ワイヤレス・センサが送信する温度値と湿度値を受信して表示した

電源を供給します．

④ SHT31とI²C通信を行うためのオブジェクトi2cを生成し，ラズベリー・パイpicoのGP5をI²C用SCL（クロック）ピンにGP4をSDA（データ）ピンに設定します．

⑤ SHT31のI²C通信上のコマンドは2バイトで構成されており，高精度測定コマンドは2400hです．ここではI²Cを使った一般的な書き込み方法に合わせて，1バイト目をI²Cの書き込み先のレジスタ，2バイト目を書き込み値としてコマンドを送信します．

⑥ 測定結果の受信要求を送信し，6バイトの測定結果を受信します．

⑦ 処理⑥で受信したデータ形式は，先頭から順に2バイトの温度値，通信誤りを検出する温度値用の1バイトのCRC，2バイトの湿度値，1バイトの湿度値用CRCです．ここではCRCを確認せずに温度値を変数tempに，湿度値を変数humに代入します．[<<]は2進数値の左ビットシフト演算を行う演算子です．data[0]とdata[3]は，8ビットの左シフトにより上位バイトにシフトし，それぞれにdata[1]またはdata[4]を加算して2バイトの整数に変換します．

⑧ 受信したデータから，温度値と湿度値を切り出し，BLE送信用のデータを生成する処理部です．I²C通信では上位バイトから送信するビッグ・エンディアンが用いられることが多いですが，BLE通信では下位バイトから送信するリトル・エンディアンが多いので，上位と下位のバイト順序を入れ替え，リトル・エンディアンに変換しました．測定中の受信結果の変化をみると，2バイトのビーコンIDのCD 00hに続く3バイト目（16進数の上位から5～6桁目）の温度値の下位1バイトが頻繁に変化していることが分かるでしょう．ビッグ・エンディアンで送信するサンプル3では，温度値の下位バイトの先頭から4バイト目が頻繁に変化します．

リスト9-4　ワイヤレス温度センサ用プログラムexample04_humid.py
5秒おきに温度+湿度センサから取得したセンサ値をBLE送信する

```
ble_ad_id = 'CD00'                                  # BLEビーコン用ID(先頭2バイト)
sht31 = 0x44 ←①                                    # 温湿度センサSHT31のI2Cアドレス

from machine import Pin, I2C ←②                    # ライブラリmachineのI2Cを組み込む
from machine import UART                            # machineからUARTを組み込む
from utime import sleep                             # μtimeからsleepを組み込む

def rn4020(s = ''):                                 # BLE RN4020との通信用の関数を定義
  if len(s) > 0:                                    # 変数sが1文字以上あるとき
    print('>',s)                                    # 内容を表示
    uart.write(s + '\n')                            # コマンド送信
    sleep(0.1)                                      # 0.1秒の待ち時間処理
  while uart.any() > 0:                             # 受信バッファに文字があるとき
    rx = uart.readline().decode()                   # 受信データを変数sに代入する
    print('<',rx.strip())                           # 受信結果を表示する
    sleep(0.1)                                      # 0.1秒の待ち時間処理

led = Pin(25, Pin.OUT)                              # GPIO出力用インスタンスledを生成
gnd = Pin(6, Pin.OUT)  ┐                            # GP6をSHT31のGNDピンに接続
gnd.value(0)           │                            # GND用に0Vを出力
vdd = Pin(3, Pin.OUT)  ├③                           # GP3をSHT31のV+ピンに接続
vdd.value(1)           ┘                            # V+用に3.3Vを出力
i2c = I2C(0, scl=Pin(5), sda=Pin(4)) ←④            # GP5をSHT31のSCL,GP4をSDAに接続

uart = UART(0, 115200, bits=8, parity=None, stop=1) # シリアルuartを生成
rn4020('V')                                         # バージョン情報表示
rn4020('SF,2')                                      # 全設定の初期化
sleep(0.5)                                          # リセット待ち(1秒)
rn4020()                                            # 応答表示
rn4020('SR,20000000')                               # 機能設定:アドバタイジング
rn4020('SS,00000001')                               # サービス設定:ユーザ定義
rn4020('SN,RN4020_HUMID')                           # デバイス名:RN4020_HUMID
rn4020('R,1')                                       # RN4020を再起動
sleep(3)                                            # リセット後にアドバタイジング開始
rn4020('D')                                         # 情報表示
rn4020('Y')                                         # アドバタイジング停止

temp = 0.                                           # 温度値を保持する変数tempを生成
hum  = 0.                                           # 湿度値を保持する変数humを生成
payload = 0x00000000                                # 送信データを保持する変数を生成
while True:                                         # 繰り返し処理
  i2c.writeto_mem(sht31,0x24,b'\x00') ←⑤           # SHT31にコマンド0x2400を送信する
  sleep(0.018)                                      # SHT31の測定待ち時間
  data = i2c.readfrom_mem(sht31,0x00,6) ←⑥         # SHT31から測定値6バイトを受信
  if len(data) >= 5:                                # 受信データが5バイト以上の時
    temp = float((data[0]<<8) + data[1]) / 65535. * 175. - 45. ┐
    hum  = float((data[3]<<8) + data[4]) / 65535. * 100.       ┘⑦
    payload = (data[1]<<24) + (data[0]<<16) + (data[4]<<8) + data[3] ←⑧
  s = str(round(temp,1))                            # 小数点第1位で丸めた結果を文字列に
  print('Temperature =',s)                          # 温度値を表示
  s = str(round(hum,1))                             # 小数点第1位で丸めた結果を文字列に
  print('Humidity =',s)                             # 湿度値を表示
  s = ble_ad_id + '{:08X}'.format(payload)          # BLE送信データ(16進数に変換)
  led.value(1)                                      # LEDをONにする
  rn4020('N,' + s)                                  # データをブロードキャスト情報に設定
  rn4020('A,0064,00C8')                             # 0.1秒間隔で0.2秒間のアドバタイズ
  sleep(0.1)                                        # 0.1秒間の待ち時間処理
  rn4020('Y')                                       # アドバタイジング停止
  led.value(0)                                      # LEDをOFFにする
  sleep(5)                                          # 5秒間の待ち時間処理
```

第10章 ラズベリー・パイとPythonで IoTシステム開発入門

本章では，ラズベリー・パイがIoT機器を管理するIoTシステムを紹介します．これまでは，IoT機器単体を説明してきましたが，本章ではIoT機器を組み合わせて，IoTのシステム化を図ります．ラズベリー・パイは，IoTサーバとして各IoT機器を管理します．

1 IoTボタンでチャイム音．呼び鈴のシステム例

図10-1の例は，IoTボタンでチャイム音を鳴らす呼び鈴システムです．IoTサーバがIoT機器からの情報を取り扱う実験を行います．IoTサーバ(親機)は，複数のIoTボタン(子機)が送信した通知を，Wi-Fiアクセス・ポイント経由で受信してピンポン音を出力します．第4章で製作したexample20_iot_notifier.pyでも同様のことが行えます．

子機となるIoTボタンは，GPIO実験ボード(第4章で製作)を搭載したラズベリー・パイ上でexample14_iot_btn.pyを実行する，もしくはIoT Sensor Coreを書き込んだESP32マイコンにタクト・スイッチを追加し，[センサ入力設定]の[押しボタン]で，[PingPong]を選択したものなどを使用することができます．

親機となるチャイム音を出力するIoTサーバは，第4章のGPIO実験ボードを搭載したラズベリー・パイ上でexample28_chime_btn.pyを実行します(あるいは，1台のラズベリー・パイ上で2つのLXTerminalを起動し，それぞれのLXTerminal上で子機と親機のプログラムを動かすことで，開発時のハードウェアの台数を減らすこともできる)．各LXTerminalでの実行例を**図10-2**に示します．

以下に，**リスト10-1**のIoT版チャイム呼び鈴のサンプル・プログラムexample28_chime_btn.pyの主要な処理内容について説明します．

① チャイム音を鳴らすための関数chimeを定義します．定義だけなので，起動しただけでは実行されません．実行するには後述の処理⑥などから呼び出す必要があります．

② 変数keyにPingが代入されていたときに554Hzの音を1秒間，鳴らす処理です．

③ 変数keyにPongが代入されていたときに440Hzの音を0.3秒間，鳴らす処理です．

④ UDP受信用のソケットへの接続に成功した場合に，

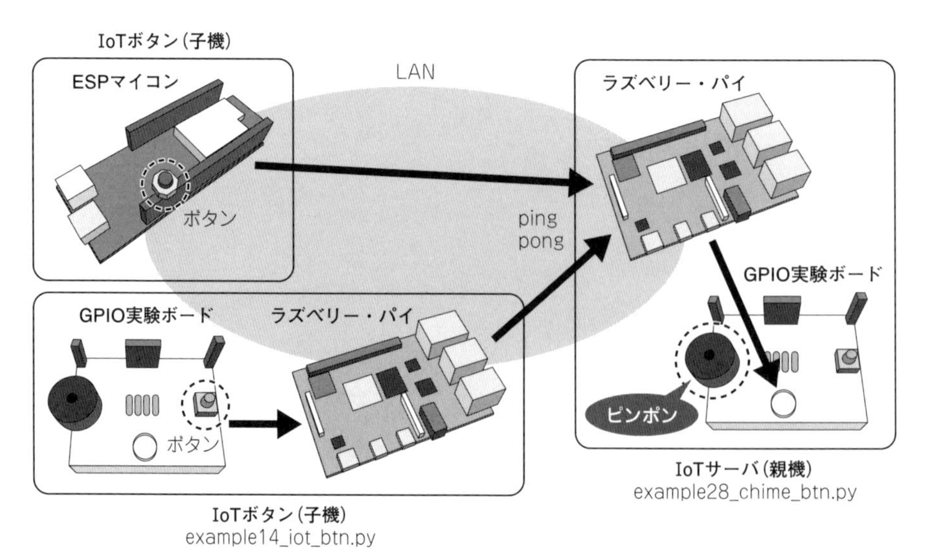

図10-1　IoTボタンでチャイム音を鳴らす呼び鈴のシステム例
第4章で製作したGPIO実験ボード搭載のラズベリー・パイと親機となるチャイム呼び鈴サーバでシステムを構成する

リスト10-1　親機となるIoT版チャイム呼び鈴のIoTサーバ用プログラム（ラズベリー・パイ用）example28_chime_btn.py

```
#!/usr/bin/env python3

port = 4                                            # GPIO ポート番号
ping_f = 554                                        # チャイム音の周波数1
pong_f = 440                                        # チャイム音の周波数2

import socket                                       # IP通信用モジュールの組み込み
from RPi import GPIO                                # GPIOモジュールの取得
from time import sleep                              # スリープ実行モジュールの取得
import threading                                    # スレッド用ライブラリの取得

def chime(key):                    ┐                # チャイム(スレッド用)
    global pwm                     │                # グローバル変数pwmを取得
    if key == "Ping": ←②           │
        pwm.ChangeFrequency(ping_f)│                # PWM周波数の変更
        pwm.start(50)              │                # PWM出力を開始．デューティ50%
        sleep(1)                   ├①               # 1秒の待ち時間処理
        pwm.stop()                 │                # PWM出力停止
    if key == "Pong": ←③           │
        pwm.ChangeFrequency(pong_f)│                # PWM周波数の変更
        pwm.start(50)              │                # PWM出力を開始．デューティ50%
        sleep(0.3)                 │                # 0.3秒の待ち時間処理
        pwm.stop()                 ┘                # PWM出力停止

GPIO.setmode(GPIO.BCM)                              # ポート番号の指定方法の設定
GPIO.setup(port, GPIO.OUT)                          # ポート番号portのGPIOを出力に
pwm = GPIO.PWM(port, ping_f)                        # PWM出力用のインスタンスを生成

print('Listening UDP port', 1024, '...', flush=True)          # ポート番号1024表示
try:
    sock=socket.socket(socket.AF_INET,socket.SOCK_DGRAM) # ソケットを作成
    sock.setsockopt(socket.SOL_SOCKET,socket.SO_REUSEADDR,1)   # オプション
    sock.bind(('', 1024))                                      # ソケットに接続
except Exception as e:                                         # 例外処理発生時
    print(e)                                                   # エラー内容を表示
    exit()                                                     # プログラムの終了

while sock: ←④                                                 # 永遠に繰り返す
    try:
        udp, udp_from = sock.recvfrom(64)                      # UDPパケットを取得
    except KeyboardInterrupt:                                  # キー割り込み発生時
        print('\nKeyboardInterrupt')                           # キーボード割り込み表示
        GPIO.cleanup(port)                                     # GPIOを未使用状態に戻す
        exit()                                                 # プログラムの終了
    udp = udp.decode().strip()                                 # データを文字列へ変換
    if not udp.isprintable() or len(udp) != 4: ┐               # 4文字以下で表示可能
        continue                               ┘⑤
    print('device =', udp, udp_from[0])                        # 取得値を表示
  ┌ if udp == 'Ping':                                          # 「Ping」に一致する時
⑥┤     thread = threading.Thread(target=chime, args=([udp]))   # スレッド生成
  └     thread.start()                                         # スレッドchimeの起動
    if udp == 'Pong':                                          # 「Pong」に一致する時
        thread = threading.Thread(target=chime, args=([udp]))  # スレッド生成
        thread.start()                                         # スレッドchimeの起動
```

以下の処理を永久に繰り返します．

⑤ 受信したUDPデータが表示可能な文字列であることと，4文字のテキストデータであることを確認します．通信などを使った外部からのデータを処理する場合は，想定した形式のデータであるかどうかを確認しておくことで，意図しないデータを受信したときの動作不良を防ぎます．

⑥ UDPデータがPingと一致していたときに，関数chimeのスレッドを生成して実行します．

後の節では，チャイム音を鳴らすための処理部①のchime関数部をハードウェアとともにプログラムからも切り離し，その代わりにIoTチャイムとの通信処理に置き換えます．IoTサーバなど，システム全体の制御をつかさどるプログラムでは，このようなハードウェアに特化した部分を関数などのソフトウェア・モジュールに分離しておくことで，形態の変更に柔軟に対応できるようになります．ただし，この例ではGPIOの制御をモジュール化せずに，グローバル変数pwm

```
(IoTサーバ・親機)
pi@raspberrypi:~ $ cd ~/iot/learning/
pi@raspberrypi:~/iot/learning $
                    ./example28_chime_btn.py
Listening UDP port 1024 ...
device = Ping 192.168.0.3
device = Pong 192.168.0.3
```

```
(IoTボタン・子機)
pi@raspberrypi:~ $ cd ~/iot/learning/
pi@raspberrypi:~/iot/learning $
                    ./example14_iot_btn.py
GPIO26 = 0 Ping
GPIO26 = 1 Pong
```

図10-2　呼び鈴システムのIoTサーバ用プログラムexample28_chime_btn.pyの実行例
IoTサーバ用プログラム(上段)とIoTボタン用プログラム(下段)をそれぞれ異なるLXTerminalで実行した

を使用して関数との橋渡しを行っています．GPIO制御をchimeモジュール内で行うことも可能ですが，ハードウェア処理に関わる部分については，モジュール化しないほうが分かりやすくなる場合もあります．

2 IoT温度センサでチャイム音・熱中症予防・温度監視システム

IoT温度センサが送信する温度値を監視し，設定した温度(28 ℃，30 ℃，32 ℃)を超過したときに，警告音を出力するシステムを製作します．本例は，熱中症予防・温度監視システムを想定しました．

IoT温度センサは，ラズベリー・パイでexample15_iot_temp.pyを実行したもの，もしくはIoT Sensor Coreを書き込んだESP32マイコンを使用します．

親機のIoTサーバには，GPIO実験ボード(第4章)を搭載したラズベリー・パイを使用します．LXTerminalでの実行例を**図10-4**に示します．

以下に，**リスト10-2**の熱中症予防・温度監視システムのサンプル・プログラムexample29_chime_tempの主要な処理について説明します．

① リスト型の配列変数sensorsに，温度センサを搭載するIoTセンサのセンサ名を代入します．
② 警告音を鳴らすときの温度値を警告レベル順に配列変数temp_lvに代入します．
③ 警告音を鳴らすための関数chimeを定義します．引数は警告レベル1～3です．レベルが高いほど，目立つ音が鳴ります．後の処理⑩から呼び出されたときに動作します．
④ UDP通信から得られたセンサ名を確認する処理⑤～⑦の関数check_dev_nameを定義します．
⑤ UDP通信で得た文字列変数内に表示できない文字が入ってた場合は，Noneを返します．プログラム内やライブラリに脆弱性があったときなどに不正な動作を防止することができます．
⑥ 処理⑤と同様の理由で，センサ名の形式に合わない場合にNoneを返します．
⑦ UDPパケットに含まれるセンサ名が，処理①の配列変数sensorsに含まれているかどうかを確認し，含まれていたときにセンサ名を返します．
⑧ UDPパケットに含まれる温度値の文字列データを数値に変換する関数get_valを定義します．

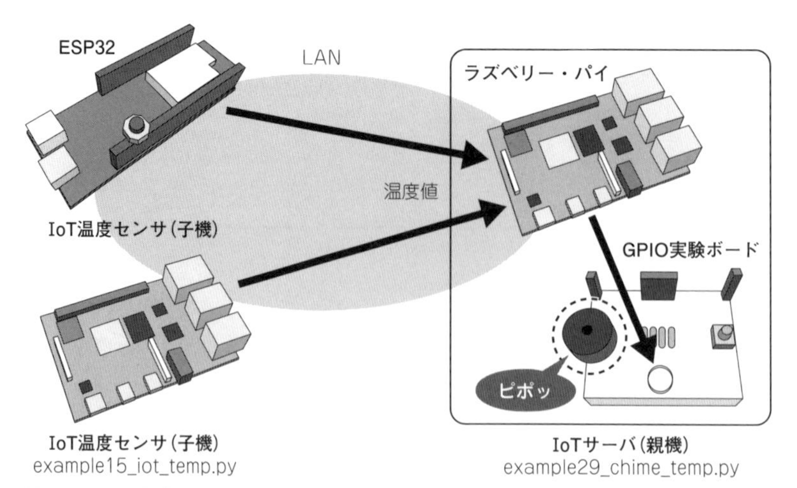

図10-3　IoT温度センサの温度が警告レベル(3段階)を超過したときに警告音を出力する熱中症予防・温度監視システムの一例
GPIO実験ボードを搭載したラズベリー・パイやESP32(IoT Sensor Core)で子機となるIoT温度センサを製作する

リスト10-2　熱中症予防温度監視システムのIoTサーバ用プログラムexample29_chime_temp.py

```
#!/usr/bin/env python3

port = 4                                            # GPIO ポート番号
ping_f = 587                                        # チャイム音の周波数1
pong_f = 699                                        # チャイム音の周波数2
sensors = ['temp.','temp0','humid','press','envir'] ←① # 対応センサのデバイス名
temp_lv = [ 28 , 30 , 32 ] ←②                      # 警告レベル 3段階

import socket                                       # IP通信用モジュールの組み込み
from RPi import GPIO                                # GPIOモジュールの取得
from time import sleep                              # スリープ実行モジュールの取得
import threading                                    # スレッド用ライブラリの取得

def chime(level):                          ┐        # チャイム(スレッド用)
    if level <= 0 or level > 3:            │        # 範囲外の値のときに
        return                             │        # 何もせずに戻る
    global pwm                             │        # グローバル変数pwm取得
    if level >= 1:                         │        # 警告レベル1以上のとき
        pwm.ChangeFrequency(ping_f)        │        # PWM周波数の変更
        pwm.start(50)                      │        # PWM出力を開始。50%
        sleep(0.1)                         │        # 0.1秒の待ち時間処理
        pwm.stop()                         ├③      # PWM出力停止取得
    if level >= 2:                         │        # 警告レベル2以上のとき
        pwm.ChangeFrequency(pong_f)        │        # PWM周波数の変更
        pwm.start(50)                      │        # PWM出力を開始。50%
        sleep(0.2)                         │        # 0.2秒の待ち時間処理
        pwm.stop()                         │        # PWM出力停止
    if level >= 3:                         │        # 警告レベル3のとき
        for i in range(23):                │        # 下記を23回繰り返す
            sleep(0.1)                     │        # 0.1秒の待ち時間処理
            chime(2)                       ┘        # レベル2と同じ鳴音処理

def check_dev_name(s):                     ┐        # デバイス名を取得
    if not s.isprintable(): ←⑤             │        # 表示可能な文字列でない
        return None                        │        # Noneを応答
    if len(s) != 7 or s[5] != '_': ←⑥      │        # フォーマットが不一致
        return None                        ├④      # Noneを応答
    for sensor in sensors:     ┐           │        # デバイスリスト内
        if s[0:5] == sensor:   ├⑦          │        # センサ名が一致したとき
            return s           ┘           │        # デバイス名を応答
    return None                            ┘        # Noneを応答

def get_val(s): ←⑧                                  # データを数値に変換
    s = s.replace(' ','')                           # 空白文字を削除
    try:                                            # 小数変換の例外監視
        return float(s)                             # 小数に変換して応答
    except ValueError:                              # 小数変換失敗時
        return None                                 # Noneを応答

GPIO.setmode(GPIO.BCM)                              # ポート番号の指定方法の設定
GPIO.setup(port, GPIO.OUT)                          # ポート番号portのGPIOを出力に
pwm = GPIO.PWM(port, ping_f)                        # PWM出力用のインスタンスを生成
print('Listening UDP port', 1024, '...', flush=True) # ポート番号1024表示

try:
    sock=socket.socket(socket.AF_INET,socket.SOCK_DGRAM) # ソケットを作成
    sock.setsockopt(socket.SOL_SOCKET,socket.SO_REUSEADDR,1)  # オプション
    sock.bind(('', 1024))                           # ソケットに接続
except Exception as e:                              # 例外処理発生時
    print(e)                                        # エラー内容を表示
    exit()                                          # プログラムの終了

while sock:                                         # 永遠に繰り返す
    try:
        udp, udp_from = sock.recvfrom(64)           # UDPパケットを取得
  except KeyboardInterrupt:                         # キー割り込み発生時
        print('\nKeyboardInterrupt')                # キーボード割り込み表示
        GPIO.cleanup(port)                          # GPIOを未使用状態に戻す
        exit()                                      # プログラムの終了
    vals = udp.decode().strip().split(',')          # 「,」で分割
```

リスト10-2　熱中症予防温度監視システムのIoTサーバ用プログラムexample29_chime_temp.py（つづき）

```
        dev = check_dev_name(vals[0])                          # デバイス名を取得
        if dev and len(vals) >= 2:                             # 取得成功かつ項目2以上
            val = get_val(vals[1])                             # データ1番目を取得
            level = 0                                          # 温度超過レベル用の変数
            for temp in temp_lv:               ┐               # 警告レベルを取得
                if val >= temp:                ├⑨             # 温度が警告レベルを超過
                    level = temp_lv.index(temp) + 1 ┘          # レベルを代入
            print('device =',vals[0],udp_from[0],', temperature =',val, ', level =',level)
                                                               # 温度取得結果を表示
    ⑩{ thread = threading.Thread(target=chime, args=([level])) # 関数chime
      thread.start()                                           # スレッドchimeの起動
```

```
(IoTサーバ・親機)
pi@raspberrypi:~ $ cd ~/iot/learning/
pi@raspberrypi:~/iot/learning $ ./example29_chime_temp.py
Listening UDP port 1024 ...
device = temp._3 192.168.0.3 , temperature = 27.0 , level = 0
device = temp._3 192.168.0.3 , temperature = 28.0 , level = 1
device = temp._3 192.168.0.3 , temperature = 30.0 , level = 2
device = temp._3 192.168.0.3 , temperature = 31.0 , level = 2
device = temp._3 192.168.0.3 , temperature = 32.0 , level = 3
```

```
(IoT温度センサ・子機)
pi@raspberrypi:~ $ cd ~/iot/learning/
pi@raspberrypi:~/iot/learning $ ./example15_iot_temp.py
Temperature = 27 (27.217000000000006)
send : temp._3, 27
Temperature = 28 (27.704)
send : temp._3, 28
Temperature = 30 (30.139000000000003)
send : temp._3, 30
Temperature = 31 (31.113)
send : temp._3, 31
Temperature = 32 (31.6)
send : temp._3, 32
```

図10-4　熱中症予防温度監視システムのIoTサーバ用プログラムexample29_chime_temp.pyの実行例
IoTサーバ用プログラム（上段）とIoT温度センサ用プログラム（下段）の実行例

⑨ 配列変数temp_lvの数値を超えたときに，警告レベル値に変換する処理部です．配列変数temp_lv内の28 ℃，30 ℃，32 ℃のそれぞれを変数tempに代入し，IoT温度センサから取得した温度値valと比較し，valがtemp以上のときに変数levelに警告レベル1～3を代入します．警告レベルは配列変数temp_lvの参照番号をindex命令で取得し，1を加算して求めます．

⑩ 処理③の関数chimeをスレッド化して起動します．引き数には警告レベルを示す変数levelを渡します．

なお，本システムは，IoTシステムのプログラムを学習するための実験用サンプルです．取得した温度値には誤差が含まれており，また機器の動作条件などによっても変化します．またラズベリー・パイのシステムが停止することも考えられます．実際に熱中症予防システムとして使用するには，測定方法の検証や見直しやシステムの監視，運用方法の構築，実用化のための実証検証などが必要です．

3 IoTボタンでチャイム音．呼び鈴のIoTネットワーク・システム

IoTシステムでは，運用中に機器を追加したり，機器の構成を組み替えたり，機能を追加したりといったことがあります．また，システムの規模が大きくなったときに柔軟な対応を行うには，IoT機器の情報管理や制御が可能なIoTサーバが必要です．ここでは，IoTチャイムからIoTサーバを独立させ，**図10-5**のようにLAN内のIoT機器の親機として動作するネットワーク・システムの基本的な実験を行います．独立といっても，ハードウェアとしては同じラズベリー・パイ上で実行することもできます．

子機となる機器は，IoTボタンとIoTチャイムです．IoTボタンはGPIO実験ボードを搭載したラズベリー・パイ上でexample14_iot_btn.pyを実行し，IoTチャイムはexample18_iot_chime.pyを実行します．

1つのラズベリー・パイ上で2つのLXTerminalを起動すれば，同時に2つの子機を動かすことができま

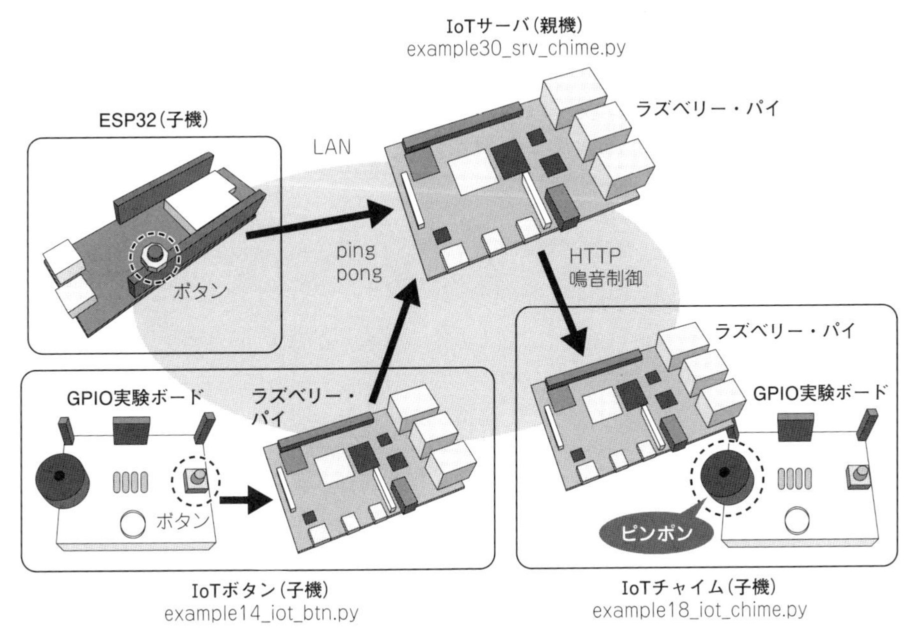

図10-5　IoTボタンでチャイム音を鳴らす呼び鈴のIoTネットワーク・システム例
親機となるIoTサーバが，ネットワーク上のIoTボタンから得られた押下通知を受信すると，IoTチャイムを鳴音制御する

リスト10-3　呼び鈴のIoTネットワーク・システム用プログラムexample30_srv_chime.py

```
#!/usr/bin/env python3

ip_chime = '127.0.0.1' ←①                    # IoTチャイムのIPアドレス

import socket                                 # IP通信用モジュールの組み込み
import urllib.request                         # HTTP通信ライブラリを組み込む

def chime(): ←②                                        # チャイム
    url_s = 'http://' + ip_chime ←③                     # アクセス先をurl_sへ
    try:
        urllib.request.urlopen(url_s) ←④                # IoTチャイムへ鳴音指示
    except urllib.error.URLError:                       # 例外処理発生時
        print('URLError :',url_s)                       # エラー表示

print('Listening UDP port', 1024, '...', flush=True)    # ポート番号1024表示
try:
    sock=socket.socket(socket.AF_INET,socket.SOCK_DGRAM) # ソケットを作成
    sock.setsockopt(socket.SOL_SOCKET,socket.SO_REUSEADDR,1)   # オプション
    sock.bind(('', 1024))                               # ソケットに接続
except Exception as e:                                  # 例外処理発生時
    print(e)                                            # エラー内容を表示
    exit()                                              # プログラムの終了

while sock:                                             # 永遠に繰り返す
    udp, udp_from = sock.recvfrom(64)                   # UDPパケットを取得
    udp = udp.decode().strip()                          # データを文字列へ変換
    if udp == 'Ping':                     ┐             # 「Ping」に一致する時
        print('device = Ping',udp_from[0])├⑤           # 取得値を表示
        chime()                           ┘             # chimeの起動
```

す．さらにもう1つ，LXTerminalを起動し，IoTサーバのプログラムを動作させることもできます．

IoTサーバのプログラムは，呼び鈴のIoT基本システムで使用したexample29_chime_temp.pyのchime関数をHTTPリクエスト送信機能に変更して製作しました．以下に，**リスト10-3**のIoTサーバ用のプログラムexample30_srv_chime.pyのおもな動作内容を説明します．

```
(IoTサーバ・親機)
pi@raspberrypi:~ $ cd ~/iot/learning/
pi@raspberrypi:~/iot/learning $ ./example30_srv_chime.py
Listening UDP port 1024 ...
device = Ping 192.168.0.3
device = Ping 192.168.0.3
```

```
(IoTボタン・子機)
pi@raspberrypi:~ $ cd ~/iot/learning/
pi@raspberrypi:~/iot/learning $ ./example14_iot_btn.py
./example14_iot_btn.py
GPIO26 = 0 Ping
GPIO26 = 1 Pong
GPIO26 = 0 Ping
GPIO26 = 1 Pong
```

```
(IoTチャイム・子機)
pi@raspberrypi:~ $ cd ~/iot/learning/
pi@raspberrypi:~/iot/learning $ sudo ./example18_iot_chime_nn.py
HTTP port 80
level = 0
127.0.0.1 - - [16/Sep/2019 19:05:14] "GET / HTTP/1.1" 200 9
level = 0
127.0.0.1 - - [16/Sep/2019 19:05:20] "GET / HTTP/1.1" 200 9
```

図10-6 呼び鈴のIoTネットワーク・システム用プログラムexample30_srv_chime.pyの実行例
IoTサーバ用プログラム(上段)とIoTボタン用プログラム(中段), IoTチャイム用のプログラム(下段)をそれぞれ異なるLXTerminalで実行した

① IoTチャイムのIPアドレスを変数ip_chimeに代入します．ここではIoTサーバとなるラズベリー・パイ自身を示す127.0.0.1を代入します．他のラズベリー・パイで製作したIoTチャイムへアクセスするには，ラズベリー・パイのアドレスに書き換えてください．
② 関数chimeを定義します．後の処理⑤から呼び出されてから処理を実行します．
③ 変数url_sに「http://」と変数ip_chimeを結合して作成したHTTPリクエスト先URLを代入します．
④ 文字列変数url_sに代入されたURLに，命令urlopenを用いてHTTPリクエストを送信します．
⑤ UDPでPingを受け取ったときに，処理③で定義した関数chimeを実行します．

図10-6は，上から順に，IoTサーバのプログラムおよび，IoTボタン，IoTチャイムの実行例です．IoTボタンは，GPIO実験ボード上のボタンが押されるとUDPデータPingを送信し，それを受信したIoTサーバは，IoTチャイムにHTTPリクエストを送信し，IoTチャイムはブザーを駆動してチャイム音を鳴らします．

このサンプルでは，IoTサーバが余分に感じるかもしれません．しかし，IoTボタンやIoTチャイムがいくつもある場合を考えてみてください．本サンプル・プログラムを改造することで，どのIoTボタンが押されたときに，どのIoTチャイムを鳴らすかといった，IoT機器同士の紐づけが可能であることが想像できるでしょう．

4 IoTボタンとIoT温度センサでネットワーク・システムを拡張する

独立したIoTサーバを親機として設置することにより，IoT機器の拡張が容易になります．そこで，玄関呼び鈴のネットワーク・システムに，熱中症予防・温度監視システムを追加してみます．

子機として使用する機器は，IoTボタン，IoT温度センサ，IoTチャイムです．1台のラズベリー・パイ上で複数のLXTerminalを起動し，親機とそれぞれの子機のプログラムを実行することもできます．

リスト10-4に，作成したIoTサーバ用のサンプル・プログラムexample31_srv_chime2.pyを，**図10-8**に実行例を，以下にプログラムの主要な処理を示します．
① IoTチャイムのIPアドレス127.0.0.1を変数ip_chimeに代入します．IPアドレスを変更することにより，LAN上のIoTチャイムへ送信することもできます．
② 文字列変数url_sに処理①のIoTチャイムのIPアドレスを，文字列変数sに変数levelに代入された数値に応じたピンポン音(0)または警告レベル(1～3)をURLの書式で代入します．
③ 命令urlopenを用いて文字列変数url_sとsを結合したURLにHTTPリクエストを送信します．
④ 通常のHTTP用のポート80へのアクセスに失敗したときに，ポート8080でHTTPリクエストを再送信します．
⑤ 受信したUDPデータに「Ping」が含まれていたときに関数chimeを実行します．引き数にはピンポン

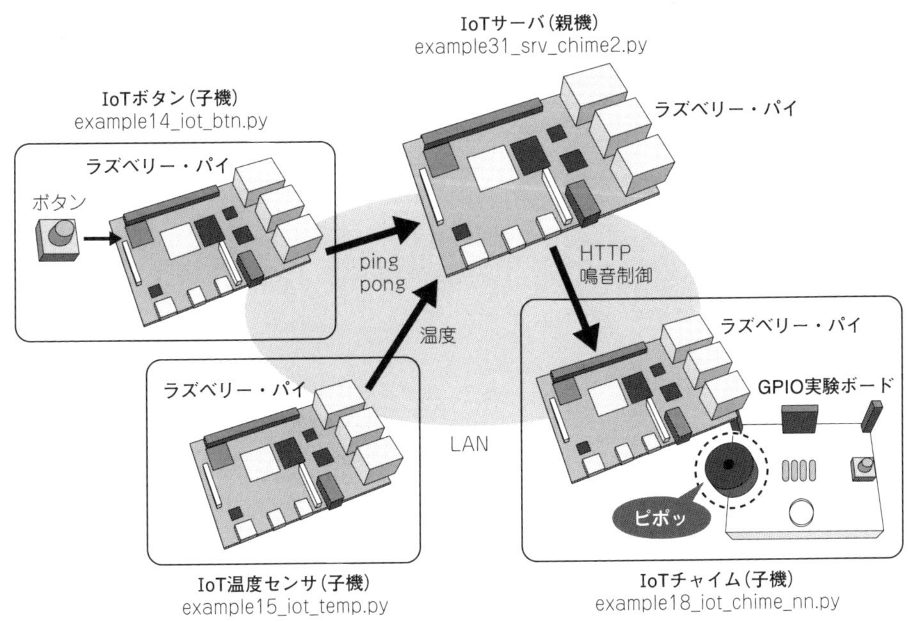

図10-7　玄関呼び鈴のネットワーク・システムに熱中症予防・温度監視を拡張する
親機となるIoTサーバを機能拡張し，IoTボタン，IoT温度センサ，IoTチャイムの3つのIoT機器に対応する

リスト10-4　玄関呼び鈴のIoTネットワークシステムに熱中症予防温度監視システムを拡張したプログラムexample31_srv_chime2.py

```
#!/usr/bin/env python3 ←①

ip_chime = '127.0.0.1'                              # IoTチャイムのアドレス
sensors = ['temp.','temp0','humid','press','envir'] # 対応センサ名
temp_lv = [ 28 , 30 , 32 ]                          # 警告レベル 3段階

import socket                                       # IP通信用モジュール
import urllib.request                               # HTTP通信ライブラリ

def chime(level):                                   # チャイム(スレッド用)
    if level is None or level < 0 or level > 3:     # 範囲外の値のときに
        return                                      # 何もせずに戻る
    url_s = 'http://' + ip_chime   ┐                # アクセス先
    s = '/?B=' + str(level)        ├②               # レベルを文字列変数sへ
    try:                           ┘
        urllib.request.urlopen(url_s + s) ←③       # IoTチャイムへ鳴音指示
    except urllib.error.URLError:                   # 例外処理発生時
        print('URLError :',url_s)                   # エラー表示
        url_s = 'http://' + ip_chime + ':8080'      # ポートを8080に変更
        try:
            urllib.request.urlopen(url_s + s) ┐     # 再アクセス
        except urllib.error.URLError:         ├④    # 例外処理発生時
            print('URLError :',url_s)         ┘     # エラー表示

def check_dev_name(s):                              # デバイス名を取得
    if not s.isprintable():                         # 表示可能な文字列でない
        return None                                 # Noneを応答
    if len(s) != 7 or s[5] != '_':                  # フォーマットが不一致
        return None                                 # Noneを応答
    for sensor in sensors:                          # デバイスリスト内
        if s[0:5] == sensor:                        # センサ名が一致したとき
            return s                                # デバイス名を応答
    return None                                     # Noneを応答

def get_val(s):                                     # データを数値に変換
    s = s.replace(' ','')                           # 空白文字を削除
```

リスト10-4　玄関呼び鈴のIoTネットワークシステムに熱中症予防温度監視システムを拡張したプログラムexample31_srv_chime2.py（つづき）

```
    if s.replace('.','').replace('-','').isnumeric():          # 文字列が数値を示す
        return float(s)                                         # 小数値を応答
    return None                                                 # Noneを応答

print('Listening UDP port', 1024, '...', flush=True)            # ポート番号1024表示
try:
    sock=socket.socket(socket.AF_INET,socket.SOCK_DGRAM) # ソケットを作成
    sock.setsockopt(socket.SOL_SOCKET,socket.SO_REUSEADDR,1)        # オプション
    sock.bind(('', 1024))                                       # ソケットに接続
except Exception as e:                                          # 例外処理発生時
    print(e)                                                    # エラー内容を表示
    exit()                                                      # プログラムの終了

while sock:                                                     # 永遠に繰り返す
    udp, udp_from = sock.recvfrom(64)                           # UDPパケットを取得
    udp = udp.decode().strip()                                  # データを文字列へ変換
    if udp == 'Ping':                                           # 「Ping」に一致する時
     ┌  print('device = Ping',udp_from[0])                      # 取得値を表示
   ⑤┤  chime(0)                                                 # chimeの起動
     └  continue                                                # whileへ戻る
    vals = udp.split(',')                                       # 「,」で分割
    dev = check_dev_name(vals[0]) ←⑥                            # デバイス名を取得
    if dev and len(vals) >= 2:                                  # 取得成功かつ項目2以上
  ┌     val = get_val(vals[1]) ←⑧                               # データ1番目を取得
  │     level = -1                              ┐               # 温度超過レベル用の変数
  │     for temp in temp_lv:                    │               # 警告レベルを取得
  │         if val >= temp:                     ├⑨              # 温度が警告レベルを超過
  │             level = temp_lv.index(temp) + 1 ┘               # レベルを代入
 ⑦┤ print(
  │         'device =',vals[0],udp_from[0],\
  │         ', temperature =',val,\
  │         ', level =',level\
  │     )                                                       # 温度取得結果を表示
  └     chime(level) ←⑩                                         # chimeの起動
```

```
(IoTサーバ・親機)
pi@raspberrypi:~ $ cd ~/iot/learning/
pi@raspberrypi:~/iot/learning $ ./example31_srv_chime2.py
Listening UDP port 1024 ...
device = Ping 192.168.0.3
device = temp._3 192.168.0.3 , temperature = 28.0 , level = 1
```

```
(IoTボタン・子機)
pi@raspberrypi:~ $ cd ~/iot/learning/
pi@raspberrypi:~/iot/learning $ ./example14_iot_btn.py
./example14_iot_btn.py
GPIO26 = 0 Ping
GPIO26 = 1 Pong
```

```
(IoT温度センサ・子機)
pi@raspberrypi:~ $ cd ~/iot/learning/
pi@raspberrypi:~/iot/learning $ ./example15_iot_temp.py
Temperature = 28 (27.704)
send : temp._3, 28
```

```
(IoTチャイム・子機)
pi@raspberrypi:~ $ cd ~/iot/learning/
pi@raspberrypi:~/iot/learning $ sudo ./example18_iot_chime_nn.py
HTTP port 80
level = 0
127.0.0.1 - - [16/Sep/2019 19:05:20] "GET /?B=0 HTTP/1.1" 200 9
level = 1
127.0.0.1 - - [16/Sep/2019 19:05:29] "GET /?B=1 HTTP/1.1" 200 9
```

図10-8　玄関呼び鈴のIoTネットワークシステムに熱中症予防温度監視システムを拡張したプログラムexample31_srv_chime2.pyの実行例

IoTサーバ用プログラム（上段）と，IoTボタン用プログラム（2段目），IoT温度センサ用プログラム（3段目），IoTチャイム用のプログラム（最下段）を実行した

音の数値0を渡します．

⑥ 関数check_dev_nameを呼び出し，UDPデータの先頭5文字が対応センサ名と一致した場合はセンサ名を，一致しなかった場合はNoneを変数devに代入します．

⑦ UDPデータに含まれるデバイス名が対応センサ名と一致していたときに，実行する処理部です．以下処理⑦から⑩が熱中症予防・温度監視システムの機能部です．

⑧ 変数devがNoneではなかったときに，UDPデータに含まれるセンサ値を取得する関数get_valを呼び出し，センサ値の1番目の数値(温度センサ値)を変数valに代入します．

⑨ 取得した温度値に応じて，警告レベル(1～3)を変数levelに代入します．警告レベルに満たないときは負の－1を代入します．

⑩ 変数levelを渡して関数chimeを実行します．関数chimeは，警告レベルが1～3のときにIoTチャイムを鳴音制御します．

ここでは，IoTボタン，IoT温度センサ，IoTチャイムを，IoTサーバを使ってIoTシステム化する方法について説明しましたが，IoTサーバのプログラムを改造することで，これまでに紹介した他のIoTセンサやIoT制御機器をシステムに組み込むこともできます．さらに，書籍『超特急Web接続！ESPマイコン・プログラム集』で紹介した，ESP-WROOM-02やESP32-WROOM-32を使ったIoT機器(p.173)をIoTシステム化することもできるでしょう．

5 収集したデータをPyplot(matplotlib)で折れ線グラフ作成

今度は，複数のIoT温度センサから収集した温度値データを折れ線グラフ化する機能を追加してみましょう．ここでは，温度の推移グラフを作成しますが，他のさまざまなIoTセンサ機器からセンサ値を収集し，それらを統合してグラフ化することも可能です．

リスト10-5は，Pyplot(matplotlib)で折れ線グラフを作成する場合のプログラムexample32_plot_temp.pyです．受信した温度値を，**図10-11**の左図のように1本の折れ線グラフに変換し，ファイル名graph.pngとして出力します．また，同右図のように複数のIoT温度センサ毎に色分けして折れ線グラフに変換するプログラムexample32_plot_temp_n.pyも収録しました．以下は，1本の折れ線グラフ作成版のおもな処理の流れです．

① ライブラリmatplotlibに含まれるPyplotを組み込んだ変数(オブジェクト)pltを生成します．use('Agg')はサーバ用としてグラフ表示せずに(ファイル保存のみを)実行するためのコマンドです．

② グラフを描画するための関数plotterを定義します．

③ 命令plotを用いて，横軸にtime，縦軸value，色'b'(青)のグラフ描画をPyplotへ指示します．

④ 命令savefigを用いて，作成したグラフをファイル名graph.pngで保存します．

⑤ 折れ線グラフの線分を描画するには，受信日時とセンサ値のそれぞれについて，始点と終点の2点の

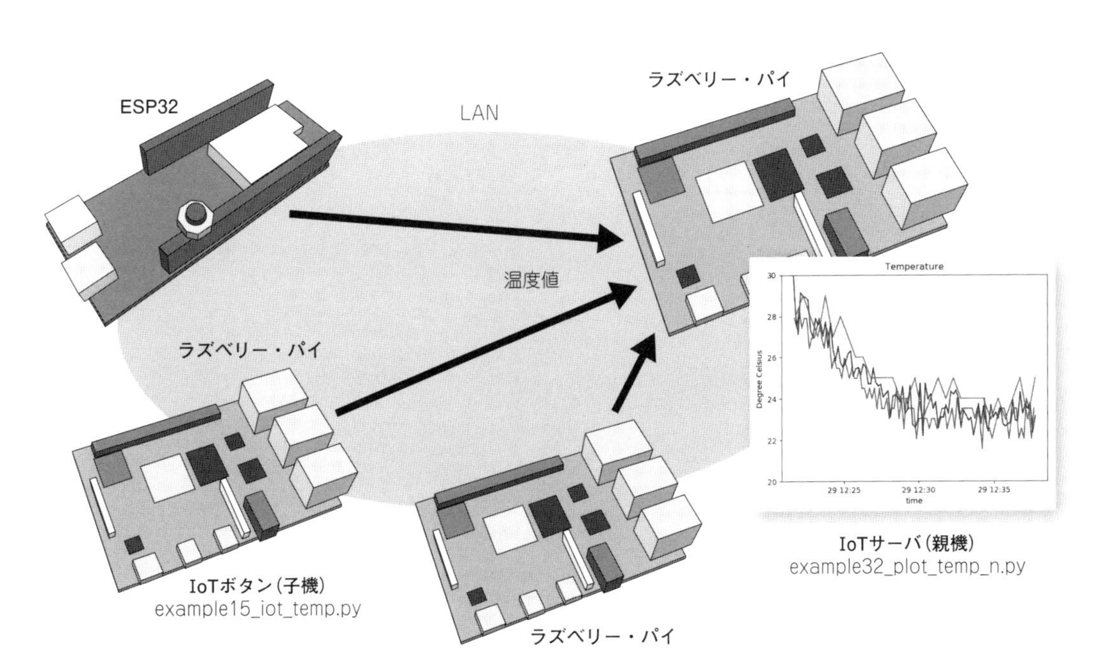

図10-9 収集したデータをPyplot(matplotlib)で折れ線グラフ作成
IoT温度センサから収集した温度値データを折れ線グラフ化しファイルに保存する

リスト10-5　収集したデータをPyplot(matplotlib)で折れ線グラフ作成するプログラムexample32_plot_temp.py

```
#!/usr/bin/env python3

sensors = ['temp.','temp0','humid','press','envir']          # 対応センサのデバイス名

import socket                                               # IP通信用ライブラリ
import datetime                                             # 日時・時刻用ライブラリ
import matplotlib                     ┐                     # グラフ用ライブラリ
matplotlib.use('Agg')                 ├①                    # CLI利用
import matplotlib.pyplot as plt       ┘                     # Pyplotの組み込み

def plotter(time,value):                        ┐           # グラフ描画
    plt.plot(time,value,'b') ←③                 │           # グラフ線を追加する
    ymin = plt.ylim()[0]                        │           # 現在の下限値を取得
    ymax = plt.ylim()[1]                        │           # 現在の上限値を取得
    if value[1] < ymin:                         │           # 下限値を下回った時
        ymax = value[1] - 5 + (value[1] % 5)    ├②          # Y軸の表示範囲を拡大
    if value[1] > ymax:                         │           # 上限値を超えた時
        ymax = value[1] + 5 - (value[1] % 5)    │           # Y軸の表示範囲を拡大
    plt.ylim(ymin, ymax)                        │           # Y軸の表示範囲を設定
    plt.savefig('graph.png') ←④                 ┘           # ファイルへ保存
def check_dev_name(s):                                      # デバイス名を取得
                                            ～～(一部省略)～～
def get_val(s):                                             # データを数値に変換
                                            ～～(一部省略)～～

print('Listening UDP port', 1024, '...', flush=True)        # ポート番号1024表示
try:
    sock = socket.socket(socket.AF_INET, socket.SOCK_DGRAM) # ソケットを作成
    sock.setsockopt(socket.SOL_SOCKET,socket.SO_REUSEADDR,1) # オプション
    sock.bind(('', 1024))                                   # ソケットに接続
except Exception as e:                                      # 例外処理発生時
    print(e)                                                # エラー内容を表示
    exit()                                                  # プログラムの終了
plt.title('Temperature')                                    # グラフのタイトル設定
plt.xlabel('time')                                          # グラフ横軸ラベル設定
plt.ylabel('Degree Celsius')                                # グラフ縦軸ラベル設定
plt.ylim(20, 30)                                            # グラフ縦軸の範囲設定
time = []   ┐                                               # 描画する時刻の保持用
value = []  ┘⑤                                              # 描画する値の保持用
try:
    while sock:                                             # 永遠に繰り返す
        udp, udp_from = sock.recvfrom(64)                   # UDPパケットを取得
        vals = udp.decode().strip().split(',')              # 「,」で分割
        num = len(vals)                                     # データ数の取得
        dev = check_dev_name(vals[0])                       # デバイス名を取得
        if dev is None or num < 2:                          # 不適合orデータなし
            continue                                        # whileに戻る
        date=datetime.datetime.today()                      # 日付を取得
        s = date.strftime('%Y/%m/%d %H:%M') + ', '          # 日付を変数sへ代入
        s += udp_from[0] + ', ' + dev                       # 送信元の情報を追加
        for i in range(1,num):                              # データ回数の繰り返し
            val = get_val(vals[i])                          # データを取得
            s += ', '                                       # 「,」を追加
            if val is not None:                             # データがある時
                s += str(val)                               # データを変数sに追加
        print(s, flush=True)                                # 受信データを表示
        time.append(date)                    ┐              # 配列変数に時刻を追加
        value.append(get_val(vals[1]))       ┘⑥             # 配列変数に温度値を追加
        if len(time) >= 2:           ┐                      # 配列数が2のとき
            plotter(time,value)      ┘⑦                     # グラフ表示を実行
            del time[0]    ┐                                # 古い保持内容を削除
            del value[0]   ┘⑧                               # 古い保持内容を削除
                                            ～～(一部省略)～～
```

```
pi@raspberrypi:~ $ cd ~/iot/learning/
pi@raspberrypi:~/iot/learning $ ./example32_plot_temp_n.py
Listening UDP port 1024 ...
2019/09/29 12:21, 192.168.0.173, temp0_2, 30.150058150839584
2019/09/29 12:21, 192.168.0.173, temp._1, 27.905
2019/09/29 12:21, 192.168.0.173, temp._3, 28.0
```

図10-10　収集したデータをPyplot(matplotlib)で折れ線グラフ作成するプログラムexample32_plot_temp_n.pyの実行例
対応IoT温度センサからの受信値を表示する

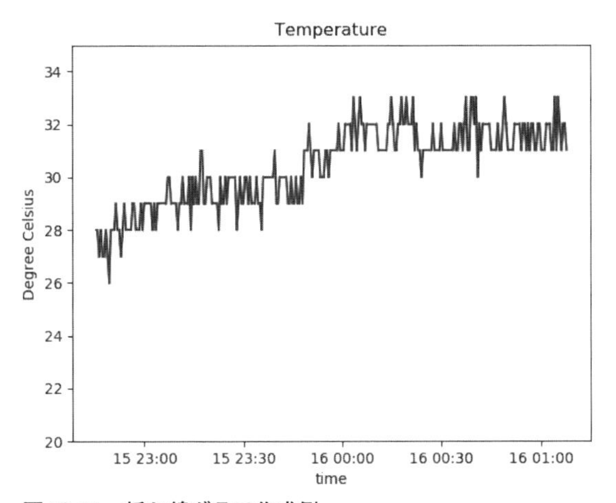

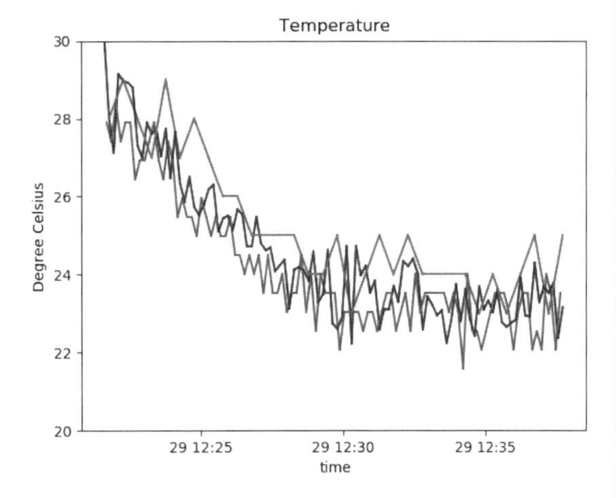

図10-11　折れ線グラフ作成例
温度の推移を示すグラフをファイル名graph.pngで保存した

データが必要です．これらを保持する配列変数timeとvalueを生成します．

⑥ 配列変数timeとvalueのそれぞれに，受信日時とセンサ値を代入します．

⑦ 時刻timeに2値(始点と終点)が，保存されたときに関数plotterを呼び出して線分を描画します．

⑧ 配列変数timeとvalueの始点となる古い値を削除し，現在の終点を次回の始点に繰り上げます．

6 クラウド・サービスからWebSocketでプッシュ通知を受信する

IoTデバイスの中には，他のインターネット・サービスからのプッシュ通知に応じて動作するものもあります．第3章などで紹介したHTTP GETでは，リクエストを送ってから受信するので，いつ発生するかわからないプッシュ通知を受信するには，リクエストを

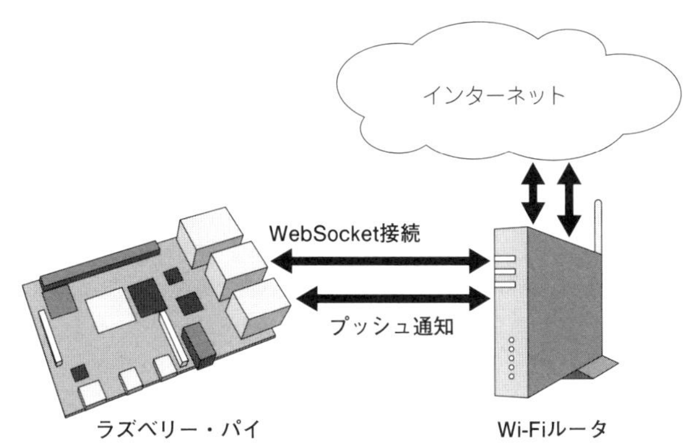

図10-12　クラウド・サービスからWebSocketでプッシュ通知を受信する
インターネット上のクラウド・サーバからメッセージをプッシュ型で受信する実験を行う

リスト10-6　クラウド・サービスからWebSocketでプッシュ通知を受信するexample33_ws_aws.py

```
#!/usr/bin/env python3

API_ID = '**********'                                    # AWS API Gatewayで取得
REGION = 'us-west-2'                                     # AWSのリージョン
STAGE  = 'Prod'                                          # デプロイ時のステージ名
keys = ['type','sockets','total','data','value','device','url']        # 受信項目名

import websocket  ←①                                     # WebSocketライブラリ
import datetime                                          # 日時ライブラリ
import urllib.request                                    # HTTP通信ライブラリ
import json                                              # JSON変換ライブラリ

if API_ID == '**********':                               # 設定値のダウンロード
    res = urllib.request.urlopen('https://bokunimo.net/iot/cq/test_ws_aws.json') ←②
    res_dict = json.loads(res.read().decode().strip()) # 設定値を辞書型変数へ
    API_ID = res_dict.get('api_id')    ┐                 # AWS API GatewayのID
    REGION = res_dict.get('region')    ├③                # AWSのリージョン
    STAGE  = res_dict.get('stage')     ┘                 # デプロイ時のステージ名
    res.close()                                          # HTTPリクエスト終了

print('WebSocket Logger')                                # タイトル表示
url = 'wss://' + API_ID + '.execute-api.' + REGION + '.amazonaws.com/' + STAGE ←④
print('Listening,',url)                                  # URL表示

try:
    sock = websocket.create_connection(url) ←⑤           # ソケットを作成
except Exception as e:                                   # 例外処理発生時
    print(e)                                             # エラー内容を表示
    exit()                                               # プログラムの終了

while sock:                                              # 作成に成功したとき
    try:
        payload = sock.recv().strip() ←⑥                 # WebSocketを取得
    except websocket.WebSocketConnectionClosedException as e:
        sock.close()                                     # ソケットの切断
        break                                            # while sockを抜ける
    payload = sock.recv().strip()                        # WebSocketを取得
    date = datetime.datetime.today()                     # 日付を取得
    print(date.strftime('%Y/%m/%d %H:%M'), end='')       # 日付を出力
    try:
        res_dict = json.loads(payload) ←⑦                # 辞書型変数へ代入
    except Exception:
        print(',', payload)                              # 受信データを出力
        continue                                         # whileの先頭に戻る
    for key in keys:                        ┐            # 受信項目を繰り返し処理
        val = res_dict.get(key)             │            # 辞書型変数から索引検索
        if val is not None:                 ├⑧           # 指定項目がある時
            val = str(val).strip()          │            # 文字列変換と両端処理
            print(',', key, '=', val, end='')│           # 値を表示
    print()                                 ┘            # 改行
```

一定の間隔で送信し続ける必要があります．一定の間隔でリクエストし続ける方式は，「疑似プッシュ方式」と呼ばれ，乾電池で動作する低消費電力なIoT機器で用いられています．

一方，ここで紹介するWebSocketは，IoTデバイスとクラウドとの間の通信接続を維持し続けることで，双方向でリアルタイムの通信が行える本格的なプッシュ方式です．ここでは，2分ごとに現在の接続数を送信するクラウド・サーバから，プッシュ通知を受信する実験を行います．接続先は，筆者が実験用に構築したAWSのクラウド上で動作するWebSocketサーバです．接続に必要な情報は，筆者のウェブサイトから自動取得します．

以下に，クラウド・サービスからWebSocketでプッシュ通知を受信する**リスト10-6**のサンプル・プログラムexample33_ws_aws.pyのおもな処理内容について説明します．

①WebSocketクライアント用のライブラリを組み込

```
pi@raspberrypi:~ $ cd ~/iot/learning/
pi@raspberrypi:~/iot/learning $ sudo pip3 install websocket-client ←── あらかじめWebSocket用ライブラリをダウンロードしておく
Installing collected packages: websocket-client
Successfully installed websocket-client-0.56.0
pi@raspberrypi:~/iot/learning $ ./example33_ws_aws.py
WebSocket Logger
Listening, wss://w1za4078ci.execute-api.us-west-2.amazonaws.com/Prod
2019/10/06 18:44, type = keepalive, sockets = 3
2019/10/06 18:46, type = keepalive, sockets = 3
2019/10/06 18:47, type = notify, sokets = 4, total = 68
2019/10/06 18:58, type = keepalive, sokets = 4
2019/10/06 19:00, type = keepalive, sokets = 4
```

図10-13　クラウド・サービスからWebSocketでプッシュ通知を受信するexample33_ws_aws.pyの実行例
実験用WebSocketサーバから2分ごとにプッシュ通知を受けたときのようす．socketsは現在の接続数

みます．あらかじめ**図10-13**のようにpip3コマンドでライブラリwebsocket-clientをダウンロードしておいてください．

② AWS上で動作するWebSocketサーバに接続するために必要な情報を筆者のウェブサイトからHTTP GETで自動取得します．

③ 受信したapi_id(AWS API Gateway用のID)，region(AWSデータ・センタ名)，stage(ステージ名)を変数に代入します．

④ 処理②～③で得たサーバへの接続情報からURLを組み立てます．wss://はSSL対応WebSocketプロトコルであることを示します．

⑤ 筆者が作成した実験用WebSocketサーバに接続します．

⑥ 実験用WebSocketサーバからの情報を受信し，変数payloadに代入します．

⑦ 変数payloadの内容を辞書型に変換し，変数res_dictに代入します．

⑧ 変数res_dictに代入された内容のうち，keysに登録した項目の表示を出力します．

Column 1　IoTシステム応用に向けたIoTサーバの役割まとめ

これまで，IoTサーバの役割である情報収集についてはexample15_iot_temp.pyで，情報の蓄積についてはexample24_rx_sens_log.py，そしてIoT機器の制御やIoT機器間の情報転送についてはexample30_srv_chime.pyなどで紹介してきました．

IoTシステムの各役割は，**表10-A**のように，IoTセンサ機器からの情報取得，情報の蓄積，データ解析，IoT機器の制御，IoT機器間の情報転送，IoT機器間の情報転送などがあり，本書では，それぞれの基本的なサンプルを紹介しました．実際のシステムでは，IoT機器の種類や数，蓄積内容，解析方法，制御方法，転送先などが変化し，またこれらの組み合わせ方も変化しますが，紹介したサンプルを改造することで，さまざまなシステムへ対応できるでしょう．

表10-A　IoTサーバの役割

IoTサーバの役割	具体例	サンプル
①IoT機器からの情報収集	• IoTセンサが送信するセンサ値などを受信する • ウェブサイトから情報を収集する • 遠隔地のセンサ値などを受信する	example15_iot_temp.py example07_htget.py example33_ws_aws.py
②情報の蓄積	• ファイルやデータベースに保存する • クラウド上のサーバに保存する	example24_rx_sens_log.py example09_ambient.py
③収集・蓄積したデータの解析	• センサ値などから目的の情報を抽出する • センサ値などをグラフ化する	example29_chime_temp.py example32_plot_temp.py
④IoT機器の制御	• IoT機器の動作状態を変更する(LED制御) • IoT機器を目的に合った状態に遷移させる	example12_led3.py example31_srv_chime2.py
⑤IoT機器間の情報転送	• 受信した情報を適切な相手に転送する	example30_srv_chime.py

第11章 ラズベリー・パイとPythonで IoT音声認識入門

スマート・スピーカは，一般家庭に普及したIoT機器のひとつです．「OK，Google」や「Alexa」などウェイク・ワードに続いて話した音声は，クラウド上のサーバに送信され，音声認識とAIで回答が生成され，スマート・スピーカで返事が再生されます．

本章では，ラズベリー・パイ上で動作する音声認識ソフトと，クラウド上で動作する音声認識エンジンを使う2種類の方法で，スマート・スピーカ・ライクなIoT音声ユーザ・インターフェースを製作します．

1 Google AIY Voice Kit と Julius の違い

音声認識にはクラウド・サービスを利用する方法と，手元のPC上で認識する方法があります．ここでは，クラウド・サービス「Google Cloud Speech-to-Text」を使用する方法と，オープン・ソースの「大語彙連続音声認識エンジン Julius」を使用する方法を説明します．それぞれの特徴の違いを**表11-1**で比較し，要件に合った方法を選択すると良いでしょう．

● Google Cloud Speech-to-Text

クラウド・サービスを使った音声認識の利点は，膨大な音声辞書を利用し，また利用者から得た学習結果から，確度を高めることができる点です．Google Cloud Speech-to-Textを始めるには，例えば，**写真11-1**のようなGoogle AIY Voice Kitを使用します．SDカード用イメージ・ファイルも提供されているので，インストールは簡単です．ただし，クラウドに接続するには，Google Cloud Platformへの登録や認証キーの設定が必要です．どちらかといえば，IoT機器側よりもクラウド・サービス側の開発に興味のある人に向いています．

執筆時点では，ラズベリー・パイ本体やマイクロSDカードが付属しないVersion 1と，それらが付属するVersion 2が販売されています．組み立てや設定に関する説明書(ウェブ)は英文ですが，写真を多用しているので，英語があまり得意でなくても製作できるでしょう．

Google AIY Voice Kit V1
https://aiyprojects.withgoogle.com/voice-v1/
Google AIY Voice Kit V2
https://aiyprojects.withgoogle.com/voice/

● 大語彙連続音声認識エンジン Julius

USBマイクロホンを接続したラズベリー・パイにJuliusをインストールすることで，Google AIY Voice Kitよりも安価に音声認識を行うことができます．インターネットに接続していない状態でも使用することができるので，クラウド・サービス料が不要なうえ，プライバシーの確保も可能です．例えば，一般的なクラウド・サービスを利用するスマート・スピーカでは，ユーザはウェイク・ワードで呼びかけ，ウェイク・ワードを認識したときだけ音声をクラウドへ送信することで，ユーザが意図しない音声をクラウドへ送信してしまう頻度を低減しています．Juliusであれば，ウェイク・ワードなしで運用することもできるでしょう．

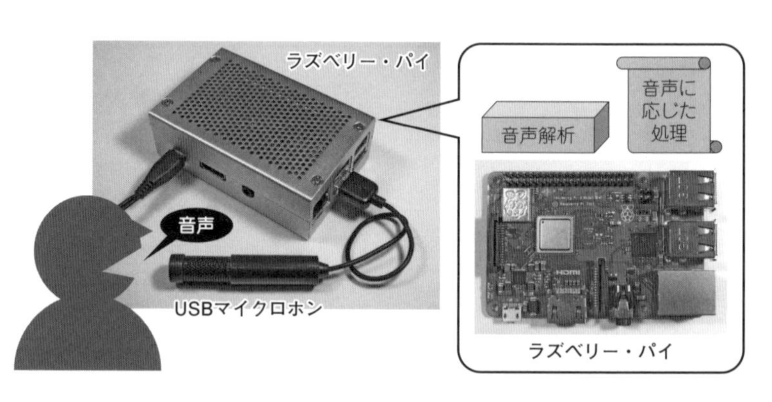

図11-1
ラズベリー・パイ上で動作する音声認識エンジンを使用してIoTユーザ・インターフェースを作成する
USBマイクロホンに入力した音声の認識結果から音声に応じた処理を行う

表11-1　本書で紹介するIoT音声ユーザ・インターフェース子機の違い(筆者の主観を含む)

音声認識エンジン名	Google Cloud Speech-to-Text	大語彙連続音声認識エンジン Julius
認識エンジンの実装先	クラウド・サーバ	ラズベリー・パイ
提供者	Google LLC	京都大学 河原研究室 ほか
利用条件	• Google Cloud Platformへの登録 • クレジット・カードなどの登録	• 利用許諾書の受諾
サービス利用料	15秒につき$0.006(60分まで無料)	オープン・ソース
ハードウェア構成	Google AIY Voice Kit	ラズベリー・パイ＋マイクロホン(USB接続)
関連ドキュメント	https://cloud.google.com/speech-to-text/docs/	https://julius.osdn.jp/juliusbook/ja/
音声認識のレベル(筆者主観)	高い	短い文章が苦手(向上も可能)
マイクロホンの性能(筆者主観)	6畳程度の部屋であれば，離れた場所で話しても認識可能	マイクに近づいて話すか，大きな声で，はっきりと発音する必要がある
セットアップの概要	• イメージ・ファイルからSDカードを作成 • Google Cloud Platform上の設定 • cloud_speech.jsonの取得と保存	• Juliusのコンパイルとインストール • ディクテーション・キットのインストール • マイクロホンのセットアップ
セットアップに必要なスキル	• 基本的なラズベリー・パイの知識 • 初歩的な電子工作の知識 • 基本的なGoogle Cloud操作の知識 • 高校生レベルの英語の読解力	• 基本的なラズベリー・パイの知識 • 初歩的な電子工作の知識 • ラズベリー・パイでの音声入力設定の知識
長所	• 高い認識率 • マイクロホンとスピーカが付属 • LEDつきボタンが付属 • 段ボール製のケースが付属 • ソフトウェアのインストールが容易	• 無料で利用可能 • インターネットへの接続が不要 • オープン・ソース • 認識率向上のための改良が可能

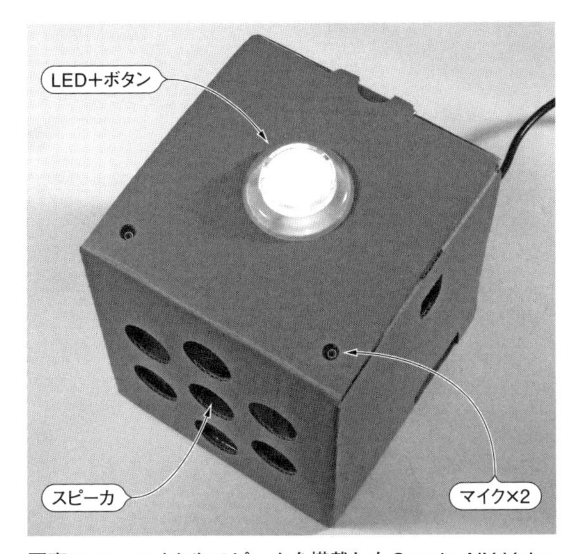

写真11-1　マイクやスピーカを搭載したGoogle AIY Voice Kit V1の組み立て完成例
クラウド・サービス「Google Cloud Speech-to-Text」を利用することで，音声認識に対応したIoTユーザ・インターフェースを簡単に製作することができる．広さ6畳程度の室内で本格的な音声認識が行える

インストール方法については，本書の執筆時に，筆者が動作確認した方法を紹介しますが，Raspberry Pi OSやJulius，デバイス・ドライバのバージョンの違いやUSBマイクロホンとの相性などによっては，自力で問題を解決する必要が生じるかもしれません．とはいえ，Juliusに限らずLinuxを使ったシステムの構築では避けて通れない道なので，まずは挑戦してみることが重要です．

写真11-2　JuliusならUSBマイクロホンを接続したラズベリー・パイで手軽に始められる
USBマイクロホンを接続したラズベリー・パイにJuliusをインストールすれば，Google AIY Voice Kitよりも安価に音声認識の実験を行うことができる

2 Google AIY Voice Kitを音声「LEDをON」で制御

Google Cloud Speech-to-Textを使えば短い音声であっても，高確度の本格的な音声認識が可能です．ここでは，Google AIY Voice Kitに搭載されているLEDを音声でONするプログラムについて，説明します．

まず，Google AIY Voice Kitの説明書に従って

Google Cloud Platform の[コンソール]でプロジェクトを作成します．Google Cloud Speech-to-Text は有料のサービスなので，[お支払い]メニューからクレジットカードなどを登録してから，以下の手順で音声認識

写真11-3　Google AIY Voice Kit V1 を音声で制御する
「LED を ONにして」と話すとLED が点灯し，「LED を OFF」と話すと消灯するIoT音声ユーザ・インターフェースを作成する

の設定を行います．詳細は説明書を参照してください．

①[API とサービス]メニュー画面で，Cloud Speech-to-Text API を追加します．
②[API とサービス]メニューの[認証情報]から，プルダウン・メニュー[認証情報を作成]で「サービスアカウント・キー」を選択します．
③[作成]ボタンを押し，プロジェクト名から始まるサービス用の認証キーをダウンロードします．
④ファイル名を「cloud_speech.json」に変更してから，ラズベリー・パイのホーム・ディレクトリ（初期設定時は /home/pi/）へ保存します．

次に，Google AIY Voice Kit（ラズベリー・パイ）の LXTerminal に下記のコマンドを入力し，筆者が作成したサンプル・プログラムのダウンロードと，**リスト11-1** の LED 制御プログラム googleAiyLed.py を実行してください（git clone は未ダウンロード時のみ）．

リスト11-1　Google AIY Voice Kit用 LED 制御プログラム googleAiyLed.py

```
#!/usr/bin/env python3

from aiy.cloudspeech import CloudSpeechClient ←①      # AIY音声認識用ライブラリ
from aiy.board import Board, Led ←②                    # AIYキット用ライブラリ

vclient = CloudSpeechClient() ←③                       # 音声認識用 vclient の生成
board = Board()                                        # AIYキット用 board の生成
board.led.state = Led.BLINK                            # LEDを点滅させる
print('準備完了')                                      # 準備完了と表示する

while True:
    voice = vclient.recognize(language_code='ja_JP') ←④ # 日本語による音声認識
    if voice == None:                                  # 音声データが無かったとき
        continue                                       # whileループの先頭に戻る
    print('認識結果 =',voice)                           # 認識結果を表示する
    if '終了' in voice:                                 # 音声「終了」を認識したとき
        break                                          # whileループを抜ける
    if 'LED' in voice.upper(): ←⑤                      # 音声「LED」を認識したとき
        if 'オフ' in voice: ←⑥                          # 「OFF」を認識したとき
            board.led.state = Led.OFF ←⑦               # LEDをOFFする
        if 'オン' in voice:                              # 音声「ON」時
            board.led.state = Led.ON                   # LEDをONする
board.close()                                          # Google AIYキットのGPIO開放
```

```
pi@aiy_voice:~ $ cd
pi@aiy_voice:~ $ git clone https://github.com/bokunimowakaru/iot ←未ダウンロード時のみ
pi@aiy_voice:~ $ cd ~/iot/voice/
pi@aiy_voice:~/iot/voice $ ./googleAiyLed.py
準備完了
認識結果 = LED をオンにして →LEDがONする
認識結果 = LED をオフ →LEDがOFFする
認識結果 = アプリを終了
pi@aiy_voice:~/iot/voice $
```

図11-2　LXTerminal から Google AIY Voice Kit用 LED 制御プログラム googleAiyLed.py
サンプル・プログラムをダウンロードして実行したときのようす

```
cd⏎
git clone https://github.com/bokunimowakaru/iot⏎
cd ~/iot/voice/⏎
./googleAiyLed.py⏎
```

Google AIY Voice KitのLEDが点滅し，LXTerminal上に[準備完了]が表示されたら，「LEDをONにして」や「LEDをOFF」と声をかけてみてください．図11-2のように，音声に合わせてLEDがON/OFFし，「アプリを終了して」と話すと終了します．本プログラムのおもな処理内容は以下のとおりです．

① Google AIY Voice Kit用の音声認識ライブラリを組み込みます．
② Google AIY Voice KitのLED制御ライブラリを組み込みます．
③ 音声認識エンジンにアクセスするためのインスタンスvclientを生成します．
④ recognize命令を使って日本語での音声認識を実行し，認識結果を変数voiceへ代入します．
⑤ 変数voiceに「LED」の文字が含まれているかどうかを確認します．
⑥ 変数voiceに「オフ」の文字が含まれているかどうかを確認します．
⑦「LED」と「オフ」が含まれていたら，LEDをOFFに設定します．

なお，プログラムを動作させたままだと，音声をクラウドへ送信するたびに，課金されます(毎月15秒以下の音声データ×240回までは無料)．実験後はプログラムを停止し，また長期間使わない場合は[認証情報]メニュー内のサービスアカウント・キーの一覧から，認証キーを削除しておくと，不用な課金を防ぐことができます．

③ Juliusをラズベリー・パイにインストールしてみよう

ラズベリー・パイ上で音声認識を行うことで，より安価なIoT音声ユーザ・インターフェースを製作することができます．ここでは，京都大学・河原研究室などによって開発されたオープンソースのフリーウェア「大語彙連続音声認識エンジン Julius」をラズベリー・パイにインストールします．

音声入力に必要なハードウェアは，USBマイクロホンです．USB直付けタイプであれば$1程度から，分離型でも$5程度で売られています．ただし，マイクロホンの性能面(マイク数が1つ)などから，マイクロホンから遠ざかるにつれて，認識率が著しく低下します．十分にマイクの近くへ接近し，大きな声で話してください．

音声出力については，ラズベリー・パイのヘッドホ

```
pi@raspberrypi:~ $ cd
pi@raspberrypi:~ $ git clone https://github.com/julius-speech/julius.git
Cloning into 'julius'...
                                        ~~ 表示省略 ~~
Resolving deltas: 100% (1696/1696), done.

pi@raspberrypi:~ $ cd julius/
pi@raspberrypi:~/julius $
                    wget https://osdn.net/projects/julius/downloads/66544/dictation-kit-v4.4.zip
                                        ~~ 表示省略 ~~
2019-04-27 09:25:02 (2.39 MB/s) - `dictation-kit-v4.4.zip' へ保存完了

pi@raspberrypi:~/julius $ unzip dictation-kit-v4.4.zip
                                        ~~ 表示省略 ~~

pi@raspberrypi:~/julius $ sudo apt-get install libasound2-dev
                                        ~~ 表示省略 ~~

pi@raspberrypi:~/julius $ sudo ./configure --with-mictype=alsa
                                        ~~ 表示省略 ~~
****************************************************************
Julius/Julian libsent library rev.4.5:
......
****************************************************************
pi@raspberrypi:~/julius $ sudo make
                                        ~~ 表示省略 ~~
pi@raspberrypi:~/julius $ sudo make install
                                        ~~ 表示省略 ~~
```

図11-3　Juliusをインストールするときのコマンド入力手順
gitコマンドでJuliusをダウンロードし，wgetでディクテーション・キットをダウンロードし，Julius設定ツールを実行後，makeコマンドでコンパイルとインストールを行う

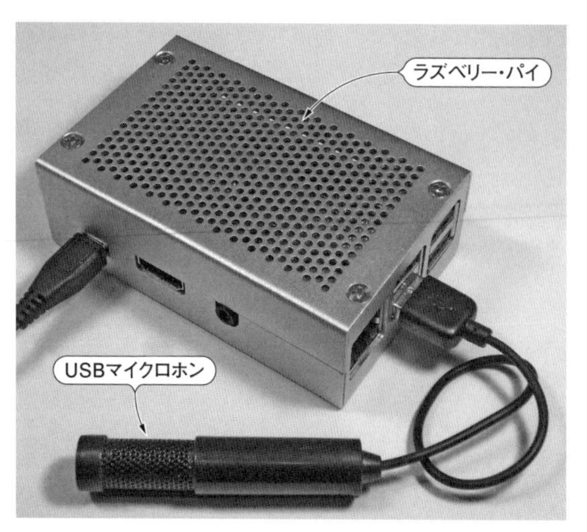

写真11-4　ラズベリー・パイ上で動作する音声認識エンジンJuliusの使用例
オープンソースのフリーウェアと，USBマイクロホンを使うことで，IoT音声ユーザ・インターフェースを安価に製作する

図11-4　Juliusに「あなたの名前は」と聞くと「私の名前はユリスです」と答える音声ユーザ・インターフェースの製作例
ラズベリー・パイにUSBマイクロホンとスピーカを接続し，音声認識エンジンJuliusで会話デモを行ってみた

ン端子や，HDMI端子を使用して，スピーカまたはヘッドホン，テレビなどに接続します．なお，マイクロSDカードは16GB以上のものを使用してください．

執筆時点では，**図11-3**に示す方法で，Juliusのダウンロード，ソフトウェアのコンパイルを実行することにより，Juriusのインストールが行えました．Raspberry Pi OSのバージョンやALSA(Linux用オーディオ・ドライバ)の関連ライブラリ，各種の設定ファイルの不整合などによって，Julius設定ツール(~/julius/configure)の実行中やmake実行中にエラーが発生する場合や，音声入力ができない場合などがあります．不具合が生じたときは，「Julius」や「ALSA」，エラー内容などをキーワードにネット検索し，自力で対策を行う必要があります．

4 Juliusで会話．音声「あなたの名前は？」と聞いてみよう

図11-4のようにラズベリー・パイにUSBマイクロホンとスピーカを接続し，「あなたの名前は？」と尋ねると「私の名前はユリスです」と答える会話デモを行ってみましょう．

図11-5の手順で，音声認識エンジンJuliusをインストールしたラズベリー・パイに，サンプル・プログラムjuliusDemo.pyをダウンロードし，実行します．マイクに近づいて「こんにちは」と尋ねてみてください．音声認識エンジンが正しく「こんにちは」を認識すると，「はい，こんにちは」と表示されます．ただし，マイクロホンの性能によっては，十分にマイクに近づき，大きな声で話す必要があります．とくにUSB接続型マイクの感度は低いことが多いようです．

また，株式会社アクエストのAquesTalk Piを，別途，ダウンロードすると，音声出力を行うことができます．ただし，個人利用でない場合や，営利目的での利用，また個人であっても個人事業や会社，大学で使用する場合は，ライセンスを購入する必要があります．ライセンス内容をよく確認してからaquestalk_setup.shを実行してください．なお，AquesTalk Piがなくても，テキスト表示で実験を進めることができます．

Julius会話デモ用プログラム(**リスト11-2**)juliusDemo.pyの前半は，JuliusとAquesTalkのプロセスの管理を行います．本プログラムの起動方法には，通常起動と従属起動の2種類があり，はじめに通常起動を行うと，自動的に同じプログラムが従属起動します．通常起動したjuliusDemo.pyは認識エンジンJuliusの起動を行い，従属起動したjuliusDemo.pyはJuliusの認識結果に応じた処理を行います．

はじめに，通常起動によるプログラム前半の処理の流れを説明しますが，重要なのは後半の従属起動の処理です．前半が理解できなくても，本サンプル・プログラムを応用した開発は行えるので心配ありません．

① juliusDemo.pyの起動時のパラメータ(引き数)にSUBPROを付与していた場合に，変数modeに1を代入します．通常の起動時は付与されていないのでmodeは初期値0のままです．

② subprocess.runは，プログラムを従属的に実行するコマンドです．変数modeが初期値0，すなわち通常起動時に実行します．通常起動したプログラムとは別のプロセスとして，Juliusを起動するためのスクリプトjuliusBase.shと，本プログラムjuliusDemo.pyを起動し，Juliusの出力をjuliusDemo.py

```
pi@raspberrypi:~ $ cd
pi@raspberrypi:~ $ git clone https://github.com/bokunimowakaru/iot ←未ダウンロード時のみ
Cloning into 'iot'...
Resolving deltas: 100% (275/275), done.
pi@raspberrypi:~ $ cd ~/iot/voice/
pi@raspberrypi:~/iot/voice $ ./juliusDemo.py
Usage: ./juliusDemo.py (subpro)
SUBPRO, this subprocess is called by a script
SUBPRO, 開始
subprocess = ['./aquestalk.sh', '"ユリス会話デモを起動しました. "']
AquesTalkをインストールしてください.
～～ 表示省略 ～～
pass1_best: こんにちは .
SENTENCE= こんにちは .
subprocess = ['./aquestalk.sh', '"はいこんにちは"']
AquesTalkをインストールしてください.
pass1_best: 五 元気 でしょう か .
SENTENCE= お 元気 でしょう か .
subprocess = ['./aquestalk.sh', '"はい元気です"']
AquesTalkをインストールしてください.
pass1_best: 新た な 前 は .
SENTENCE= あなた の 名前 は .
subprocess = ['./aquestalk.sh', '"私の名前はユリスです"']
AquesTalkをインストールしてください.
<<< please speak >>>
```

図11-5　LXTerminalからJulius会話デモ・プログラムjuliusDemo.pyをダウンロードし，実行したときのようす
「こんにちは」や「お元気ですか？」「あなたの名前は？」などを尋ねると返事を応答した

リスト11-2　Julius会話デモ用プログラムjuliusDemo.py

```
#!/usr/bin/env python3

import sys
import subprocess
julius_com = ['./juliusBase.sh|./juliusDemo.py SUBPROCESS']  # Julius起動スクリプト
talk_com = ['./aquestalk.sh','']                              # AquesTalk起動スクリプト
mode = 0                                                      # 通常起動:0, 従属起動:1

argc = len(sys.argv)                                          # 引数の数をargcへ代入
print('Usage: '+sys.argv[0]+' (subpro)')                      # タイトル表示

if argc > 1:                                                  # 引数があるとき
 ┌ if 'SUBPRO' in sys.argv[argc - 1].upper():                 # 引数がSUBPROの時
①┤    print('SUBPRO, this subprocess is called by a script')
 └    mode = 1                                                # 従属起動と判定
if mode == 0:                                                 # 直接, 起動した場合
  print('MAINPRO, 開始')                                      # 通常起動処理の開始表示
  print('subprocess =',julius_com[0])                 ②      # スクリプト名を表示
  subprocess.run(julius_com,shell=True,stdin=subprocess.PIPE)  # Juliusを開始する
  print('MAINPRO, 終了')                                      # 通常起動処理の終了表示
  sys.exit() ←③                                              # プログラムを終了する

# 以下は従属起動したときの処理

def talk(text):                                               # 関数talkを定義
  talk_com[1] = '"' + text + '"'       ┐                      # メッセージを"で括る
  print('subprocess =',talk_com)        ├④                    # メッセージを表示
  subprocess.run(talk_com)             ┘                      # AquesTalk Piを起動する

print('SUBPRO, 開始') ←⑤                                      # 従属起動処理の開始
talk('ユリス会話デモを起動しました. ') ←⑥                      # 起動メッセージの出力
while mode:                                                   # modeが1のときに繰り返し処理
  for line in sys.stdin: ←⑦                                   # 標準入力から変数lineへ
      sp = line.find(':') ←⑧                                  # 変数line内の「:」を探す
      if sp < 4 or len(line) < sp + 2:                        # その位置が条件に合わない時
          continue                                            # forループの先頭に戻る
      com = line[0:sp] ←⑨                                     # 「:」までの文字列をcomへ
      if 'STAT' in com.upper() or 'PASS' in com.upper():      # 受信データがログの時
```

リスト11-2　Julius会話デモ用プログラム juliusDemo.py(つづき)

```
            print(line.strip())                          # ログを出力(表示)する
            continue                                     # forループの先頭に戻る
      ┌ if 'SENTENCE' in com.upper():                    # 音声認識結果の時
      │     voice = line[sp+1:]              }⑪          # 認識結果を変数voiceへ代入
      │     print('SENTENCE=',voice.strip()) }           # 認識結果を出力(表示)する
      │     if '終了' in voice:                          # 音声「終了」を認識したとき
      │         mode = 0                                 # 変数modeに0を代入
      │         break                                    # forループを抜ける
   ⑩ │     if 'こんにちは' in voice:  }⑫               # 音声「こんにちは」認識時
      │         talk('はいこんにちは') }                 # 「はい, こんにちは」を回答
      │     if '元気' in voice:                          # 音声「元気」認識時
      │         talk('はい元気です')                     # 「はい, 元気です」を回答
      │     if '名前' in voice:                          # 音声「元気」認識時
      │         talk('私の名前はユリスです')             # 「私の名前は～」を回答
      │     if 'さようなら' in voice or 'さよなら' in voice :
      └         talk('終了するときは, アプリを終了してと話してください')
print('SUBPRO, 終了')                                    # 従属起動処理の終了表示
talk('はい終了します. さようならと言ってください. では, さようなら. ')
sys.exit()
```

に入力します．従属起動するjuliusDemo.pyのパラメータ(引き数)にはSUBPROが付与され，mode値は1となり，本処理②や③の処理を実行せずに後述の処理⑤の処理に移ります．

③ 従属起動したjuliusDemo.pyが終了したときに，通常起動したjuliusDemo.pyを終了させます．

④ AquesTalk Pi起動用のスクリプトaquestalk.shを実行するための関数talkを定義します．スクリプトはAquesTalk Piがインストールされているかどうかを確認し，インストールされていないときは[AquesTalkをインストールしてください]の表示を行います．なお，AquesTalk Piをインストールするには，株式会社アクエストから使用ライセンスを取得する必要があります(条件によっては無料で取得できる)．

プログラムの後半(処理⑤以降)は，Juliusの出力の内容に応じた処理部です．処理⑫の処理を追加することで，さまざまな音声ユーザ・インターフェースを製作することができます．

⑤ 従属起動により，プログラム後半部の実行が開始されたことを示す[SUBPRO, 開始]を表示します．

⑥ 処理④の関数talkを呼び出し，[ユリス会話デモを起動しました]のメッセージを表示します．

⑦ Juliusの出力の1行分を変数lineへ代入し，Juliusが終了するまで処理を繰り返します．

⑧ 文字列変数に付与したfindは，変数内の文字を検索するコマンドです．変数line内に文字「:」が含まれているかどうかを探し，見つけた位置を変数spに代入します．

⑨ 文字列変数に角括弧を付与することで，変数内の一部の文字列を切り出すことができます．括弧内は切り出す文字列位置の範囲です．ここでは先頭から変数spが示す文字位置までの文字列を切り出し，変数comに代入します．

⑩ 変数comに文字列SENTENCEが含まれていたときの処理です．Juliusは音声認識結果を[SENTENCE:認識結果]の形式で出力します．この処理⑩の部分にJuliusの音声認識結果に応じた処理を記述します．

⑪ 変数lineの変数spが示す文字位置の次文字以降を，文字列変数voiceに代入し，print関数でvoiceの内容を表示します．変数voiceに付与したstrip()は文字列両端の空白や改行を削除するコマンドです．

⑫ 変数voiceに[こんにちは]が含まれているときに[はい，こんにちは]を応答します．

5「今何時？」と聞けば時刻を応答する Julius音声時計

今度は，サンプル・プログラムjuliusDemo.pyを改造してみます．「今何時？」と尋ねたときに，NICT(情報通信研究機構)のインターネット・サイトから時刻情報を取得し，取得した時刻を応答するIoTユーザ・インターフェースを製作してみましょう(**図11-6**)．

ハードウェア構成は前節と同じです．改造したソフトウェアJulius音声時計プログラムは，juliusClock.pyです．**図11-7**のように，「今何時？」と尋ねると，時刻を応答し，「今日は何日？」と尋ねると，日付を応答します．以下は，**リスト11-3**のjuliusDemo.pyからの変更部のおもな動作の説明です．

① NICTから時刻情報を取得する関数getNictTimeを定義します．

② NICTにHTTPリクエストを送信します．

③ HTTPで受信したJSON形式の各キーと値を辞書型の変数red_dictへ代入します．このとき，時刻

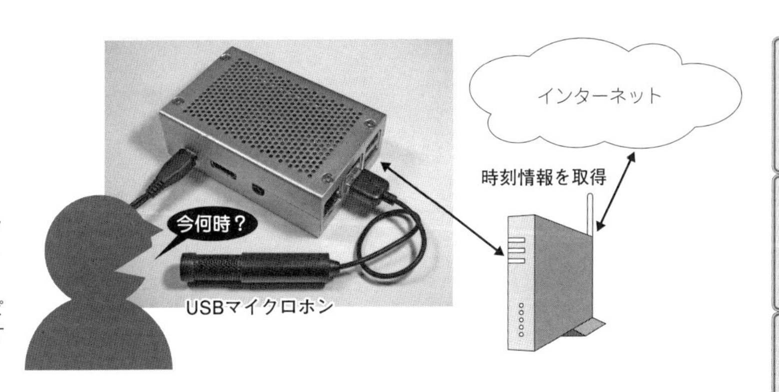

図11-6
Juliusに「今何時？」と聞くとインターネットから時刻情報を取得するIoTユーザ・インターフェースの製作例
ラズベリー・パイにUSBマイクロホンとスピーカを接続し，音声認識エンジンJuliusでIoT音声時計を製作してみた

リスト11-3　Julius音声時計プログラム juliusClock.py（変更部）

```
import urllib.request                                # HTTP通信ライブラリを組み込む
import json                                          # JSON変換ライブラリを組み込む
import datetime                                      # 日時変換ライブラリを組み込む

url_s = 'https://ntp-a1.nict.go.jp/cgi-bin/json'                  # NICTアクセス先
julius_com = ['./juliusBase.sh|./juliusClock.py SUBPROCESS']      # Julius起動スクリプト

def getNictTime(): ←①
    try:                                                          # 例外処理の監視を開始
        res = urllib.request.urlopen(url_s) ←②                     # HTTPアクセスを実行
        res_dict = json.loads(res.read().decode()) ←③              # 受信データを変数res_dictへ代入
        res.close()                                               # HTTPアクセスの終了
        time_f = res_dict.get('st') ←④                             # 項目stの値をtime_fへ代入
    except Exception as e:
        print(e)                                                  # エラー内容を表示
        return datetime.datetime.now()                            # 内蔵時計の値を応答
    print('time_f =', time_f)                                     # time_fの内容を表示
    time = datetime.datetime.fromtimestamp(time_f) ←⑤              # 日時形式に変換
    print('time =', time)                                         # 日時を表示
    return time ←⑥                                                 # NICT時間を応答

        if 'SENTENCE' in com.upper():                             # 音声認識結果の時
            if '何 時' in voice:                                   # 音声「何 時」認識時
                time = getNictTime() ←⑦                            # NICTから日時を取得
                talk( str(time.hour) + '時' + str(time.minute) + '分です' )
            if '今日' in voice or '日付' in voice:                  # 音声「今日」または「日付」
                time = getNictTime() ←⑧                            # NICTから日時を取得
                talk( str(time.month) + '月' + str(time.day) + '日です' )
```

```
pi@raspberrypi:~ $ cd ~/iot/voice/
pi@raspberrypi:~/iot/voice $ ./juliusClock.py

pass1_best: 今 何 一 .
SENTENCE= 今 何 時 .
Response: {
 "id": "ntp-a1.nict.go.jp",
 "it": 0.000,
 "st": 1556358039.164,
 "leap": 36,
 "next": 1483228800,
 "step": 1
}

time_f = 1556358039.164
time = 2019-04-27 18:40:39.164000
subprocess = ['./aquestalk.sh', '"18時40分です"']
AquesTalkをインストールしてください.
```

図11-7　LXTerminalからJulius音声時計・プログラム juliusClock.pyを実行したときのようす
「今何時？」や「今日の日付は？」と尋ねると時刻や日付を応答する

```
pass1_best: 今日 の 日付 は .
SENTENCE= 今日 の 日付 は .
Response: {
 "id": "ntp-a1.nict.go.jp",
 "it": 0.000,
 "st": 1556358048.492,
 "leap": 36,
 "next": 1483228800,
 "step": 1
}

time_f = 1556359116.027
time = 2019-04-27 18:58:36.027000
subprocess = ['./aquestalk.sh', '"4月27日です"']
AquesTalkをインストールしてください.
<<< please speak >>>
```

図11-7　LXTerminalからJulius音声時計・プログラムjuliusClock.pyを実行したときのようす(つづき)

情報はキー名stの浮動小数点数型の数値で保持されます.

④ 数値として保持された時刻情報を取り出し，変数time_fへ代入します.

⑤ 変数time_fをPythonで用いられる日時形式datetimeに変換し，変数timeに代入ます.

⑥ 変数timeを関数getNictTimeの戻り値として関数の処理を終えます.

⑦ 音声認識結果に[何時]が含まれていたときに，関数getNictTimeで日時を取得します.

⑧ 音声認識結果に[今日]または[日付]が含まれていたときに関数getNictTimeで日時を取得します.

ここでは，NICTから時刻情報を取得しましたが，処理①のアクセス先を変更し，処理⑦や⑧の動作条件などを変更することで，インターネット上のさまざまな情報を取得して，応答するIoTユーザ・インターフェースを製作することができます.

例えば，天気情報を取得したり，Wikipediaへ検索語を送信して要約を取得したりといったことも可能です．天気情報取得サンプルはjuliusWeath.py，Wikipedia検索のサンプルはjuliusWikip.pyとしてvoiceフォルダ内に収録しました.

6「テレビの電源をON」で家電を制御するJulius赤外線リモコン送信機

音声による家電のリモコン制御は，ホーム・オートメーションの中でも，もっともよく利用するアプリケーションの1つです．ここでは，「テレビの電源をオン」と話すと，赤外線LEDからテレビのリモコン信号を送信するシステムを製作します．エアコンなどの家電についても同じように制御することができるでしょう．赤外線リモコン送信部は，第5章で製作したものと同じです(**図11-8**).

リスト11-4に赤外線リモコン送信部を追加したプログラムjuliusTurnOnTV.pyの送信部を以下に音声「テレビ」を認識したときの主要な処理内容を示します．プログラムは，voiceフォルダに収録しました.

① 音声に「テレビ」が含まれていたときの処理です.

② 音声に「オフ」が含まれていたときに変数udpにデバイス名と送信値0を「オン」が含まれていたときは送信値1を代入します.

③ 処理②で変数udpに値が代入されていたときは，処理④を実行します.

④ 赤外線リモコン送信を行います.

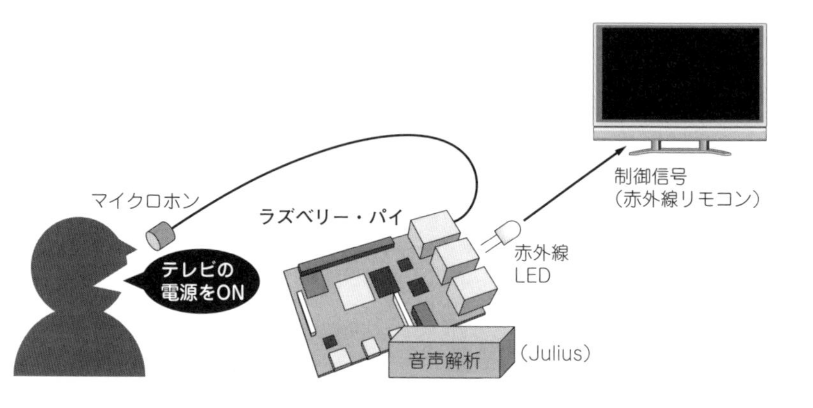

図11-8
Juliusに「テレビの電源をON」と話すとリモコン信号を送信するIoTユーザ・インターフェースの製作例
ラズベリー・パイにUSBマイクロホンとスピーカを接続し，音声認識エンジンJuliusで赤外線リモコン送信機を製作する

リスト11-4　Julius赤外線リモコン送信プログラム juliusTurnOnTV.py（送信部のみ）

```
while mode:                                                   # modeが1のときに繰り返し処理
    for line in sys.stdin:                                    # 標準入力から変数lineへ
        udp = None                                            # 送信データ用変数udpを定義
        sp = line.find(':')                                   # 変数line内の「:」を探す
        if sp < 4 or len(line) < sp + 2:                      # その位置が条件に合わない時
            continue                                          # forループの先頭に戻る
        com = line[0:sp]                                      # 「:」までの文字列をcomへ
        if 'STAT' in com.upper() or 'PASS' in com.upper():    # 受信データがログの時
            print(line.strip())                               # ログを出力(表示)する
            continue                                          # forループの先頭に戻る
        if 'SENTENCE' in com.upper():                         # 音声認識結果の時
            voice = line[sp+1:].strip()                       # 認識結果を変数voiceへ代入
            print('SENTENCE=',voice)                          # 認識結果を出力(表示)する
            if '終了' in voice:                               # 音声「終了」を認識したとき
                mode = 0                                      # 変数modeに0を代入
                break                                         # forループを抜ける
            if 'テレビ' in voice: ←①                          # 音声「テレビ」を認識した
                if 'オフ' in voice:        ┐                  # 「OFF」を認識したとき
                    udp = device + ', 0'   │                  # 変数udpへ送信データを代入
                if 'オン' in voice:        │②                # 音声「ON」時
                    udp = device + ', 1'   ┘                  # 変数udpへ送信データを代入
            if udp is None: ┐                                 # 変数udpがNoneのとき
                continue    ┘③                               # whileの先頭へ
            print('IR OUT :',ir_code)                         # リモコン信号の内容を表示
            try:
                ret = raspiIr.output(ir_code) ←④              # リモコン信号を送信
            except ValueError as e:                           # 例外処理発生時（アクセス拒否）
                print('ERROR:raspiIr,',e)                     # エラー内容表示
```

Column 1　その他の応用サンプル・プログラム

ダウンロードした/iot/voice/フォルダ内に，いくつかのサンプル・プログラムを追加で収録しました．それぞれの使い方について，以下に説明します．

(Google AIY Voice KIT用)

- **googleAiyDemo.py**
  Google AIY Voice Kit用の会話デモです．「こんにちは」と話しかけると，「はい，こんにちは」を応答し，「お元気ですか？」で「はい，元気です」を，「あなたの名前は？」で「私の名前はJuriusです」，「アプリを終了して」で「さようなら」といった決まった返事の会話ができます．

- **googleAiySpeechToUdp.py**
  「LED ON」や「LED OFF」と話しかけるとUDPを送信し，他の機器に知らせます．
  また，「終了」でプログラムを終了します．

- **googleAiyLed_en-US.py**
  英語の発音「LED ON」や「LED OFF」，「Hello」，「Hey」に応答する他，「Stop」でプログラムの終了，「shut down」でラズベリー・パイをシャット・ダウンします．

- **googleAiyWithAssistant.py**
  Google Assistantを使ったサンプルです．Google AIY Voice KIT V1のみで動作します．

(Julius用)

- **juliusSpeechToUdp.py**
  「LED ON」や「LED OFF」と話しかけるとUDPを送信し，他の機器に知らせます．

- **juliusWeath.py**
  「今日の天気は？」「天気を調べて」で天気を回答します．

- **juliusWikip.py**
  「インターネットで●●を調べて」でWikipediaから情報を取得して，回答します．

第12章 Pythonで広がるIoT応用システムの構築 ～IoTシステム応用編～

IoTの世界では，単にモノがネットワークに接続できれば良いというものではありません．さまざまなモノが連携して動作することにより，新しいモノの価値が生まれます．

本章では，ラズベリー・パイが複数の機器やインターネットと連携して動作する実用的なIoTシステムを製作します．ここで紹介したPythonプログラムを少し修正すれば，さまざまなIoT応用システムへと展開することができるようになります．

1 インターネット照る照る坊主でLEDを制御

インターネットと連携したシステムの第一歩として，インターネットから得た天気情報に応じて，カラーLEDの発光色を制御してみましょう．プログラムを実行すると，インターネットから天気情報を取得し，予報が晴れのときは赤色に，曇りのときは緑色に，雨や雪のときは青色にLEDを光らせます．また，晴れのち曇りだと，赤色と緑色を混ぜた黄色に制御します．

ハードウェアは，**図12-1**のようにインターネット接続されたラズベリー・パイに，第4章で製作したIoT実験用IOボードを接続して作成します．

ラズベリー・パイ上で実行するソフトウェアは，**リスト12-1**のexample34_led3_wea.pyです．iotフォルダのlearningフォルダ内に収録しました．以下にプログラムの主要な動作を説明します．

① 変数city_idに天気情報向けの地域ID(1次細分区定義表)を代入します．

② カラーLEDを接続したラズベリー・パイのGPIOを初期化し，出力に設定します．

③ 天気情報をインターネットからJSON形式で取得し，辞書型変数res_dictに代入します．

④ 変数telopへ天気の内容(晴れ，曇りなど)を代入する処理部です．辞書型変数res_dictから項目forecastsを抽出し，forecasts内の配列の先頭に含まれる項目telopを抽出し，変数telopに代入します．

⑤ 変数telop内の文字列内に[晴]が含まれるときに変数colorに赤色を混合します．演算子「|」は論理OR演算を行います．赤の色番号は1なので，変数colorの最下位ビットを1にします．同様に[曇]だと緑，[雨]または[雪]だと青を混合し，光の3原色の混合を行います．

⑥ 変数colorの値に応じたLEDの制御を行います．最下位ビットの赤色，次のビットの緑色，その次の青色に合わせてGPIOの出力を設定します．

ここでは，カラーLEDを制御しましたが，プログラムを改造すれば，天気情報を利用した機器の制御も可能です．例えば，変数telop内の文字列内に「雨」が含まれていない状態から，[雨]が含まれるように変化したときに[もうすぐ雨になります]とアナウンスを音声出力する応用が考えられます．

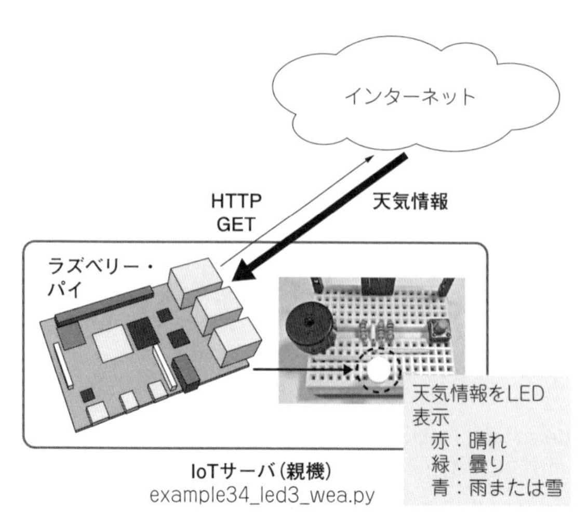

図12-1 インターネット照る照る坊主でLEDの発光色を制御
インターネットから天気情報を取得し，予報が晴れのときは赤色に，曇りのときは緑色に，雨や雪のときは青色にLEDを光らせる

リスト12-1　インターネット照る照る坊主のプログラム example34_led3_wea.py

```
#!/usr/bin/env python3

# Example 34 インターネット照る照る坊主

# 初期設定
port_R = 17                                  # 赤色LED用 GPIO ポート番号
port_G = 27                                  # 緑色LED用 GPIO ポート番号
port_B = 22                                  # 青色LED用 GPIO ポート番号
ports = [port_R, port_G, port_B]
colors= ['消灯','赤色','緑色','黄色','青色','赤紫色','藍緑色','白色']

city_id = 270000  ←①                        # 大阪の city ID=270000
                                             # 東京=130010 京都=260010
                                             # 横浜=140010 千葉=120010
                                             # 名古屋=230010 福岡=400010
url_wea_s = 'http://weather.livedoor.com/forecast/webservice/json/v1?city='
url_wea_s += str(city_id)

# ライブラリの組み込み
from RPi import GPIO                         # GPIOライブラリを組み込む
import urllib.request                        # HTTP通信ライブラリを組み込む
import json                                  # JSON変換ライブラリを組み込む

# GPIO初期化                       ②
GPIO.setmode(GPIO.BCM)                       # ポート番号の指定方法の設定
GPIO.setwarnings(False)                      # ポート警告表示を無効に
for port in ports:                           # 各ポート番号を変数portへ代入
    GPIO.setup(port, GPIO.OUT)               # ポート番号portのGPIOを出力に

# 天気情報の取得                   ③
try:                                         # 例外処理の監視を開始
    res = urllib.request.urlopen(url_wea_s)  # HTTPアクセスを実行
    res_s = res.read().decode()              # 受信テキストを変数res_sへ
    res.close()                              # HTTPアクセスの終了
    res_dict = json.loads(res_s)             # 辞書型の変数res_dictへ代入
except Exception as e:
    print(e)                                 # エラー内容を表示
    exit()                                   # プログラムの終了

# 取得した情報から都道府県名と市町村名を抽出
location = res_dict.get('location')          # res_dict内のlocationを取得
pref = location.get('prefecture')            # location内のprefectureを取得
city = location.get('city')                  # location内のcityを取得
print('city =', pref, city)                  # prefとcityの内容を表示

# 取得した情報から天候情報を抽出   ④
forecasts = res_dict.get('forecasts')        # res_dict内のforecastsを取得
telop = forecasts[0].get('telop')            # forecasts内のtelopを取得
print('telop =', telop)                      # telopの内容を表示

# 天候の内容に応じた色を変数colorへ合成   ⑤
color = colors.index('消灯')                 # 初期カラー番号を白色(7)に
if telop.find('晴') >= 0:                    # 晴れが含まれているとき
    color |= colors.index('赤色')            # 赤色を混合
if telop.find('曇') >= 0:                    # 曇りが含まれているとき
    color |= colors.index('緑色')            # 緑色を混合
if telop.find('雨') >= 0 or telop.find('雪') >= 0:  # 雨or雪が含まれているとき
    color |= colors.index('青色')            # 青色を混合
color %= len(colors)                         # 色数(8色)に対してcolorは0～7
print('Color =',color,colors[color])         # 色番号と色名を表示

# 変数colorに応じてLEDの色をGPIO出力   ⑥
for i in range( len(ports) ):                # 各ポート番号のindexを変数iへ
    port = ports[i]                          # ポート番号をportsから取得
    b = (color >> i) & 1                     # 該当LEDへの出力値を変数bへ
    print('GPIO'+str(port),'=',b)            # ポート番号と変数bの値を表示
    GPIO.output(port, b)                     # ポート番号portのGPIOを出力に
```

```
pi@raspberrypi:~ $ cd ~/iot/learning
pi@raspberrypi:~/iot/learning $
                    ./example34_weather_led3.py
city = 大阪府 大阪
telop = 曇り
Color = 2 緑色
GPIO17 = 0
GPIO27 = 1
GPIO22 = 0
```

図12-2　LXTerminal上でインターネット照る照る坊主のプログラムexample34_led3_wea.pyを実行した

2 インターネット照る照る坊主で部屋中のIoT子機のLEDを一括制御

今度は，インターネットから受信した天気情報から，LAN内のIoTカラーLED子機を制御してみます．各部屋に設置した子機での通知が可能になります．

親機のハードウェアはラズベリー・パイ，子機のハードウェアはラズベリー・パイとIoT実験用I/Oボードを用い，図12-3のように構成します．ラズベリー・パイ上で複数のLXTerminalを起動することで，親機と子機を1台のラズベリー・パイで模擬することもできます．

子機のソフトウェアは，example19_iot_ledpwm.pyです．HTTPサーバ機能を有し，親機からのLED制御指示を待ち受けます．通常のHTTPポート80で待ち受けるには，図12-4のようにsudoを付与し，親機よりも先に起動してください．

親機には，リスト12-2のプログラムexample35_srv_led3_wea.pyを使用します．本プログラムでは，天気情報を取得するgetWeatherと，IoTカラーLEDを制御するled3の2つの関数を定義しました．以下に，おもな処理内容について説明します．

① 配列変数ip_ledsに子機のIPアドレスを代入します．127.0.0.1は親機自身を示すIPアドレスです．LAN内の子機に送信する場合は，子機のIPアドレスに

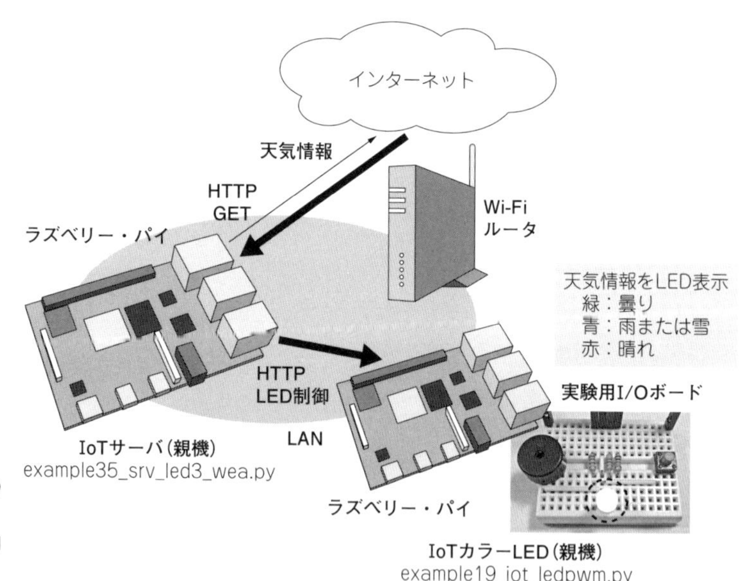

図12-3
インターネット照る照る坊主でIoT子機のLEDを一括制御
インターネットから天気情報を取得し，LAN内のIoT子機でLEDを制御する

```
(IoTサーバ・親機)
pi@raspberrypi:~ $ cd ~/iot/learning
pi@raspberrypi:~/iot/learning $ ./example35_srv_led3_wea.py
telop = 晴れのち曇り
Color = 3 黄色

(IoTカラーLED・子機)
pi@raspberrypi:~/iot/learning $ sudo ./example19_iot_ledpwm.py
127.0.0.1 - - [11/Oct/2019 17:54:24] "GET /?R=3&G=9&B=3 HTTP/1.1" 200 17
Color = [7, 7, 0]
GPIO17 = 35
GPIO27 = 35
GPIO22 = 0
```

図12-4　LXTerminal上で接続している全IoT子機のLEDを一括制御するインターネット照る照る坊主のプログラムexample35_srv_led3_wea.pyを実行したときのようす

リスト12-2　接続している全IoT子機のLEDを一括制御するインターネット照る照る坊主のプログラムexample35_srv_led3_wea.py

```
#!/usr/bin/env python3

# Example 35 インターネット照る照る坊主【IoTカラー LEDを制御】

# 初期設定
ip_leds = ['127.0.0.1']  ←①                                # IoTカラー LEDのIPアドレス
colors = ['消灯','赤色','緑色','黄色','青色','赤紫色','藍緑色','白色']
colors_full = True  ←②                                     # フルカラー有効化フラグ

city_id = 270000                                             # 大阪の city ID=270000
url_wea_s = 'http://weather.livedoor.com/forecast/webservice/json/v1?city='
url_wea_s += str(city_id)
interval = 10 * 60                                           # 動作間隔10分(単位=秒)

# ライブラリ
import urllib.request                                        # HTTP通信ライブラリを組み込む
import json                                                  # JSON変換ライブラリを組み込む
from time import sleep                                       # スリープ実行モジュール

def getWeather():  ←③                                       # 天気情報取得関数を定義
    try:                                                     # 例外処理の監視を開始
        res = urllib.request.urlopen(url_wea_s)              # HTTPアクセスを実行
        res_s = res.read().decode()                          # 受信テキストを変数res_sへ
        res.close()                                          # HTTPアクセスの終了
        res_dict = json.loads(res_s)                         # 辞書型の変数res_dictへ代入
    except Exception as e:
        print(e)                                             # エラー内容を表示
        return None                                          # Noneを応答
    return res_dict['forecasts'][0]['telop']                 # 天候の予報情報を応答

def led3(ip,color):  ←④                                     # IoTカラー LED
    if color is None or color < 0 or color > 7:              # 範囲外の値のときに
        return                                               # 何もせずに戻る
    url_led_s = 'http://' + ip  ←⑤                           # アクセス先
    if colors_full:                                          # フルカラーの設定
⑥┌     colors_3 = ['R','G','B']                             # 3原色名R,G,Bを代入
 │      colors_rgb = ['000','933','393','770','339','717','276','666']  # カラー
 │      s = '/?'                                             # 文字列変数sの初期化
 │      for i in range(len(colors_3)):                       # 文字変数cにR, G, Bを代入
 │          s += colors_3[i] + "="                           # 変数sにR=, G=, B=を追加
 │          s += colors_rgb[color][i]                        # 各色の輝度(0～9)を追加
 │          if i < len(colors_3) - 1:                        # forに次の3原色がある場合
 └              s += '&'                                     # 結合を示す「&」を追加
    else:
        s = '/?COLOR=' + str(color)                          # 色番号(0～7)の設定
    try:
        urllib.request.urlopen(url_led_s + s)  ←⑦           # IoTカラー LEDへ色情報を送信
    except urllib.error.URLError:                            # 例外処理発生時
        print('URLError :',url_led_s)                        # エラー表示

while True:  ←⑧
    telop = getWeather()  ←⑨                                # 天気情報を取得
    print('telop =', telop)                                  # telopの内容を表示
    if telop is not None:
        color = colors.index('消灯')                         # 初期カラー番号を白色=7に
        if telop.find('晴') >= 0:                           # 晴れが含まれているとき
            color |= colors.index('赤色')                    # 赤色を混合
        if telop.find('曇') >= 0:                           # 曇りが含まれているとき
            color |= colors.index('緑色')                    # 緑色を混合
        if telop.find('雨') >= 0 or telop.find('雪') >= 0:  # 雨or雪のとき
            color |= colors.index('青色')                    # 青色を混合
        color %= len(colors)                                 # colorは0～7
        print('Color =',color,colors[color])                 # 色番号と色名を表示
        for ip in ip_leds:    ┐                              # 各機器のIPアドレスをipへ
            led3(ip,color)    ┘⑩                            # 各IoTカラー LEDに色を送信
    sleep(interval)                                          # 動作間隔の待ち時間処理
```

書き換えてください．複数の子機が存在する場合は，カンマで区切って[‘192.168.0.5’，‘192.168.0.10’]のように記述します．

② 変数colors_fullは，IoTカラーLED子機の制御方法を選択するための設定に用います．Trueの場合，LEDの3原色をそれぞれ10段階の輝度で制御します．Falseの場合，0～7の色番号で制御します．Falseの場合，子機のソフトウェアはexample17_iot_led3.pyを使ってください．

③ 天気情報を取得する関数getWeatherを定義します．インターネットから取得した天気情報を応答します．

④ IoTカラーLEDを制御する関数led3を定義します．引き数は子機のIPアドレスと色番号0～7です．以下の処理⑤～⑦が含まれています．

⑤ 文字列変数url_led_sに子機のIPアドレスを含むHTTPリクエスト先のURLを代入します．

⑥ カラーLEDを制御するための情報として，光の3原色である赤，緑，青のそれぞれ輝度をR，G，Bと[=]に続けて付与し，[?R=9&G=3&B=3]のような形式で文字列変数sに代入ます．

⑦ 処理⑤の変数url_led_sと，処理⑥の変数sの文字列を結合し，HTTPリクエストを送信します．

⑧ 以下の処理⑨～⑩を終えてプログラム末尾に到達すると，sleep命令による待ち時間処理を行ってから，再び処理⑨～⑩を実行し，[Ctrl]＋[C]が押下されるまで永久に繰り返します．

⑨ 天気情報を取得する関数getWeatherを実行します．

⑩ 処理①で代入した全IPアドレスのIoTカラーLED子機に対して，処理④の関数led3を実行します．

3 ラズベリー・パイ専用Piカメラで製作するネットワーク対応IoTカメラ

ラズベリー・パイ専用のラズベリー・パイ Camera（以下Piカメラ）を使用すれば，手軽にカメラ機能を追加することができます．ここでは，LAN内の他のラズベリー・パイやPC，スマートフォンからアクセスすると，写真を撮影し，撮影した写真データを送信するIoTカメラを製作します．

写真12-1は，ラズベリー・パイ Zero WとPiカメラを専用ケースへ組み込んだようすです．ラズベリー・パイ公式のラズベリー・パイ Zero用ケースには，Piカメラを接続するための専用ケーブルとカメラ用トップカバーが付属するので，ハードウェアの製作の手間が少ないにも関わらず見た目は良好です．

初めてPiカメラを接続したときは，ラズベリー・パイの設定画面で，タブ[インターフェース]をクリックし，[カメラ]の[有効]をクリックしてから，[OK]

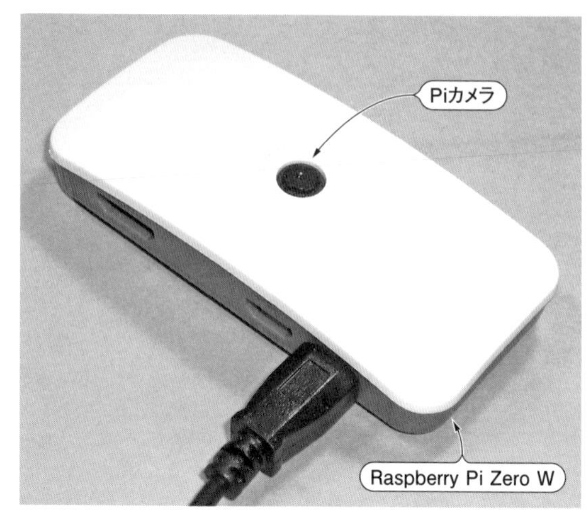

写真12-1 ラズベリー・パイ Zero WにPiカメラを接続し，専用ケースに組み込んだ
LAN内の他のラズベリー・パイやPC，スマートフォンからアクセスすると，写真を撮影して撮影した写真データを送信するIoTカメラを製作する

をクリックします．その後，ラズベリー・パイを再起動すれば使用できるようになります．試し撮りを行うには，LXTerminalに[raspistill -o cam.jpg]と入力してください．自動的にプレビュー画面が開き，約5秒後にカメラ撮影が行われ，撮影した画像ファイルcam.jpgが保存されます．

IoTカメラとして，カメラの写真データを送信するプログラムexample36_iot_cam.pyを**リスト12-3**に示します．おもなカメラの操作法とデータ送信の処理について，以下に説明します．

① Piカメラ用のライブラリpicamera（python3-picamera）を組み込みます．Raspberry Pi OSのバージョンが古い場合はインストールされていない場合があるので，なるべくVer.10 Buster（2019年）以降を使用してください．

② WSGI用HTTPサーバがHTTPリクエストを受け取ると，辞書型変数environ[‘PATH_INFO’]にリクエスト先のパス情報が格納されます．ここでは，パス情報を変数pathに代入します．

③ 変数pathに代入されたパス情報が[/cam.jpg]だったときに，処理④～⑥を実行します．

④ Piカメラで写真を撮影し，ファイル名[cam.jpg]で保存します．

⑤ 保存したファイルをバイナリ形式で開き，変数resに読み込みます．

⑥ 写真データを代入した変数resの内容をHTTPリクエスト元に応答（送信）します．

図12-6のようにプログラムを実行すると，ポート8080でHTTPリクエストを待ち受けます．ラズベリ

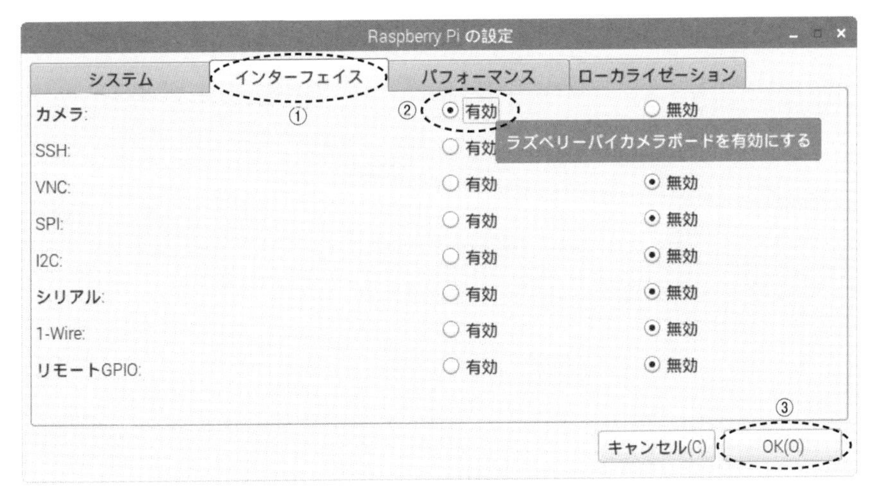

図12-5
ラズベリー・パイの設定画面でPiカメラを有効にする
タブ[インターフェース]内の「カメラ」を[有効]に設定する

リスト12-3　ラズベリー・パイ専用Piカメラで撮影した写真データを送信するプログラム example36_iot_cam.py

```
#!/usr/bin/env python3

# Example 36 IoTカメラ WSGI 版

from wsgiref.simple_server import make_server           # HTTPサーバ用ライブラリ
import picamera ←①                                      # Piカメラ用ライブラリ
import datetime                                          # 日時・時刻用ライブラリ
import threading                                         # スレッド用ライブラリの取得

def wsgi_app(environ, start_response):                  # HTTPアクセス受信時の処理
    global mutex                                         # グローバル変数mutexを取得
    path  = environ.get('PATH_INFO') ←②                 # リクエスト先のパスを代入
    if path == '/cam.jpg': ←③                           # リクエスト先がcam.jpg
        mutex.acquire()                                  # mutex状態に設定(排他処理開始)
        camera.capture('cam.jpg') ←④                    # Piカメラ撮影とファイル保存
   ⑤ { fp = open('cam.jpg', 'rb')                        # 画像ファイルを開く
       { res = fp.read()                                 # 画像データを変数へ代入
       { fp.close()                                      # ファイルを閉じる
        mutex.release()                                  # mutex状態の開放(排他処理終了)
        start_response('200 OK', [('Content-type', 'image/jpeg')])    # OK応答
    else:                                                # cam.jpg以外へのアクセス
        res = 'Not Found\r\n'.encode()                   # 「Not Found」を応答
        start_response('404 Not Found', [('Content-type','text/plain')])    # エラー
    return [res] ←⑥                                     # コンテンツの応答

camera = picamera.PiCamera()                             # Piカメラのオブジェクトを生成
camera.resolution = (640, 480)                           # 撮影解像度を640x480に設定
camera.rotation = 90                                     # 画像の回転角度を90度に設定
mutex = threading.Lock()                                 # 排他処理用のオブジェクト生成

try:
    httpd = make_server('', 80, wsgi_app)                # TCPポート80でHTTPサーバ実体化
    print("HTTP port 80")                                # ポート確保時にポート番号を表示
except PermissionError:                                  # 例外処理発生時(アクセス拒否)
    httpd = make_server('', 8080, wsgi_app)              # ポート8080でHTTPサーバ実体化
    print("HTTP port 8080")                              # 起動ポート番号の表示
try:
    httpd.serve_forever()                                # HTTPサーバを起動
except KeyboardInterrupt:                                # キー割り込み発生時
    print('\nKeyboardInterrupt')                         # キーボード割り込み表示
    exit()                                               # プログラムの終了
```

```
(プログラムの実行)
pi@raspberrypi:~ $ cd iot/learning/
pi@raspberrypi:~/iot/learning $ ./example36_iot_cam.py
HTTP port 8080
127.0.0.1 - - [12/Oct/2019 00:51:45] "GET /cam.jpg HTTP/1.1" 200 141110
192.168.0.3 - - [12/Oct/2019 00:52:36] "GET /cam.jpg HTTP/1.1" 200 130184
```

```
(撮影の実行)
pi@raspberrypi:~ $ wget 127.0.0.1:8080/cam.jpg
--2019-10-12 00:51:37-- http://127.0.0.1:8080/cam.jpg
127.0.0.1:8080 に接続しています... 接続しました.
HTTP による接続要求を送信しました、応答を待っています... 200 OK
長さ: 141110 (138K) [image/jpeg]
`cam.jpg' に保存中

cam.jpg          100%[======================================>] 137.80K --.-KB/s 時間 0.002s

2019-10-12 00:51:37 (60.3 MB/s) - `cam.jpg' へ保存完了 [141110/141110]
```

図12-6 ラズベリー・パイ専用Piカメラで撮影した写真データを送信するプログラムexample36_iot_cam.pyを実行した

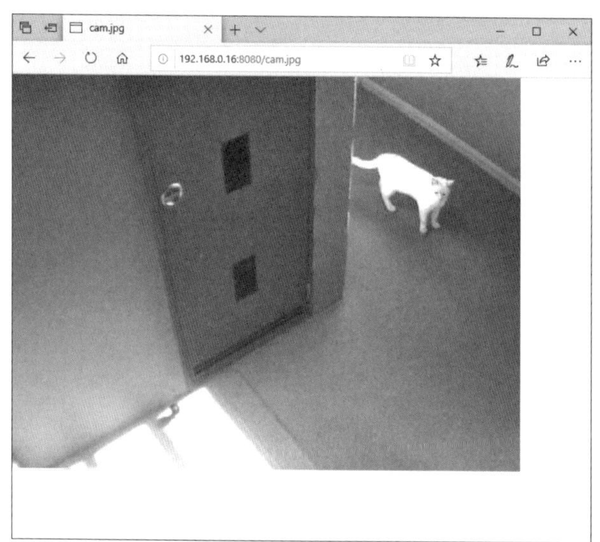

図12-7 同じLAN内のPCやスマホからラズベリー・パイのポート8080にアクセスすると，カメラで撮影した画像を表示する
ポート番号8080にアクセスする場合，URLのアドレス部に[:8080]を付与し，[http://192.168.16:8080/cam.jpg]のように入力する

ー・パイやPC，スマートフォンのブラウザからポート番号8080にアクセスするには，URLのアドレス部に[:8080]を付与します．たとえば，IPアドレスが192.168.0.16の場合，[http://192.168.16:8080/cam.jpg]のように入力すると，IoTカメラは写真を送信し，受信したブラウザは図12-7のように写真を表示します．なお，起動時に[sudo]を付与すれば，通常のHTTPポート80で待ち受けます．

4 IoTカメラ付き玄関呼び鈴の応用システムでIoT機器の一括制御

第10章で紹介した玄関呼び鈴IoTシステムを拡張し，IoTカメラに対応してみましょう．IoTボタンが押されるとIoTカメラで写真を撮影し，ラズベリー・パイに写真を保存し，保存した写真をメールで送信します．もちろんIoTチャイムを鳴らすこともできます．IoTボタン，IoTカメラ，IoTチャイムは，それぞれ複数台に対応し，LANを活用した統合IoTシステムに発展させることも可能です．本プログラムの製作を通して，IoTボタンの代わりにIoT人感センサを設置したり，保存した写真をメール送信したり，いろいろなIoTシステムに発展させる方法についても理解できるようになるでしょう．

ハードウェアは，IoTサーバとなるラズベリー・パイと，第4章で製作したIoT実験用I/Oボード，そして前節で製作したIoTカメラが必要です．IoTカメラ用には，別のラズベリー・パイを用意したほうが実験しやすいでしょう．1台のラズベリー・パイで実験することもできますが，IoTカメラとIoTチャイムのHTTPサーバのポート番号を分ける必要があります．ポート番号を分けるには，IoTチャイムの起動時に

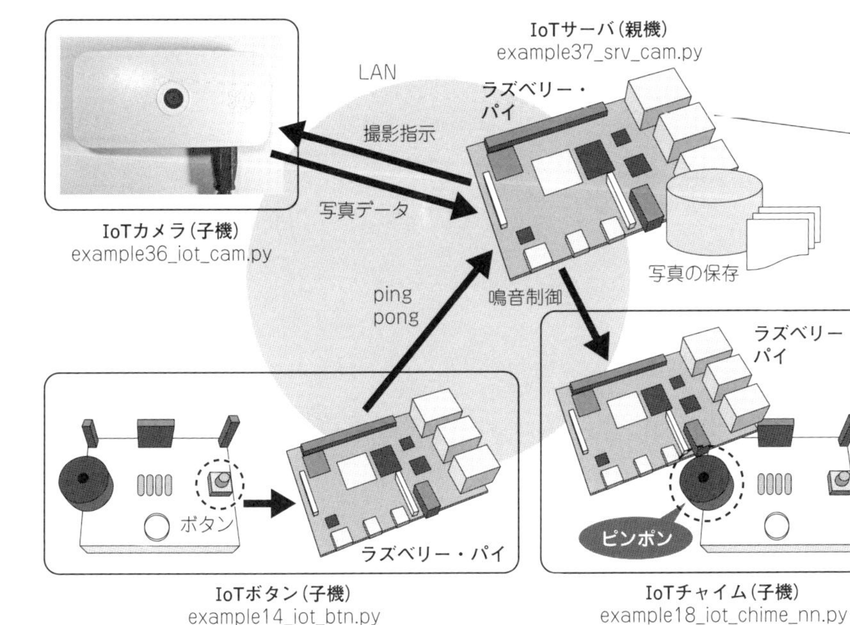

図12-8　IoTカメラ付き玄関呼び鈴の応用システムでIoT機器の一括制御
IoTボタンを押すと，IoTカメラで写真を撮影し，ラズベリー・パイへ写真を保存するカメラ付きシステムを製作する．複数のIoTカメラ，IoTチャイムに撮影指示，鳴音指示を送信することも可能．さらに撮影した写真はメールで送信し，スマートフォンで受け取ることができる

sudoを付与し，IoTカメラはsudoを付与せずに起動します．

システムの構成（各機器のプログラム名を含む）を**図12-8**に，**リスト12-4**のIoTサーバ親機のプログラムexample37_srv_cam.pyのおもな処理内容を以下に示します．

① 配列変数ip_camsにIoTカメラのIPアドレスをip_chimesにIoTチャイムのIPアドレスを代入します．IoTカメラのIPアドレスは実際に使用するIPアドレスに書き換えてください．複数台のIoTカメラを使用するときは，カンマで区切ってIPアドレスを追加してください．

② IoTチャイムに鳴音指示を送信する関数です．引き数はIPアドレスです．

③ HTTP GETリクエストを使用し，IoTカメラに撮影指示を送り，写真データを受け取る関数camを定義します．

④ HTTP GETリクエストの処理部です．コマンドurlopenの結果を受けるための変数（オブジェクト）resを定義し，JPEGデータではなかった場合，次の処理⑤でポート8080を使ってリトライします．

⑤ 処理④のHTTP GETの処理を失敗したときや，受信データがJPEGではなかったときに，HTTP GETの宛て先ポートを8080にしてリクエストする例外処理部です．

⑥ 受信データ（JPEGコンテンツ部）を変数dataに代入します

⑦ 変数dataに保持した写真データをファイルとして保存します．

⑧ IoTボタンから[Ping]を受信したときに，処理②の関数chimeと，処理③の関数camを実行します．処理①で定義したすべてのIPアドレスに対して，実行します．

第5章でESP32用に製作したIoT人感センサを追加したい場合は，処理⑧のif文を[if udp == 'Ping' or udp[0:5] == 'pir_s':]に書き換えます．文字列変数の先頭から5文字が[pir_s]と一致したときに，IoTチャイムとIoTカメラを制御することができます．

このif文の中にメール送信などセンサの値に応じた制御を行う機能を追加することもできます．**リスト12-5**は，メール送信機能を追加したプログラムexample37_srv_cam_mail.pyのメール送信部です．以下に，おもな処理の流れを示します．

⑨ メール送信用SMTPライブラリとメール形式用MIMEライブラリを組み込みます．

⑩ 関数mailを定義します．引き数のattは宛て先，subjectは件名，textは本文，filesは添付ファイル名です．複数の添付ファイルにも対応できるよう，filesは配列変数にしました．

⑪ MIME形式の変数（オブジェクト）mimeを生成します．

⑫ 生成した変数（オブジェクト）mimeに送信者，宛て先，件名，本文を代入します．

⑬ 変数（オブジェクト）mimeに添付ファイルを代入し

リスト12-4　IoTカメラ付き呼び鈴の応用システムのプログラムexample37_srv_cam.py

```
#!/usr/bin/env python3

ip_cams = ['192.168.0.5'] ←①     ## 要設定 ##         # IoTカメラのIPアドレス
ip_chimes = ['127.0.0.1']                              # IoTチャイム,IPアドレス

import socket                                          # IP通信用モジュール
import urllib.request                                  # HTTP通信ライブラリ
import datetime                                        # 日時・時刻用ライブラリ

def chime(ip): ←②                                     # IoTチャイム
    url_s = 'http://' + ip                             # アクセス先をurl_sへ
    try:
        res = urllib.request.urlopen(url_s)            # IoTチャイムへ鳴音指示
    except urllib.error.URLError:                      # 例外処理発生時
        url_s = 'http://' + ip + ':8080'               # ポートを8080に変更
        try:
            urllib.request.urlopen(url_s)              # 再アクセス
        except urllib.error.URLError:      ←⑥          # 例外処理発生時
            print('URLError :',url_s)  ←④              # エラー表示

def cam(ip): ←③                                       # IoTカメラ
    url_s = 'http://' + ip                             # アクセス先をurl_sへ
    s = '/cam.jpg'                                     # 文字列変数sにクエリを
    try:
   ┌    res = urllib.request.urlopen(url_s + s)        # IoTカメラで撮影を実行
 ④┤    if res.headers['content-type'].lower().find('image/jpeg') < 0:
   └        res = None                                 # JPEGでないときにNone
    except urllib.error.URLError:                      # 例外処理発生時
        res = None                                     # エラー時にNoneを代入
  ┌ if res is None:                                    # resがNoneのとき
  │     url_s = 'http://' + ip + ':8080'               # ポートを8080に変更
  │     try:
  │         res = urllib.request.urlopen(url_s + s)    # 再アクセス
  │         if res.headers['content-type'].lower().find('image/jpeg') < 0:
⑤┤             res = None                             # JPEGでないときにNone
  │     except urllib.error.URLError:                  # 例外処理発生時
  │         res = None                                 # エラー時にNoneを代入
  │ if res is None:                                    # resがNoneのとき
  │         print('URLError :',url_s)                  # エラー表示
  └         return None                                # 関数を終了する
    data = res.read() ←⑥                              # コンテンツ(JPEG)を読む
    date = datetime.datetime.today().strftime('%d%H%M')    # 12日18時20分 → 121820
    filename = 'cam_' + ip[-1] + '_' + date + '.jpg'   # ファイル名の作成
    try:                          ┐
        fp = open(filename, 'wb') │                    # 保存用ファイルを開く
    except Exception as e:        │                    # 例外処理発生時
        print(e)                  │                    # エラー内容を表示
        return None               ├⑦                  # 関数を終了する
    fp.write(data)                │                    # 写真ファイルを保存する
    fp.close()                    │                    # ファイルを閉じる
    print('filename =',filename)  ┘                    # 保存ファイルを表示する
    return filename                                    # ファイル名を応答する

print('Listening UDP port', 1024, '...', flush=True)   # ポート番号1024表示
try:
    sock=socket.socket(socket.AF_INET,socket.SOCK_DGRAM)       # ソケットを作成
    sock.setsockopt(socket.SOL_SOCKET,socket.SO_REUSEADDR,1)   # オプション
    sock.bind(('', 1024))                              # ソケットに接続
except Exception as e:                                 # 例外処理発生時
    print(e)                                           # エラー内容を表示
    exit()                                             # プログラムの終了

while sock:                                            # 永遠に繰り返す
    udp, udp_from = sock.recvfrom(64)        ┐         # UDPパケットを取得
    udp = udp.decode().strip()               │         # データを文字列へ変換
    if udp == 'Ping':                        │         # 「Ping」に一致する時
        print('device = Ping',udp_from[0])   │         # 取得値を表示
        for ip in ip_chimes:                 ├⑧       # 各機器のIPアドレスをip
            chime(ip)                        │         # IoTチャイムを鳴らす
        for ip in ip_cams:                   │         # 各機器のIPアドレスをip
            cam(ip)                          ┘         # IoTカメラで撮影する
```

```
(IoTサーバ・親機)
pi@raspberrypi:~ $ cd ~/iot/learning/
pi@raspberrypi:~/iot/learning $ ./example37_srv_cam.py
Listening UDP port 1024 ...
device = Ping 192.168.0.3
filename = cam_5_121705.jpg
device = Ping 192.168.0.3
filename = cam_5_121706.jpg
```

```
(IoTボタン・子機)
pi@raspberrypi:~ $ cd ~/iot/learning/
pi@raspberrypi:~/iot/learning $ ./example14_iot_btn.py
GPIO26 = 0 Ping
GPIO26 = 1 Pong
GPIO26 = 0 Ping
GPIO26 = 1 Pong
```

```
(IoTチャイム)
pi@raspberrypi:~ $ cd ~/iot/learning/
pi@raspberrypi:~/iot/learning $ sudo ./example18_iot_chime_n.py
HTTP port 80
127.0.0.1 - - [12/Oct/2019 17:05:50] "GET / HTTP/1.1" 200 9
127.0.0.1 - - [12/Oct/2019 17:06:05] "GET / HTTP/1.1" 200 9
```

```
(IoTカメラ・子機)
pi@raspberrypi:~ $ cd iot/learning/
pi@raspberrypi:~/iot/learning $ sudo ./example36_iot_cam.py
HTTP port 80
192.168.0.3 - - [12/Oct/2019 17:05:50] "GET /cam.jpg HTTP/1.1" 200 169388
192.168.0.3 - - [12/Oct/2019 17:06:05] "GET /cam.jpg HTTP/1.1" 200 169705
```

図12-9　IoTカメラ付き呼び鈴の応用システムのプログラムexample37_srv_cam.pyを実行した

リスト12-5　IoTカメラ付き呼び鈴の応用システムのプログラムexample37_srv_cam_mail.pyのメール送信部(抜粋)

```
import smtplib                                           ┐ # メール送信用ライブラリ
from email.mime.multipart import MIMEMultipart           │ # メール形式ライブラリ
from email.mime.text import MIMEText                     ⑨ #   同・テキスト用
from email.mime.application import MIMEApplication       ┘ #   同・添付用

MAIL_ID   = '***********@gmail.com'      ## 要変更 ##     # GMailのアカウント
MAIL_PASS = '***********'                ## 要変更 ##     # パスワード
MAILTO    = 'xxxx@bokunimo.net'          ## 要変更 ##     # メールの宛先

def mail(att, subject, text, files): ←⑩                  # メール送信用関数
    try:
        mime = MIMEMultipart() ←⑪                         # MIME形式のインスタンス
        mime['From'] = MAIL_ID                            # 送信者を代入
        mime['To'] = att                                  # 宛先を代入
⑫      mime['Subject'] = subject                         # 件名を代入
        txt = MIMEText(text.encode(), 'plain', 'utf-8')   # TEXTをMIME形式に変換
        mime.attach(txt)                                  # テキストを添付
        for file in files:                                # 添付ファイル(複数)
            fp = open(file, "rb")                         # ファイルを開く
⑬          app = MIMEApplication(fp.read(),Name=file)           # ファイルをappへ代入
            fp.close()                                    # ファイルを閉じる
            mime.attach(app)                              # 保持したappを添付
        smtp = smtplib.SMTP('smtp.gmail.com', 587)        # SMTPインスタンス生成
        smtp.starttls()                                   # SSL/TSL暗号化を設定
⑭      smtp.login(MAIL_ID, MAIL_PASS)                    # SMTPサーバへログイン
        smtp.sendmail(MAIL_ID, att, mime.as_string())     # SMTPメール送信
        smtp.close()                                      # 送信終了
        print('Mail:', att, subject, text)                # メールの内容を表示
    except Exception as e:                                # 例外処理発生時
        print('ERROR, Mail:',e)                           # エラー内容を表示
```

ます.

⑭ GoogleのサービスGmailにアクセスしてメールを送信します.

メールの送信にはSMTPサーバを利用する必要があり，ここではGoogleのGmailを使用します．他のメール・サーバの場合も，ポート番号や暗号化方式な

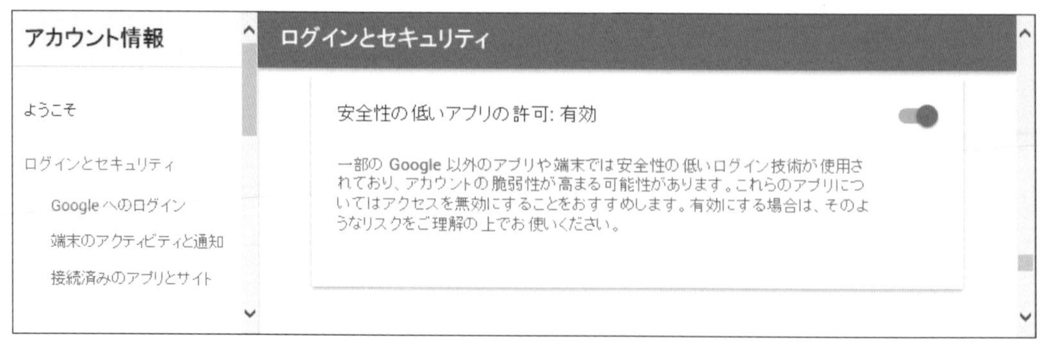

図12-10　Gmailのセキュリティの設定変更
Googleへログインし，［アカウント情報］→［ログインとセキュリティ］を選択し，ページの下にある［安全性の低いアプリの許可］を有効にする

どを適切に設定すれば動作します．

Gmailの場合，**図12-10**のGoogleアカウントのセキュリティ設定にて，［安全性の低いアプリの許可］を設定します．セキュリティが低くなるので，普段，利用しているアカウントとは別のアカウントを準備することも検討しましょう．

5 遠隔地に居住する家族の生活状況を通知するIoT見守りシステムi.myMimamoriPi

テレビなどのリモコン信号を監視し，4時間以上，リモコン操作が行われなかった場合や，室温が32℃を超えたときに，通知メールを自動送信します．ここでは，筆者がトランジスタ技術2016年9月号で紹介したi.myMimamoriPiシステムを改良し，**図12-11**のように，IoT Sensor Coreに対応したPython版のIoTサーバを製作します．

子機のハードウェアは，IoT赤外線リモコン・レシーバ，IoT温度センサ，IoTボタンで構成し，親機となるIoTサーバはラズベリー・パイで製作します．

詳細な動作概要ならびに，**リスト12-6**の主要な処理部を以下に，実行したときの様子の一例を**図12-12**に示します．

① GMailのアカウント，パスワード，通知メールの宛て先を各変数に保持します．
② テレビのリモコンを検出するためのリモコン・コードを変数RC_CODEに保持します．
③ IoT赤外線リモコン・レシーバ，IoTボタン，IoT

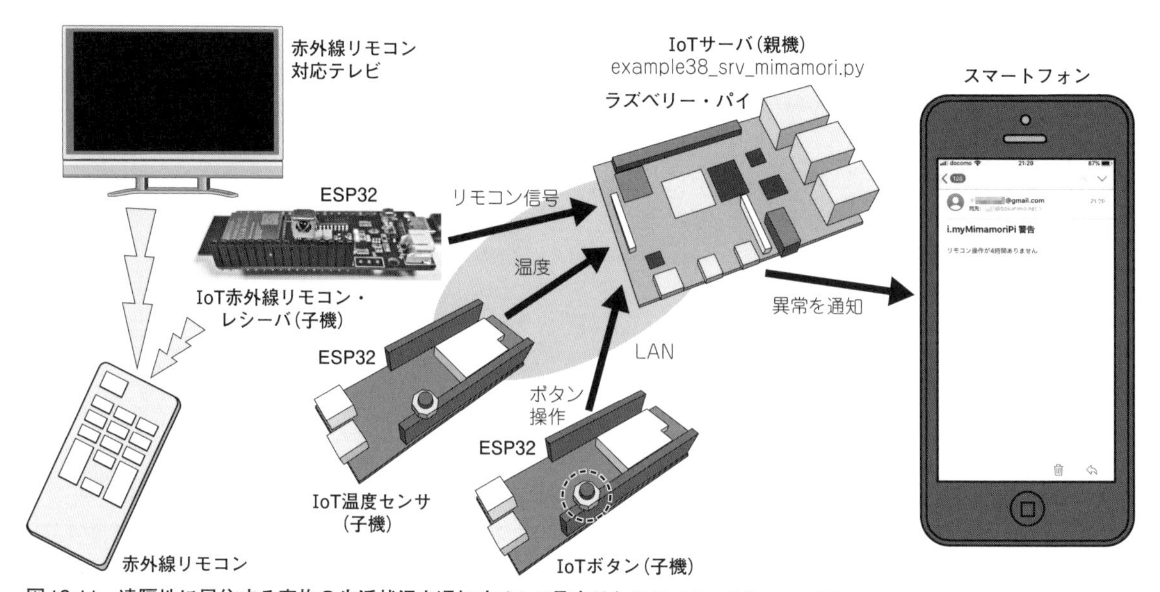

図12-11　遠隔地に居住する家族の生活状況を通知するIoT見守りシステムi.myMimamoriPi
テレビなどのリモコン信号を監視し，4時間以上リモコン操作が行われなかった場合や，室温が32℃を超えたときに通知メールを自動送信する

リスト12-6 遠隔地に居住する家族の生活状況を通知できるIoT見守りシステムi.myMimamoriPiのプログラムexample38_srv_mimamori.py

```
#!/usr/bin/env python3

# Example 39 ラズベリー・パイ による見守りシステム i.myMimamoriPi

MAIL_ID   = '***********@gmail.com'      ## 要変更 ##  ①  # GMailのアカウント
MAIL_PASS = '***********'                ## 要変更 ##  ①  # パスワード
MAILTO    = 'watt@bokunimo.net'          ## 要変更 ##  ①  # メールの宛先
RC_CODE   = '48,a5,50,88,13' ←②         ## 要変更 ##      # テレビのリモコン信号

MONITOR_START = 9  #(時)                                   # 監視開始時刻
MONITOR_END   = 21 #(時)                                   # 監視終了時刻
MON_INTERVAL  = 10 #(分)                                   # 監視処理の実行間隔
ALLOWED_TERM  = 4  #(時間)                                 # 警報指定時間(22以下)
ALLOWED_TEMP  = 32 #(℃)                                   # 警報指定温度
REPORT_TIME   = 9  #(時)                                   # 定期報告時刻
sensors = ['ir_in','temp.','temp0','humid','press','envir']  # 対応センサ名
temp_lv = [ALLOWED_TEMP-4, ALLOWED_TEMP-2 , ALLOWED_TEMP ]  # 警告レベル 3段階

import socket                                              # IP通信用モジュール
import urllib.request                                      # HTTP通信ライブラリ
import datetime                                            # 日時・時刻用ライブラリ
import threading                                           # スレッド用ライブラリ
import smtplib                                             # メール送信用ライブラリ
from email.mime.text import MIMEText                       # メール形式ライブラリ

def mimamori(interval):
    t = threading.Timer(interval, mimamori, [interval]) # 遅延起動スレッドを生成   ⑤
    t.start()                                          # (60秒後に)スレッド起動   ⑤
    global TIME_REMO, TIME_SENS, REPORT_STAT, COUNT_REMO    # グローバル変数
    time_now = datetime.datetime.now()                 # 現在時刻の取得           ⑩
    if time_now.hour != REPORT_TIME:                   # 定期報告時刻でないとき
        REPORT_STAT = 0
    else:
        if REPORT_STAT == 0:                           # 未報告のとき
            REPORT_STAT = 1                            # 報告済みに変更
            s = str(COUNT_REMO)
            COUNT_REMO = 0
            msg = '昨日のリモコン操作は' + s + '回でした.'  # メール本文の作成
            mail(MAILTO,'i.myMimamoriPi 定期報告',msg)  # メール送信関数を実行
    time_sens = TIME_SENS + datetime.timedelta(hours=ALLOWED_TERM)            # ⑧
    if time_sens < time_now:                           # センサ送信時刻を超過
        s = str(round((time_now - TIME_SENS).seconds / 60 / 60,1))
        msg = 'センサの信号が' + s + '時間ありません'     # メール本文の作成
        mail(MAILTO,'i.myMimamoriPi 警告',msg)          # メール送信関数を実行
    if time_now.hour < MONITOR_START:                  # AM0時～9時は送信しない   ⑥
        return
    time_remo = TIME_REMO + datetime.timedelta(hours=ALLOWED_TERM)            # ④
    if time_remo < time_now:                           # リモコン送信時刻を超過
        s = str(round((time_now - TIME_REMO).seconds / 60 / 60,1))
        msg = 'リモコン操作が' + s + '時間ありません'     # メール本文の作成
        mail(MAILTO,'i.myMimamoriPi 警告',msg)          # メール送信関数を実行

def mail(att, subject, text):                          # メール送信用関数
    try:
        mime = MIMEText(text.encode(), 'plain', 'utf-8')  # TEXTをMIME形式に変換
        mime['From'] = MAIL_ID                         # 送信者を代入
        mime['To'] = att                               # 宛先を代入
        mime['Subject'] = subject                      # 件名を代入
        smtp = smtplib.SMTP('smtp.gmail.com', 587)     # SMTPインスタンス生成
        smtp.starttls()                                # SSL/TSL暗号化を設定
        smtp.login(MAIL_ID, MAIL_PASS)                 # SMTPサーバへログイン
        smtp.sendmail(MAIL_ID, att, mime.as_string())  # SMTPメール送信
        smtp.close()                                   # 送信終了
        print('Mail:', att, subject, text)             # メールの内容を表示
    except Exception as e:                             # 例外処理発生時
        print('ERROR, Mail:',e)                        # エラー内容を表示

def check_dev_name(s):                                 # デバイス名を取得
    if not s.isprintable():                            # 表示可能な文字列でない
        return None                                    # Noneを応答
    if len(s) != 7 or s[5] != '_':                     # フォーマットが不一致
```

リスト12-6　遠隔地に居住する家族の生活状況を通知できるIoT見守りシステムi.myMimamoriPiのプログラムexample38_srv_mimamori.py（つづき）

```
        return None                                         # Noneを応答
    for sensor in sensors:                                  # デバイスリスト内
        if s[0:5] == sensor:                                # センサ名が一致したとき
            return s                                        # デバイス名を応答
    return None                                             # Noneを応答

def get_val(s):                                             # データを数値に変換
    s = s.replace(' ','')                                   # 空白文字を削除
    try:                                                    # 小数変換の例外監視
        return float(s)                                     # 小数に変換して応答
    except ValueError:                                      # 小数変換失敗時
        return None                                         # Noneを応答

TIME_REMO = TIME_TEMP = TIME_SENS = datetime.datetime.now()
REPORT_STAT = 1
COUNT_REMO = 0
mail(MAILTO,'i.myMimamoriPi','起動しました')                  # メール送信

print('Listening UDP port', 1024, '...', flush=True)        # ポート番号1024表示
try:
    sock=socket.socket(socket.AF_INET,socket.SOCK_DGRAM)        # ソケットを作成
    sock.setsockopt(socket.SOL_SOCKET,socket.SO_REUSEADDR,1)  # オプション
    sock.bind(('', 1024))                                   # ソケットに接続
except Exception as e:                                      # 例外処理発生時
    print('ERROR, Sock:',e)                                 # エラー内容を表示
    exit()                                                  # プログラムの終了
mimamori(MON_INTERVAL * 60)                                 # 関数mimamoriを起動

while sock:                                                 # 永遠に繰り返す
    try:
        udp, udp_from = sock.recvfrom(64) ←③               # UDPパケットを取得
        udp = udp.decode().strip()                          # 文字列に変換
    except KeyboardInterrupt:                               # キー割り込み発生時
        print('\nKeyboardInterrupt')                        # キーボード割り込み表示
        print('Please retype [Ctrl]+[C], 再操作してください')
        exit()                                              # プログラムの終了
⑨  if udp == 'Ping':                                       # 「Ping」に一致する時
        print('Ping',udp_from[0])                           # 取得値を表示
        mail(MAILTO,'i.myMimamoriPi 通知','ボタンが押されました')
        continue                                            # whileへ戻る
    vals = udp.split(',')                                   # 「,」で分割
    dev = check_dev_name(vals[0])                           # デバイス名を取得
    if dev is None or len(vals) < 2:                        # 取得なし，または項目1以下
        continue                                            # whileへ戻る

    now = datetime.datetime.now()                           # 現在時刻を代入
    print(now.strftime('%Y/%m/%d %H:%M')+', ', end='')      # 日付を出力
    # 赤外線リモコン用の処理
    if dev[0:5] == 'ir_in':
        print(vals[0],udp_from[0],',',vals[1:], end='')
        if udp.find(RC_CODE) >= 8:
            TIME_REMO = now                                 # リモコン取得時刻を更新
            COUNT_REMO += 1
            print('TV_RC,',COUNT_REMO)                      # テレビリモコン表示
        else:
            print()                                         # 改行
        continue                                            # whileへ戻る

    # 温度センサ用の処理
    val = get_val(vals[1])                                  # データ1番目を取得
    level = 0                                               # 温度超過レベル用の変数
    for temp in temp_lv:                                    # 警告レベルを取得
        if val >= temp:                                     # 温度が警告レベルを超過
            level = temp_lv.index(temp) + 1                 # レベルを代入
    print(vals[0],udp_from[0],',temperature =',val,',level =',level)
    TIME_SENS = now                                         # センサ取得時刻を更新
⑦  if level > 0:                                           # 警告レベル1以上のとき
        time_temp = TIME_TEMP + datetime.timedelta(minutes = 5 ** (3 - level))
        if time_temp < datetime.datetime.now():
            msg = '室温が' + str(val) + '℃になりました'
            mail(MAILTO,'i.myMimamoriPi 警告レベル=' + str(level), msg)
            TIME_TEMP = datetime.datetime.now()             # センサ取得時刻を代入
```

```
(IoTサーバ・親機)
pi@raspberrypi:~/iot/learning $ ./example38_srv_mimamori.py
Mail: watt@bokunimo.net i.myMimamoriPi 起動しました
Listening UDP port 1024 ...
2019/10/14 17:39, temp0_2 192.168.0.7 ,temperature = 26.0 ,level = 0
2019/10/14 17:40, temp0_2 192.168.0.7 ,temperature = 26.0 ,level = 0
2019/10/14 17:40, ir_in_2 192.168.0.7 , ['48', 'a5', '50', '88', '13', '17', 'de'] TV_RC, 1
```

図12-12　遠隔地に居住する家族の生活状況を通知するIoT見守りシステムのプログラムexample38_srv_mimamori.pyを実行したときのようす

図12-13
見守りシステムが異常を検知したときに見守りメールが送られてきた
見守りシステムは，[ボタンが押されました][室温がxx℃になりました][リモコン操作がxx時間ありません][センサの信号がxx時間ありません]といったメールを送信する

温度センサの検知情報をIoTサーバが受信します．(IoT Sensor Coreを搭載したESP32マイコン開発ボードで，これら3機能を搭載するIoT機器を製作)

以下は動作仕様に関わる実装部

④ IoT赤外線リモコン・レシーバが約4時間以上，テレビのリモコン信号を受信しなかったときに，通知メール[リモコン操作がxx時間ありません]を送信します．

⑤ その後10分毎に確認を行い，リモコン信号を受信するまでメールを送信し続けます．

⑥ リモコン信号未受信の通知メールは，深夜0時から翌朝7時までは送信しません．

⑦ IoT温度センサから取得した温度値が28℃以上だったときに，通知メール[室温がxx℃になりました]を送信します．30℃以上のときは5分間隔，32℃以上のときは1分間隔で送信し続けます．

⑧ IoT温度センサから(電池切れなどで)4時間以上，受信できなかったときに，通知メール[センサの信号がxx時間ありません]を送信します．

⑨ IoTボタンが押下されたときに，通知メール[ボタンが押されました]を送信します．

⑩ システムが正常に稼働していることを知らせるために，毎朝，午前9時に，リモコン操作回数を定期報告メールとして送信します．

6 自分だけのMyホーム・オートメーション・システムi.myMimamoriHomeで家電コントロール

IoT人感センサとIoT温度センサを用い，居住者が在室中の室温が28℃以上または15℃以下になったときに，エアコンの運転を開始するMyホーム・オートメーション・システムi.myMimamoriHomeを製作し

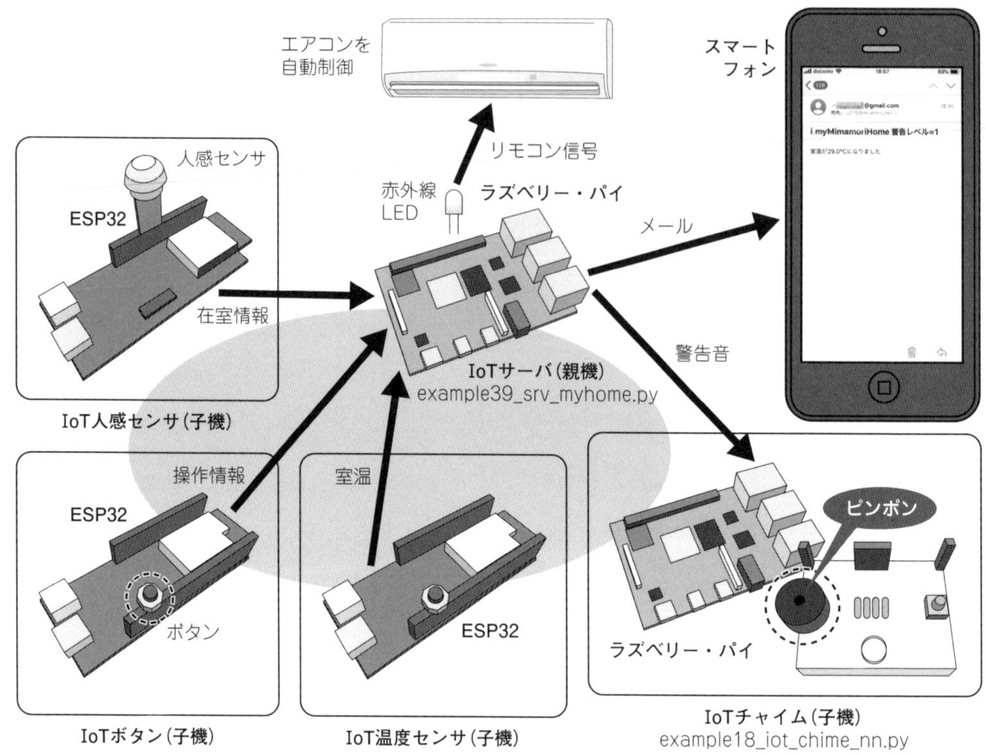

図12-14　自分だけのMyホーム・オートメーション・システムi.myMimamoriHomeで家電コントロール
IoT人感センサとIoT温度センサを用い，居住者が在室中に室内の温度が28℃以上または15℃以下になったときにエアコンの運転を開始するMyホーム・オートメーション・システム

ます(**図12-14**).

かつて，ホーム・オートメーションという言葉が流行り，近年には技術のモジュール化によって安価に実用化できるようになりましたが，ホーム・オートメーションの普及が進んでいるようには感じられません．多種多様な機器や用途に合わせた汎用的なアプリケーション・ソフトウェアの開発が課題の1つでしょう．ところが，特定の用途に特化したソフトウェアであれば，汎用性の課題を回避することができ，簡単にシステムを製作することができます．本節では，自分の機器や用途に合わせて，自分でソフトウェア設計するMyホーム・オートメーション・システムの製作例を**リスト12-7**に示します．

① GMailのアカウント，パスワード，通知メールの宛て先を各変数に保持します．

② IoTチャイム(子機)のIPアドレスを変数ip_chimeに保持します．赤外線リモコン用のLEDと，チャイム鳴音用の圧電スピーカのGPIOポートが同じなので，IoTチャイムは別のラズベリー・パイで製作するか，GPIOポート番号を変更してください．

③ エアコンのある部屋を示す番号を配列変数に代入します．デバイス名は，5文字+「_」+デバイス番号の7文字で構成されており，末尾のデバイス番号は，複数のIoTセンサから特定のIoTセンサを区別するために使用します．エアコンのある部屋にはデバイス番号1～3のセンサを設置してください．IoT Sensor Coreでは[データ送信設定]メニューでデバイス番号を変更することができます．

④ エアコンの赤外線リモコンの信号方式とコードです．AC_ONにエアコンの運転ボタンを押したときのコードを，AC_OFFに停止ボタンを押したときのコードを代入します．コードは，IoT赤外線リモコン・レシーバで受信して確認してください．

以下は動作仕様に関わる実装部

⑤ エアコンのある部屋(デバイス番号1～3)のIoT人感センサが在室状態を検知し，かつIoT温度センサから取得した温度値が28℃以上だったときに，赤外線リモコン信号をエアコンに送信し，エアコンの運転を開始します．

⑥ エアコン運転中，IoT人感センサが10分以上反応しなかった場合はエアコンを停止します．その後，適温になった場合は人がエアコンを停止することを想定し，不在時以外はエアコンを停止しない仕様としました．

⑦ IoT温度センサから取得した温度値が28℃以上だったときに，通知メール[室温がxx℃になりました]

リスト12-7 特定用途のMyホーム・オートメーション・システムi.myMimamoriHomeで家電をコントロールするプログラム example39_srv_myhome.py

```
#!/usr/bin/env python3

# Example 39 ラズベリー・パイ によるホームネットワーク i.myMimamoriHome

MAIL_ID   = '************@gmail.com'        ## 要変更 ##  ┐     # GMailのアカウント
MAIL_PASS = '************'                  ## 要変更 ##  ├①  # パスワード
MAILTO    = 'watt@bokunimo.net'             ## 要変更 ##  ┘     # メールの宛先

ip_chime  = '192.168.0.5'  ←②              ## 要変更 ##        # IoTチャイム，IPアドレス

ROOM     = ['1','2','3']  ←③                                    # 部屋番号（デバイスSFX）
ROOM_STAY = None                                                       # 在室状態
ROOM_RC  = False                                                 # 運転フラグ
ALLOWED_TEMP = [28,15] #(℃)                                      # 冷房／暖房自動運転温度
REED=1                                                           # リード極性ON検出0,OFF1
IR_TYPE  = 'AEHA'                                          ┐     # 方式 AEHA,NEC,SIRC
AC_ON = "AA,5A,CF,10,00,11,20,3F,18,B0,00,F4,B1"           ├④  # エアコン電源入コマンド
AC_OFF = "AA,5A,CF,10,00,21,20,3F,18,B0,00,F4,81"          ┘     # エアコン電源切コマンド
MON_INTERVAL  = 1 #(分)                                          # 監視処理の実行間隔

sensors = ['pir_s','rd_sw','temp.','temp0','humid','press','envir']            # 対応センサ
temp_lv = [ALLOWED_TEMP[0], ALLOWED_TEMP[0]+2 , ALLOWED_TEMP[0]+4 ]            # 警告レベル

import socket                                                    # IP通信用モジュール
import urllib.request                                            # HTTP通信ライブラリ
import datetime                                                  # 日時・時刻用ライブラリ
import threading                                                 # スレッド用ライブラリ
import smtplib                                                   # メール送信用ライブラリ
from email.mime.text import MIMEText                             # メール形式ライブラリ
import sys
sys.path.append('../libs/ir_remote')
import raspi_ir

def mimamori(interval):
    t = threading.Timer(interval, mimamori, [interval]) # 遅延起動スレッドを生成
    t.start()                                            # (60秒後に) スレッド起動
    global ROOM_RC, ROOM_STAY, TIME_SENS                 # グローバル変数
    time_now = datetime.datetime.now()                   # 現在時刻の取得
    time_sens = TIME_SENS + datetime.timedelta(hours=2)  # センサ受信時刻+2時間
    if time_sens < time_now:                             # 2時間以上，受信なし
  ┌     s = str(round((time_now - TIME_SENS).seconds / 60 / 60,1))
⑪┤     msg = 'センサの信号が' + s + '時間ありません'       # メール本文の作成
  └     mail(MAILTO,'i.myMimamoriPi 警告',msg)             # メール送信関数を実行
    if ROOM_STAY is not None:
        time_stay = ROOM_STAY + datetime.timedelta(seconds=600)        # +10分
        if time_stay < time_now:                         # 10分以上，受信なし
            ROOM_STAY = None                             # 不在にリセットする
    if ROOM_STAY is None:  ┐
        if ROOM_RC:        │                             # 不在なのに運転中のとき
            ROOM_RC = False├⑥                           # 運転停止状態に変更
            aircon(False)  ┘                             # エアコンの運転停止

def chime(level):                                        # チャイム
                        ～～(一部省略)～～

def mail(att, subject, text):                            # メール送信用関数
                        ～～(一部省略)～～

def aircon(onoff):                                       # エアコン制御
    if onoff:                                            # ON/OFFフラグがTrueのとき
        code = AC_ON.split(',')                          # エアコンをONに
    else:                                                # Falseのとき
        code = AC_OFF.split(',')                         # エアコンをOFFに
    print('RC, Conditioner,',code)                       # 送信するリモコン信号を表示
    try:
        raspiIr.output(code)                             # リモコンコードを送信
    except ValueError as e:                              # 例外処理発生時（アクセス拒否）
        print('ERROR:raspiIr,',e)                        # エラー内容表示
```

リスト12-7　特定用途のMyホーム・オートメーション・システムi.myMimamoriHomeで家電をコントロールするプログラム example39_srv_myhome.py(つづき)

```
def check_dev_name(s):                                  # デバイス名を取得
                                        ～～(一部省略)～～

def get_val(s):                                         # データを数値に変換
                                        ～～(一部省略)～～

TIME_TEMP = TIME_SENS = datetime.datetime.now() - datetime.timedelta(hours=1)
mail(MAILTO,'i.myMimamoriHome','起動しました')           # メール送信

print('Listening UDP port', 1024, '...', flush=True)    # ポート番号1024表示
raspiIr = raspi_ir.RaspiIr(IR_TYPE, out_port=4)         # 赤外線リモコン,Port=4

try:
    sock=socket.socket(socket.AF_INET,socket.SOCK_DGRAM)            # ソケットを作成
    sock.setsockopt(socket.SOL_SOCKET,socket.SO_REUSEADDR,1)  # オプション
    sock.bind(('', 1024))                               # ソケットに接続
except Exception as e:                                  # 例外処理発生時
    print('ERROR, Sock:',e)                             # エラー内容を表示
    exit()                                              # プログラムの終了
mimamori(MON_INTERVAL * 60)                             # 関数mimamoriを起動

while sock:                                             # 永遠に繰り返す
    try:
        udp, udp_from = sock.recvfrom(64)               # UDPパケットを取得
        udp = udp.decode().strip()                      # 文字列に変換
    except KeyboardInterrupt:                           # キー割り込み発生時
        print('\nKeyboardInterrupt')                    # キーボード割り込み表示
        print('Please retype [Ctrl]+[C], 再操作してください')
        exit()                                          # プログラムの終了
⑫{ if udp == 'Ping':                                    # 「Ping」に一致する時
        print('Ping',udp_from[0])                       # 取得値を表示
        chime(0)                                        # IoTチャイムを制御
        mail(MAILTO,'i.myMimamoriHome 通知','ボタンが押されました')
        continue                                        # whileへ戻る
    vals = udp.split(',')                               # 「,」で分割
    dev = check_dev_name(vals[0])                       # デバイス名を取得
    if dev is None or len(vals) < 2:                    # 取得なし,または項目1以下
        continue                                        # whileへ戻る

    now = datetime.datetime.now()                       # 現在時刻を代入
    print(now.strftime('%Y/%m/%d %H:%M')+',', end='')   # 日付を出力
    print(vals[0]+','+udp_from[0]+',', end='')          # デバイス情報を出力
    print(','.join(vals[1:]), end='')                   # センサ値を出力
    bell = 0                                            # 変数bell:IoTチャイム
    acrc = 0                                            # 変数acrc:リモコン制御
    val = get_val(vals[1])                              # 変数valの取得

⑤{ # IoT人感センサ用の処理
    if dev[0:5] == 'pir_s':                             # 人感センサの場合
        if dev[6] in ROOM:                              # 自室のセンサだったとき
            if int(val) == 1:                           # 人感検知時
                ROOM_STAY = now                         # 在室状態を更新

    # IoTドアセンサ用の処理(参考)
    if dev[0:5] == 'rd_sw':                             # 人感センサの場合
        if int(val) == REED:                            # 検出極性が一致したとき
            bell = 1                                    # IoTチャイム指示を設定
        else:                                           # 不一致(解除)のとき
            bell = 0                                    # IoTチャイム指示を設定
        if dev[6] in ROOM:                              # 自室のセンサだったとき
            ROOM_STAY = now                             # 在室状態を更新

    # 温度センサ用の処理
    level = 0                                           # 温度超過レベル(低温=負
    if dev[0:5] in sensors[2:]:                         # 対応センサの3番目以降
        if val <= ALLOWED_TEMP[1]: ←⑨                   # 15℃以下のとき
            level = -1                                  # 負のレベル設定
        for temp in temp_lv:                            # 警告レベルを取得
            if val >= temp:                             # 温度が警告レベルを超過
```

```
            level = temp_lv.index(temp) + 1          # レベルを代入
    if dev[6] in ROOM:                                # 自室センサ時
        TIME_SENS = now                               # センサ取得時刻を更新
        if (ROOM_STAY is not None) and level != 0:   # 在室中，警告レベル1以上
            acrc = abs(level) ⎫                       # 絶対値をacrvへ代入
            bell = acrc       ⎭⑩                      # IoTチャイム制御を設定
    print(\
        ',stay='+str(ROOM_STAY is not None)+\
        ',bell='+str(bell)+\
        ',temp='+str(val)+'('+str(level)+')'\
    )                                                 # 各種の状態を表示
else:
    print(',stay='+str(ROOM_STAY is not None)+',bell='+str(bell))

### 制御 ### IoTチャイム
if bell > 0:                                          # IoTチャイム制御有効時
    chime(bell)                                       # チャイムを鳴らす

### 制御 ### 赤外線リモコン
if acrc > 0:                                          # エアコン制御有効時
    time_temp = TIME_TEMP + datetime.timedelta(minutes = 5 ** (3 - level)) ←⑧
    if time_temp < now:
        msg = '室温が' + str(val) + '℃になりました'
        mail(MAILTO,'i.myMimamoriHome 警告レベル=' + str(level), msg)
    ⑦  TIME_TEMP = datetime.datetime.now()           # センサ取得時刻を代入
        ROOM_RC = True                                # 運転状態に変更
        aircon(True)                                  # 運転開始
```

の送信とチャイム音での警告，エアコンの運転を開始します．

⑧ 28℃以上のときは25分間隔，30℃以上のときは5分間隔，32℃以上のときは1分間隔で制御し続けます．居住者が操作を止めたとしても，運転を再開し続ける仕様としました．

⑨ 在室中，15℃以下の低温時はエアコンの運転を開始します．

⑩ 温度に応じてIoTチャイムを鳴り分けます．

⑪ IoT温度センサから(電池切れなどで)2時間以上，受信できなかったときに通知メール[センサの信号がxx時間ありません]を送信します．

⑫ IoTボタンが押下されたときに通知メール[ボタンが押されました]を送信し，IoTチャイムでピンポン音を鳴らします．

応用例

本サンプル・プログラムを改造すれば，オリジナルのMyホーム・オートメーション・システムを製作することができます．以下はその一例です．

- トイレ使用後の経過時間をLEDの色などでさりげなく表示し，前の人が使用した気配が消えたことを知らせるトイレの使用後気配見張り番．
- 室内の照度があらかじめ設定していた規定値を超えていた場合に，1分ごとに赤外線リモコン信号を送信し，徐々に輝度を下げてゆき，あらかじめ設定していた照度まで達したら，制御を停止する節電システム．
- 就寝時刻を過ぎているにも関わらず，照明が点灯している場合に照明の輝度を下げて眠気を誘う．
- 起床時刻を10分以上過ぎてもリビングの人感センサが反応しない場合に，警報音やメールを送信し，居住者の異常を遠隔地に住む家族などに連絡する見守りシステム．
- 入浴中などに住宅内の湿度が上がったときに，エアコンの換気機能で湿度を下げ，結露やカビなどの繁殖を抑える省エネ型の湿度調整システム．
- 在室中の室内が暗くなると自動的に室内の照明を点灯する自動制御．
- 帰宅時に玄関を開けると自動的に室内の照明やエアコンを入れる．
- 複数の人感センサやドア・センサを使用し，別の部屋への移動を検知すると，移動前の部屋の照明を消灯する節電支援．
- テレビの電源をリモコンを入れてからの経過時間を測定し，1時間以上が経過したら，音声出力器から[テレビの見すぎです]と警告を発する．
- 起床時刻になると，各種の家電の電源を入れ，音楽を流し，朝の目覚めを支援する．また，インターネット上の天気やニュースなどを音声で読み上げることで，起床時の眠気を覚ます．
- 各種のIoTセンサからの情報で，室内の居住者の生活状況を検出し，普段と異なる行動を検出したとき

```
(IoTサーバ・親機)
pi@raspberrypi:~ $ ./example39_srv_myhome.py
Mail: watt@bokunimo.net i.myMimamoriHome 起動しました
Listening UDP port 1024 ...
2019/10/22 18:08,temp0_2,192.168.0.4,29,stay=False,bell=0,temp=29.0(1)
2019/10/22 18:08,pir_s_2,192.168.0.3,1, 0,stay=True,bell=0
2019/10/22 18:09,temp0_2,192.168.0.4,29,stay=True,bell=1,temp=29.0(1)
Mail: watt@bokunimo.net i.myMimamoriHome 警告レベル=1 室温が29.0℃になりました
RC, Conditioner, ['AA','5A','CF','10','00','11','20','3F','18','B0','00','F4','B1']
2019/10/22 18:10,temp0_2,192.168.0.4,30,stay=True,bell=2,temp=30.0(2)
Mail: watt@bokunimo.net i.myMimamoriHome 警告レベル=2 室温が30.0℃になりました
RC, Conditioner, ['AA','5A','CF','10','00','11','20','3F','18','B0','00','F4','B1']
```

図12-15 特定用途のMyホーム・オートメーション・システムi.myMimamoriHomeで家電をコントロールするプログラムexample39_srv_myhome.pyを実行した

に，異常を知らせる高齢者などの見守りシステム．

- 室内が不在の状態にもかかわらず，窓が開いたときに，警報音やメールで不審者の侵入の可能性を知らせる防犯システム．

技術的にも価格的にも身近になったIoT技術を使ったホーム・オートメーションですが，さまざまな機器や用途に合わせて汎用的なシステムを構築するには，アプリケーション・プロファイルやプロトコルの標準化が必要です．すでに標準化された仕様も多くあり，多くあるとは，つまり1つではないことが，本来の意味での標準化は成し遂げられていない点だと思います．

そんな時代だからこそ，汎用ではなく特定用途のi.MyMimamoriシステムが有用です．身近になったこれらのデバイスを活用した自作システムに取り組み，やがて世の中に当たり前のように存在する未来へとつながれば喜ばしいです．

appendix クラウドでもPython．サーバレスLambdaでセンサ値をクラウド上のDBで保持する

クラウド上のデータベースにセンサ値を保持し，また保持したセンサ値を読み取るクラウド側のサンプル・プログラムを紹介します．遠隔地で測定したセンサ値を別宅で取得する場合などに利用することができます．

Pythonは，クラウド・サーバ側のフレームワーク(ライブラリ集)が充実しており，クラウド・サーバ上のアプリケーションがPythonのもっとも多い利用形態です．本appendixではAmazonが提供するクラウド上のサービスAWS Lambdaを使って，Pythonによるクラウド・サービスを製作します．

AWS Lambdaは，PythonやNode.js，Ruby，Javaで書かれたプログラムをクラウド上で開発/実行する

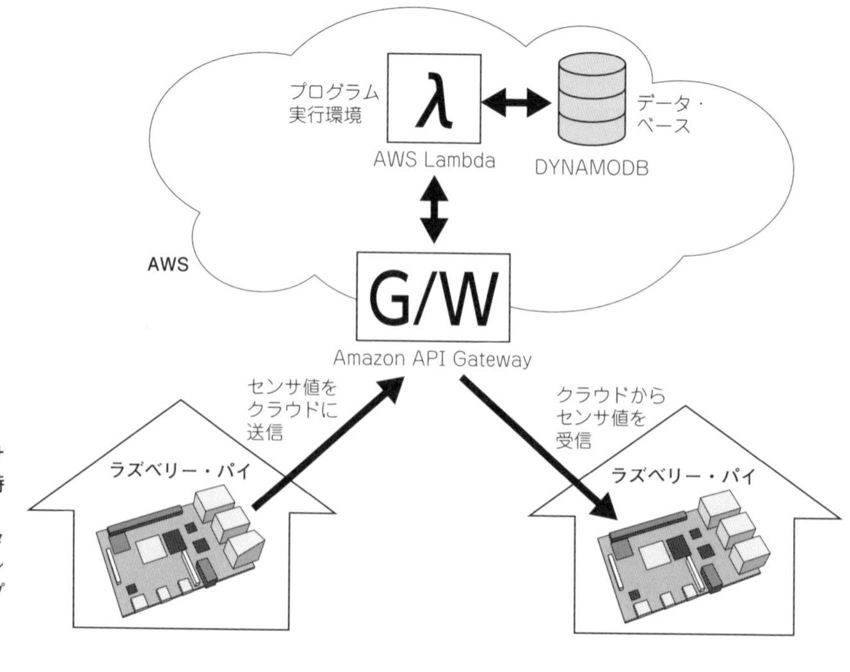

図12-16 サーバレスLambdaでセンサ値をクラウド上のDBで保持する
センサ値をクラウド上のデータベースで保持する．保持したセンサ値を読み取るクラウド側のプログラムを製作する

ことが可能なサービスです．従来のクラウド・サーバは，クラウド上に仮想的なサーバを構築する必要がありましたが，AWS Lambdaでは，サーバの存在を意識することなく，クラウドに保存したプログラムを実行することができます．第10章で使用したWebSocket用のクラウド・サービスも，AWS Lambdaを使用しました．

AWS Lambdaを開始するには，AWSでアカウントを作成し，Lambda上で「新しい関数」を作成します．また，LambdaをAWS上のWeb連携サービスAPI GatewayとデータベースDynamoDBに接続（ロール設定）することで，HTTPによるデータベースへのアクセスが可能になります．

データベースに，あらかじめテーブル「sensor」と項目「device」を設定しておき（図12-17），図12-18のよ

図 12-17　DynamoDB →テーブル→sensors→項目

device	value
humid_2	10,20
rd_sw_2	0
temp._2	25
temp0_2	22
test._1	12345

```
(クラウド上のデータベースからデータを受信する)
pi@raspberrypi:~ $ curl https://xxxx.execute-api.xxxx.amazonaws.com/sensor?device=temp._2
{"statusCode": 200, "body": [{"value": "25", "device": "temp._2"}]}

(クラウド上のデータベースにデータを書き込み，再度，受信する)
pi@raspberrypi:~ $ curl https://xxxx.execute-api.xxxx.amazonaws.com/sensor?device=temp._2&value=20
{"statusCode": 200, "body": [{"value": "20", "device": "temp._2"}]}
pi@raspberrypi:~ $ curl https://xxxx.execute-api.xxxx.amazonaws.com/sensor?device=temp._2
{"statusCode": 200, "body": [{"value": "20", "device": "temp._2"}]}
```

図12-18　クラウド上に作成したプログラムlambda_rest_to_db.pyをラズベリー・パイから実行した
クラウド上のデータベースからデータを受信するとセンサ値25が得られた．ここで，センサ値20を書き込み，再度受信してみると，更新したセンサ値20が得られた

リスト12-8　クラウド上で動作するAWS Lambda用プログラムlambda_rest_to_db.py

```
import json
import boto3                                                  # AWS用のライブラリ
from boto3.dynamodb.conditions import Key  ←①                # データベース用

# データベース選択
db = boto3.resource('dynamodb')  }②                          # DynamoDBの生成
dbTable = db.Table('sensors')    }                            # DBテーブルを指定

# 応答値
err={'statusCode':500,'body':'Internal server error'}         # 内部エラー用
ok ={'statusCode':200,'body':'Ok'} ←③                        # 応答用

def lambda_handler(event, context): ←④                       # Lambda関数の開始
    print('Received event:',json.dumps(event))  }             # 受信eventを表示
    params = event.get('params',{})              }            # パラメータを取得
    query  = params.get('querystring',{})        }⑤           # HTTPクエリを取得
    device = query.get('device')                 }            # クエリ内デバイス名
    value  = query.get('value')                  }            # クエリ内のセンサ値
    if value is not None:                                     # センサ値の存在時
        try:                                                  # DBへ値を書き込む
            dbTable.put_item(Item={'device': device , 'value': value}) ←⑥
        except Exception as e:
            print(e)
            return err
    try:                                                      # DBから値を読み込む
  ⑦{    dbVals = dbTable.query(
   {        KeyConditionExpression = Key('device').eq(device)
   {    )
        print('dbVals:',dbVals['Items'])                      # DBの取得値を表示
    except Exception as e:
        print(e)
        return err
    ok['body'] = dbVals['Items'] ←⑧                          # DB取得結果を代入
    return ok                                                 # 結果を応答(外部へ)
```

うにブラウザまたはCurlを使って作成したAPI GatewayのURLにアクセスすると，センサ値の保存や保持したセンサ値の読み取りができます.

サンプル・プログラムlambda_rest_to_db.pyを**リスト12-8**に示します.プログラムは，フォルダ「server/aws」内に収録しました.

① AWSのデータベース用ライブラリからキーでDB検索するためのモジュールを組み込みます
② データベースDynamoDB内のテーブルsensorsにアクセスするための変数(オブジェクト)を生成します.
③ 応答値を保持するための辞書型変数okに，HTTPリザルトコードを代入します.
④ 外部からHTTPアクセスがあったときに起動する関数lambda_handlerです.辞書型変数eventにはAPI Gatewayの[マッピングテンプレート]に応じた値が代入されます.
⑤ 辞書型変数eventから，HTTPのクエリとして使用する[device]と[value]の値を取得します.
⑥ データベースにデバイス名とセンサ値を(上書き)保存します.
⑦ データベース内のフィールドdeviceから，クエリに含まれているデバイス名と一致するレコードを取得します.レコードは配列変数です.個々の配列変数の中には辞書型のレコードが代入されています.
⑧ 取得したレコードを応答用の辞書型変数okのbody内に代入します.

図12-19 超特急Web接続！ESPマイコン・プログラム全集[CD-ROM付き]
ESPマイコンを搭載したWi-FiモジュールESP-WROOM-02を使って，Wi-Fiセンサ機器(IoTセンサ)，Wi-Fiコンシェルジェ(IoT制御機器)など，さまざまなIoTデバイスを製作する書籍.プログラムはESP8266用とESP32用の両方をCD-ROMに収録

appendix 超特急Web接続！ESPマイコン・プログラム全集[CD-ROM付き]

本書で製作した各種のIoTアプリケーション・システムを，さらに発展させるには，より多くのIoT機器が必要になるでしょう.筆者が執筆した『超特急Web接続！ESPマイコン・プログラム全集[CD-ROM付き]』は，おもにESPマイコンを搭載したWi-FiモジュールESP-WROOM-02を使って，Wi-Fiセンサ機器(IoTセンサ)，Wi-Fiコンシェルジェ(IoT制御機器)など，さまざまなIoTデバイスを製作する書籍です(**図12-19**).ハードウェアについてはブレッドボードで，ソフトウェアについてはArduino言語で製作します.

プログラムはESP8266用とESP32用の両方をCD-ROMに収録しており，ラズベリー・パイで製作するIoTサーバ用，ツール類などを含め，全100本のソフトウェアを収録しました.一例として，**表12-1**のような製作例を紹介しています.

表12-1 特急Web接続！ESPマイコン・プログラム全集[CD-ROM付き]に収録したIoT機器の製作例

No	練習用サンプル	ESP-WROOM-02用	ESP32-WROOM-32用
1	Wi-Fiインジケータ	example01_led	example33_led
2	Wi-Fiスイッチャ	example02_sw	example34_sw
3	Wi-Fiレコーダ	example03_adc	example35_adc
4	Wi-Fi LCD	example05_lcd	example37_lcd
-	ケチケチ運転術	example04_le	example36_le
No	**Wi-Fiセンサ機器**	**ESP-WROOM-02用**	**ESP32-WROOM-32用**
1	Wi-Fi照度計	example06_lum	example38_lum
2	Wi-Fi温度計	example07_temp	example39_temp
3	Wi-Fiドア開閉モニタ	example08_sw	example40_sw
4	Wi-Fi温湿度計	example09_hum_sht31	example41_hum_sht31
5	Wi-Fi気圧計	example10_hpa	example42_hpa
6	Wi-Fi人感センサ	example11_pir	example43_pir
7	Wi-Fi 3軸加速度センサ	example12_acm	example44_acm
8	NTP時刻データ転送機	example13_ntp	example45_ntp
9	Wi-Fiリモコン赤外線レシーバ	example14_ir_in	example46_ir_in
10	Wi-Fiカメラ	example15_camG	example47_camG
No	**Wi-Fiコンシェルジェ**	**ESP-WROOM-02用**	**ESP32-WROOM-32用**
1	照明担当	example16_led	example48_led
2	チャイム担当	example17_bell	example49_bell
3	掲示板担当	example18_lcd	example50_lcd
4	リモコン担当	example19_ir_rc	example51_ir_rc
5	カメラ担当	example20_camG	example52_camG
6	アナウンス担当	example21_talk	example53_talk
7	マイコン担当	example22_jam	example54_jam
8	コンピュータ担当	example23_raspi	example55_raspi
9	電源設備担当	example24_ac	example56_ac
10	情報担当	example25_fs	example57_fs

おわりに

筆者が初めてPythonでプログラムを作成したのは2008年でした．本書で紹介したセンサ機器のサーバ用ソフトウェアと似たものを製作しました．当時からPythonには多くのライブラリが標準で準備されており，Webサーバ用コンテンツと連携したプログラムを容易に実装できる点が魅力的でした．第1章で「IoT 用アプリケーション・プログラミング言語」と記したのは，初めてPythonに触れたときの期待感を思い出しながら，執筆時点の言葉で表現したものです．

しかし，当時はPythonに関する情報が今ほどは充実しておらず，使いこなすための方法を調べるのに時間を要しました．理解すれば簡潔に書けるが，理解するための情報が不十分だったのです．例えば，Pythonの学習用に開発されたと言われていたラズベリー・パイ（初代機・2012年）でさえ，国内での発売当初の多くは Python以外の言語で使われていました．また，教育用の開発環境としてArduinoが広まっていたことも，1つの障壁でした．

その後は，本書をお読みいただいた皆様がご存知の通り，IoT，AI，クラウドの分野でPythonの普及が加速します．そこで，2018年12月，筆者が10年前に感じたPythonの魅力を思い出しながら，本書の執筆を開始しました．

執筆を開始した時点では，もう1つだけ，Pythonの普及を妨げる障壁がありました．それは，互換性を保ちにくいPython 2.7からPython 3への移行です．とはいえ，この3年間，Pythonの必要性が増す追い風が吹き続きます．このため，新たにPythonを使い始めた人の増加の方が多く，移行の問題は数少ない人だけの問題にしかなりませんでした．もうPythonに大きな壁はありません．すでに，Python 3が広まってきた状況下で，今後，バージョン間の互換性が問題になることも少ないでしょう．

大きな壁をいくつも乗り越え，Pythonが最強のIoT 用アプリケーション・プログラミング言語となった時期に，本書を書き終えることが出来ました．今後，IoT技術の進歩や実用化とともに，さらに多くの方々がPythonの恩恵を受け続けることになるでしょう．

2021年12月　国野　亘

参考文献

- **Python 3ドキュメント**
  Python Software Foundation（https://docs.python.org/ja/3/）
- **MicroPython documentation**
  Damien P. George 他（https://micropython-docs.readthedocs.io/）
- **プログラミング言語 Python情報サイト**
  Python.jp（https://www.python.jp/）
- **Raspberry Pi**
  Raspberry Pi Foundation（https://www.raspberrypi.org/）
- **ESP32**
  ESPRESSIF SYSTEMS（https://www.espressif.com/en/products/socs/esp32）
- **BBC micro:bit**
  Micro:bit Educational Foundation（https://microbit.org/）
- **NUCLEO-F767ZI**
  STMicroelectronics（https://www.st.com/ja/evaluation-tools/nucleo-f767zi.html）
- **センサ評価キット SensorShield-EVK-003**
  ローム株式会社（https://www.rohm.co.jp/sensor-shield-support）
- **センサメダル SensorMedal-EVK-002**
  ローム株式会社（https://www.rohm.co.jp/sensor-medal-support）
- **AIY Voice Kit**
  Google LLC（https://aiyprojects.withgoogle.com/voice/）
- **Julius**
  京都大学 河原研究室ほか（https://julius.osdn.jp/）
- **超特急Web 接続！ ESP マイコン・プログラム全集**
  国野 亘 他（CQ出版社）

索　引

■筆者略歴

国野　亘(くにの・わたる)

ボクにもわかる電子工作　管理人

https://bokunimo.net/

関西生まれ．言葉の異なる関東や欧米などさまざまな地域で暮らすも，近年は住みよい関西圏に生息し続けている哺乳類・サル目・ヒト属・関西人．おもにホビー向けのワイヤレス応用システムの研究開発を行い，その成果を書籍やウェブサイトで公開している．

■著書・ウェブサイト

2004年11月　ボクにもわかる地上デジタル(https://bokunimo.net/tdtv/)

2009年５月　地デジTV用プリアンプの実験(CQ出版株式会社)

2014年５月　ZigBee/Wi-Fi/Bluetooth無線用 Arduinoプログラム全集(CQ出版株式会社)

2014年12月　ボクにもわかる衛星デジタル放送の受信方法(https://bokunimo.net/bstv/)

2016年３月　1行リターンですぐ動く！ BASIC I/Oコンピュータ IchigoJam入門(CQ出版株式会社)

2017年２月　Wi-Fi/Bluetooth/ZigBee無線用 ラズベリー・パイプログラム全集(CQ出版株式会社)

2018年10月　ボクにもわかる電子工作(https://bokunimo.net/)

2019年２月　超特急Web接続！ ESPマイコン・プログラム全集(CQ出版株式会社)

2021年２月　ボクにもわかるIchigoJam BASICで作る IoT システム(https://bokunimo.net/ichigojam/iot/)

■権利情報

● Pythonについて

PythonはPython Software Foundationの著作物です．同団体のPSFライセンス(https://docs.python.org/ja/3/license.html)にしたがって使用することができます．

Pythonで作るIoTシステム プログラム・サンプル集

定価は裏表紙に表示してあります

発行所　CQ出版株式会社

〒112-8619　東京都文京区千石4-29-14

電　話　販売　03-5395-2141

　　　　編集　03-5395-2124

振　替　00100-7-10665

ISBN978-4-7898-5989-9

著　者　国野 亘

発行人　小澤 拓治

©2021　国野 亘

(無断転載を禁じます)

2021年12月1日発行

編集担当　今 一義

表紙デザイン　株式会社コイグラフィー

DTP　西澤 賢一郎

印刷・製本　三共グラフィック株式会社

Printed in Japan